建设工程质量检测人员培训丛书

主体结构工程检测

河南省建设工程质量监督总站　编

黄河水利出版社

内 容 提 要

本书是建设工程质量检测人员培训丛书一个分册，按照国家《建设工程质量检测管理办法》和《河南省建设工程质量检测管理实施细则》的要求，依据国家技术法规、强制性标准、施工规范以及河南省地方标准编写完成。分建设工程结构基本理论和主体结构工程检测两篇，主要内容包括混凝土结构基本理论、砌体结构基本理论、结构性能检验概述、后置埋件（后装件、后锚固件）基础知识、钢筋混凝土结构工程检测、砌体结构工程检测、预制构件检测等。

本书为建设工程质量检测人员培训教材，也可供从事建设工程管理、规划设计、施工等技术人员阅读参考。

图书在版编目（CIP）数据

主体结构工程检测/河南省建设工程质量监督总站编.
郑州：黄河水利出版社，2006.8
（建设工程质量检测人员培训丛书）
ISBN 7-80734-105-X

Ⅰ.主… Ⅱ.河… Ⅲ.结构工程-质量检验-技术培训-教材 Ⅳ.TU712

中国版本图书馆 CIP 数据核字（2006）第 091352 号

组稿编辑：王路平　电话：0371-66022212　E-mail：wlp@yrcp.com

出 版 社：黄河水利出版社
地址：河南省郑州市金水路 11 号　邮政编码：450003
发行单位：黄河水利出版社
发行部电话：0371-66026940　传真：0371-66022620
E-mail：hhslcbs@126.com
承印单位：河南省豫公印刷厂
开本：787 mm×1 092 mm　1/16
印张：12.5
字数：285 千字
版次：2006 年 8 月第 1 版　印次：2006 年 8 月第 1 次印刷

书号：ISBN 7-80734-105-X/TU·69　定价：30.00 元

建设工程质量检测人员培训丛书
编辑委员会

主　任　何　雄
副主任　千战应　王晓惠　马耀辉　顾孝同
委　员　(按姓氏笔画排序)
　　　　王俊林　冷元宝　李宗明　赵海生
　　　　管品武

《主体结构工程检测》
编写人员

主　审　何　雄
主　编　千战应
副主编　李宗明　管品武　曾德贵　顾孝同
参　编　陈　震　孔　伟　张继文　刘利军
　　　　林郁萍　王长宝　朱松梅

编者的话

建筑业是拉动我国经济增长的支柱产业，提高建设工程质量和人民居住环境质量是建筑业的长期战略方针，建设工程质量检测是控制工程质量的基础和主要手段。随着国家《建设工程质量检测管理办法》的颁布实施，工程质量检测机构将成为工程建设的另一方责任主体。河南省是建筑大省，为了迅速提高全省检测机构工作人员的素质，根据国家《建设工程质量检测管理办法》和《河南省建设工程质量检测管理实施细则》的要求，河南省建设工程质量监督总站组织编写了建设工程质量检测人员培训丛书。该套丛书依据国家技术法规、强制性标准、施工规范以及河南省地方标准，系统地介绍了建设工程质量涉及的基础理论知识，详细论述了建设工程质量检测的工作要点，依据国家颁布的最新标准规范了建设工程质量检测的方法，以期对提高建设工程的质量作出贡献。

建设工程质量检测人员培训丛书包括《建筑材料检测》、《地基基础工程检测》、《主体结构工程检测》、《建筑幕墙工程检测》、《钢结构工程检测》等分册。

主体结构工程检测是建设工程质量检测的主要项目之一。《主体结构工程检测》一书分建设工程结构基本理论和主体结构工程检测两篇，主要内容包括混凝土结构基本理论、砌体结构基本理论、结构性能检验概述、后置埋件(后装件、后锚固件)基础知识、钢筋混凝土结构工程检测、砌体结构工程检测、预制构件检测等。

该书编写分工如下：第一篇由郑州大学管品武、曾德贵编写，第二篇由河南省建设厅何雄、华北水利水电学院李宗明、新乡市工程质量检测站时相卿编写，参加本书编写的还有陈震、孔伟、张继文、刘利军、林郁萍、王长宝、朱松梅，全书由河南省建设工程质量监督总站顾孝同统稿、何雄主审。由于时间仓促，加之编者水平所限，不当之处，希望同行指教，同时对参考文献的作者表示由衷的感谢！

编　者

2006年6月

目录

第一篇

建设工程结构基本理论

第一章　混凝土结构基本理论

第一节　钢筋混凝土结构基本概念

在一般情况下混凝土结构是指由钢筋和混凝土组成的钢筋混凝土结构。混凝土的原材料来源广泛，抗压强度较高而抗拉强度却很弱；钢筋的抗拉和抗压强度都很高，但价格也相对较高；把钢筋和混凝土这两种材料按照合理的方式结合在一起共同工作，使钢筋主要承受拉力，混凝土主要承受压力，就组成了钢筋混凝土。

钢筋和混凝土两种材料能够结合在一起共同工作的机理如下：

(1)钢筋和混凝土之间存在粘结力，能够传递力和变形。

(2)钢筋和混凝土的线膨胀系数接近(温度变化时不会产生过大的相对变形)。

(3)混凝土可以保护钢筋，防止钢筋锈蚀。

不同的钢筋混凝土构件按照一定的方式组合而成的受力体系即为钢筋混凝土结构。也就是说，钢筋混凝土结构是由一系列受力类型不同的构件组成的，这些构件称为基本构件，一般可分为：

(1)受弯构件：各种单独的梁、板以及由梁、板组成的整体的楼盖、屋盖等。

(2)受压构件：柱、剪力墙和屋架的压杆等。

(3)受拉构件：屋架的拉杆、水池的池壁等。

(4)受扭构件：带有悬挑雨篷的过梁、框架的边梁等。

而所谓的复合受力构件是使之同时承受两种或两种以上内力(弯矩、剪力、轴力、扭矩等)的构件，如压弯构件、拉弯构件、弯扭构件、拉弯扭构件等。

第二节　混凝土结构的极限状态设计法

结构上的作用是施加在结构上的各种荷载以及引起结构产生内力或变形等效应的各种因素的总称。结构上的作用分为直接作用和间接作用两种，其中直接作用亦称荷载。荷载分恒载(永久荷载)和活载(可变荷载)两种。活载有标准值、组合值、频遇值、准永久值四种代表值，分别用于极限状态设计中的不同场合，其中标准值是荷载的基本代表值。

整个结构或结构的某一部分超过某一特定状态，称为结构的极限状态，此时就不能满足安全、适用或耐久性的要求。结构的极限状态划分为承载力极限状态和正常使用极限状态两类。设计任何钢筋混凝土结构或构件时，都必须进行承载力计算。同时还要求对正常使用极限状态进行验算，以确保结构对安全、适用、耐久性的要求。

设计任何建筑物和构筑物时，都必须保证其在规定时间内(一般为 50 年)，在规定条件下完成预定功能(安全、适用、耐久)的概率大于某一规定的数值，或者说，要求其在规定的时间内、在规定的条件下失效的概率小于某一规定的数值。结构抗力小于作用效应的概率称为结构的失效概率。结构不失效的保证率,称为结构可靠度。失效概率与可靠指标 β 之间有着内在联系,所以可用 β 表示结构的可靠度。我国根据结构的安全级别和破坏类型,规定了按承载能力极限状态设计时的目标可靠指标 β 值。为了实用,用结构重要性系数、荷载分项系数、材料分项系数等来表达,得出供结构设计用的近似概率极限状态设计法及相应的表达式。

按不小于95%的保证率确定材料强度和荷载效应的标准值。材料强度的标准值除以材料分项系数后即为其设计值。荷载效应的标准值乘以荷载分项系数后即为荷载效应设计值。在承载能力极限状态表达式中,均采用荷载效应和材料强度的设计值,考虑多个活载最大值不一定同时发生,引入了组合系数。正常使用极限状态表达式中,永久荷载和材料强度均用标准值,当标准组合时,可变荷载采用组合值;准永久组合时,可变荷载采用准永久值。

第三节　钢筋混凝土材料的力学性能

一、钢筋的形式和品种

(1)热轧钢筋:HPB235(Hot-rolled and Plain-shaped Bars)、HRB335(Hot-rolled and Ribbed Bars)、HRB400。型号后面的数字表示钢筋抗拉强度的标准值(MPa)。

(2)冷拉钢筋:对某些热轧钢筋进行冷加工而成,钢筋强度提高,但塑性降低(新修订的规范未将冷加工钢筋列入)。

(3)钢丝、钢绞线:高强钢丝(1 570 MPa、1 860 MPa),中强钢丝(800～1 370 MPa),钢绞线(1 570 MPa、1 860 MPa,分为7股、3股等)。

一般情况下,直径不小于6 mm的称钢筋,直径不大于5 mm的称钢丝,但界限不严格。

(4)热处理钢筋:对某些热轧钢筋经过淬火和回火处理后而成,钢筋的强度大幅度提高,而塑性降低不多。

RRB400(Remained heated treatment Ribbed Bars)为一种“余热处理钢筋”。

二、对钢筋质量的要求

(一)强度

钢筋的屈服强度 f_y 是设计依据(不考虑强化段的影响),极限强度 σ_b 表示钢筋拉断时的实际强度,强屈比 σ_b/f_y(或屈强比 f_y/σ_b)表示结构的可靠性潜力,要求强屈比 $\sigma_b/f_y \geqslant 1.25$(或屈强比 $f_y/\sigma_b \leqslant 0.8$)。

(二)塑性

1.伸长率

钢筋的伸长率越大,表示钢筋塑性或延性越好。钢筋的断后伸长率按下式计算

$$\delta = \frac{l'_1 - l_1}{l_1} \tag{1-1}$$

式中 δ——伸长率；

l'_1——钢筋被拉断时的长度；

l_1——钢筋的原始长度。

2.冷弯性能

对有明显屈服点的钢筋，检验屈服强度、极限抗拉强度、伸长率、冷弯性能四项指标；对没有明显屈服点的钢筋，只需检验极限抗拉强度、伸长率、冷弯性能三项指标。

(三)可焊性

一般的钢筋用于工程实践时，通常需要通过绑扎或焊接等方式进行连接。焊接连接具有质量较好、耗费钢材较少等优点，一些重要工程的结构构件都要求采用焊接方式，因此，要求钢筋的可焊性能要好，以保证混凝土结构构件的质量。

(四)与混凝土的粘结锚固性能

钢筋与混凝土这两种不同物理力学性能的材料之所以能够结合在一起共同工作，主要是因为混凝土在硬化的过程中牢固地与钢筋粘结在一起相互传递内力的缘故。因此粘结力是它们共同工作的基础，为了保证钢筋与混凝土的粘结锚固效果，除强度较低的HPB235钢筋表面为光圆形状之外，强度较高的HRB335、HRB400等钢筋都表面带肋。

三、钢筋的蠕变、松弛

钢筋的蠕变(徐变)：钢筋在应力(较高)不变的情况下，应变随时间增长而增长的现象(应用较少)。

钢筋的松弛：钢筋在应变不变的情况下，应力随时间增长而降低的现象(应用较多)。

四、钢筋的疲劳破坏和疲劳强度

钢筋的疲劳破坏：钢筋在多次重复、周期性动荷载的作用下，从塑性破坏的性质转变成脆性突然断裂的现象。

钢筋的疲劳强度：钢筋在一定应力幅度内，经受某一规定次数循环加载后，才发生疲劳破坏的最大应力值。影响钢筋疲劳强度的因素包括应力幅度、最大应力值、钢筋表面形状、钢筋强度、试验方法等。

第四节　混凝土的力学性能

一、混凝土的强度等级

混凝土的强度等级是按照采用标准试件(边长150 mm的立方体混凝土试块)制作，在标准养护条件((20±3)℃、相对湿度不小于90%)下养护28 d，并采用标准试验方法(试块表面不涂润滑剂、全截面均匀受压、加荷速度0.15～0.25 MPa/s)所测得的具有95%保证率的抗压强度(单位为N/mm^2，即MPa)确定，用符号“C”表示。我国《混凝土结构设计规范》(GB50010—2002)规定的混凝土强度等级有：C15、C20、C25、C30、C35、C40、C45、C50、C55、C60、C65、C70、C75、C80等。

混凝土强度等级的选用除考虑强度要求外，还应考虑与钢筋强度的匹配，以及耐久性的要求。《混凝土结构设计规范》规定：

(1)钢筋混凝土结构的混凝土强度等级不应低于C15；当采用HRB335级钢筋时，混凝土强度等级不宜低于C20；当采用HRB400和RRB400级钢筋以及承受重复荷载的构件时，混凝土强度等级不得低于C20。

(2)预应力混凝土结构的混凝土强度等级不应低于C30；当采用钢绞线、钢丝、热处理钢筋作预应力筋时，混凝土强度等级不宜低于C40。

二、混凝土的强度指标

(一)立方体抗压强度 f_{cu}

不同尺寸的立方体试件所测得的混凝土抗压强度数值也有区别，应分别乘以表1-1中的强度换算系数，试件的形状(如圆柱体)对测得的强度值也有影响，也应乘以相应的换算系数。

表1-1　不同尺寸的立方体试件 f_{cu} 强度换算系数

立方体试块尺寸	强度换算系数
200 mm×200 mm×200 mm	1.05
150 mm×150 mm×150 mm	1.00
100 mm×100 mm×100 mm	0.95

(二)混凝土的轴心抗压强度(棱柱体强度) f_c

混凝土的轴心抗压强度(棱柱体强度) f_c 比立方体强度 f_{cu} 更接近构件中混凝土实际受压时的强度，是混凝土结构设计计算中的重要强度指标。

当试件的高度 h 与截面边长 b 之比增大时，“套箍”作用减小，测得的强度值降低。

$h/b=2\sim4$ 时，测得的抗压强度值比较稳定，规定150 mm×150 mm×300 mm的试件作为试验混凝土轴心抗压强度的标准试件。试验结果按下式计算

$$f_c = \alpha_{c1}\alpha_{c2}f_{cu} \tag{1-2}$$

式中　α_{c1}——棱柱体强度与立方体强度的比值，对C50及以下的混凝土取 $\alpha_{c1}=0.76$，对C80混凝土取 $\alpha_{c1}=0.82$，中间按线性规律变化；

α_{c2}——对C40以上混凝土的脆性折减系数，对C40混凝土取 $\alpha_{c2}=1.0$，对C80混凝土取 $\alpha_{c2}=0.87$，中间按线性规律变化。

《混凝土结构设计规范》考虑结构中混凝土强度与试件混凝土强度之间的差异，有

$$f_c = 0.88\alpha_{c1}\alpha_{c2}f_{cu}\quad\text{（工程设计应用）} \tag{1-3}$$

(三)混凝土的轴心抗拉强度 f_t

混凝土的抗拉强度远小于其抗压强度，一般有 $f_t\approx\left(\frac{1}{9}\sim\frac{1}{19}\right)f_c$，《混凝土结构设计规范》中抗拉强度计算公式为规定量纲的公式。

三、混凝土的徐变和收缩

(一)混凝土的徐变

徐变是指混凝土在荷载长期作用下随时间而增长的变形。徐变对钢筋混凝土结构的不利影响是使构件的变形增加,引起长柱的附加偏心距增加,降低承载力,引起截面应力重分布(使钢筋应力增加),在预应力混凝土结构中引起较大的预应力损失;有利影响是可减小支座不均匀沉降所产生的内力,延缓收缩裂缝的出现。

(二)混凝土的膨胀和收缩

膨胀:混凝土在水中结硬体积增大的现象。

收缩:混凝土在空气中结硬体积减小的现象。

通常情况下,混凝土的膨胀值很小,且不会对结构造成不利影响,因而研究不多;混凝土的收缩容易引起结构的开裂,造成不利影响,近年来随着商品混凝土的应用,混凝土收缩值增大,开裂现象比较普遍,对混凝土收缩的研究日趋引起重视。

(1)混凝土收缩的特点:早期较快、以后逐渐减缓,最后趋于稳定(2 年左右),最终收缩值可达 $2\times10^{-5}\sim5\times10^{-5}$。

(2)影响混凝土收缩的因素:①在混凝土的配合比方面,水泥用量多、水灰比大、骨料粒径小,弹性模量小,收缩大。②在养护及使用环境方面,温湿度大,收缩小。

(三)混凝土的碳化

碳化是指混凝土周围介质中的酸性物质(CO_2、HCl、SO_2 等)渗透到混凝土表面内与水泥石中的碱性物质发生中和反应的现象。

碳化降低了混凝土的碱度,破坏钢筋表面的钝化膜使钢筋锈蚀,碳化收缩可导致混凝土的开裂,影响混凝土结构的耐久性。

第五节　受弯构件基本概念

受弯构件是指截面上通常有弯矩和剪力共同作用而轴力可以忽略不计的构件。梁和板是典型的受弯构件。它们是土木工程中数量最多,使用面最广的一类构件。梁和板的区别在于梁的截面高度一般大于其宽度,而板的截面高度则远小于其宽度。

钢筋混凝土受弯构件由于配筋率的不同,可分成少筋构件、适筋构件和超筋构件三类。少筋构件和超筋构件破坏前无明显的预兆,有可能造成巨大的生命和财产损失。设计时应避免将受弯构件设计成少筋构件和超筋构件。

适筋受弯构件从开始加载至构件破坏,正截面经历三个受力阶段。第Ⅰ阶段末为受弯构件抗裂计算的依据;第Ⅱ阶段是受弯构件变形和裂缝宽度计算的依据;第Ⅲ阶段末是受弯构件正截面承载力的计算依据。

建筑工程与公路桥涵工程尽管各自承受荷载的性质、所处环境以及要求的设计使用年限等不同,但是关于受弯构件正截面承载力计算中所用的基本假定和计算方法却大同小异。

第六节　受剪构件基本概念

受弯构件在弯矩和剪力共同作用的区段常常产生斜裂缝，并可能沿斜截面发生破坏。斜截面破坏带有脆性破坏的性质，应当避免，在设计时必须进行斜截面承载力的计算。为了防止受弯构件发生斜截面破坏，应使构件有一个合理的截面尺寸，并配置必要的腹筋。

斜裂缝出现前后，梁的受力状态发生了明显的变化。斜裂缝出现以后，剪力主要由斜裂缝上端剪压区的混凝土截面来承受，剪压区成为受剪的薄弱区域；与斜裂缝相交处纵筋的拉应力也明显增大；无腹筋梁沿斜截面破坏的形态主要有斜压破坏、剪压破坏和斜拉破坏三种类型。

箍筋和弯起钢筋可以直接承担部分剪力，并限制斜裂缝的延伸和开展，提高剪压区的抗剪能力；还可以增强骨料咬合作用和摩阻作用，提高纵筋的销栓作用。因此，配置腹筋可使梁的受剪承载力有较大提高。

影响受弯构件斜截面受剪承载力的因素主要有剪跨比、混凝土强度、配箍率和箍筋强度、纵向钢筋的配筋率等。

钢筋混凝土受弯构件斜截面破坏的各种形态中，斜压破坏和斜拉破坏可以通过一定的构造措施来避免。对于常见的剪压破坏，因为梁的受剪承载力变化幅度较大，设计时则必须进行计算。我国《混凝土结构设计规范》的基本公式就是根据这种破坏形态的受力特征而建立的。受剪承载力计算公式有适用范围，其截面限制条件是为了防止斜压破坏，最小配箍率和箍筋的构造规定是为了防止斜拉破坏。

以计算剪跨比代替广义剪跨比，简支梁受剪承载力计算公式仍可适用于连续梁。翼缘对提高 T 形截面梁的受剪承载力并不很显著，在计算 T 形截面梁的受剪承载力时，仍应取腹板宽度来计算。

第七节　受压构件基本概念

钢筋混凝土轴心受压短柱的破坏是因材料（混凝土和钢筋）达到各自极限强度而导致的，但钢筋混凝土轴心受压长柱的强度比同样截面的短柱要低，反映降低程度的稳定系数是以实测统计为基础确定的。

螺旋式（或焊接环式）箍筋通过对核芯混凝土的约束，可间接地提高构件的承载力。试验及分析结果表明，螺旋式（或焊接环式）箍筋对构件承载力的提高比等体积的纵筋对构件承载力的贡献高得多，所以这种以横向约束提高构件承载力的办法非常有效，也常用于受压构件的工程加固。

偏心受压构件是以受拉钢筋首先屈服还是受压混凝土首先压碎（或受拉钢筋是否屈服）来判别大、小偏心受压破坏类型的，所以与受弯构件一致，也可以 $\xi \leqslant \xi_b$ 或 $\xi > \xi_b$ 来判别构件的破坏类型。

钢筋混凝土偏心受压长柱承载力计算要考虑外载作用下因构件弹塑性变形引起的附加偏心的影响，偏心距增大系数与轴心受压构件的稳定系数，都主要与构件的长细比有关,但两者意义不尽相同。

第八节 受扭构件基本概念

扭转是结构承受的五种基本受力状态之一。在钢筋混凝土结构中,处于纯扭矩作用的结构很少,大多数情况下是处于弯矩、剪力和扭矩或压力、弯矩、剪力和扭矩共同作用下的复合受力状态。例如雨篷梁、曲梁、吊车梁、螺旋楼梯、框架边梁以及框架结构角柱、有吊车厂房柱等均属于弯、剪、扭或压、弯、剪、扭共同作用下的结构。

大多数情况的结构都是受弯矩、剪力和扭矩的复合作用。根据结构扭矩内力形成的原因,结构扭转分为两种类型:一是平衡扭转;二是协调扭转或称为附加扭转。

结构的平衡扭转须满足静力平衡条件。结构的协调扭转可采用《混凝土结构设计规范》设计法或"零刚度设计法"计算,并应满足一定的构造要求。

结构在扭矩荷载作用下,截面上将产生切应力流,截面扭心处剪力等于零,截面长边外边缘的中点处剪力最大,截面在剪力作用下将产生等值的主拉、主压应力,因此混凝土的开裂是由于拉应力达到抗拉强度(或拉应变达到极限拉应变)所致的。因此,受扭构件采用承受主拉应力的螺旋式配筋或采用纵筋及箍筋的配筋形式。

受扭构件按配筋数量可分为适筋、超筋(或部分超筋)及少筋构件。前者为延性破坏,后二者是脆性破坏;前者应用于结构,后二者在结构设计中应避免。

第九节 刚度裂缝基本概念

《混凝土结构设计规范》规定的混凝土保护层最小厚度、最大裂缝宽度和构件变形等有关限值,主要是基于结构的耐久性要求和正常使用要求。

验算构件变形和裂缝宽度时,应按荷载标准组合并考虑荷载长期效应的影响。

凡截面受有拉力的混凝土构件中,由于混凝土的抗拉强度较低,构件通常是带裂缝工作的。裂缝的出现与混凝土抗拉强度有关;裂缝的分布又与混凝土和钢筋间的粘结强度、混凝土保护层厚度等有关;裂缝宽度则与裂缝间距、混凝土和钢筋间的相对滑移量、钢筋应力大小以及荷载的长期作用等因素有关。

最大裂缝宽度的计算公式是在平均裂缝间距和平均裂缝宽度理论计算值的基础上,根据试验资料统计求得"扩大系数"后加以确定的。平均裂缝宽度是指构件平均裂缝区段内钢筋的平均伸长与相应水平处构件侧表面混凝土平均伸长的差值。平均裂缝宽度乘以"扩大系数"即为最大裂缝宽度。

对混凝土受弯构件的挠度计算,与弹性匀质材料梁相比,区别在于截面的抗弯刚度不为常数,它随荷载的增加、梁纵向受拉钢筋配筋率的降低以及荷载作用时间的增长而减小,而且沿构件跨度,各截面抗弯刚度都不相同,因此挠度计算问题实际上即为截面抗弯刚度的计算问题。

根据平截面假定可求得截面的平均曲率和刚度,并可得出按荷载短期效应组合值计算的短期刚度表达式。考虑挠度增大的影响系数后,可得到长期刚度表达式。作为受弯构件的挠度验算，还必须采用"最小刚度原则"所确定的长期刚度，方可利用材料力学中的公式计算挠度。

在变形和裂缝宽度验算中，引入了一些重要的参数：根据梁第Ⅱ阶段裂缝截面应力状态确定的内力臂长度系数，受压区边缘混凝土平均应变综合系数（截面弹塑性抵抗矩系数），热轧钢筋拉应变（应力）不均匀系数，以有效受拉混凝土截面面积计算的纵向受拉钢筋配筋率等。

受弯构件变形和裂缝宽度的验算是在完成承载力计算基础上进行的。为避免出现承载力、变形和裂缝宽度不能同时满足的问题，正确掌握和理解配筋率、钢筋直径、构件跨高比等对变形和裂缝的影响也是重要的。

第十节　预应力构件基本概念

钢筋混凝土构件存在的主要问题是正常使用阶段构件受拉区出现裂缝，即抗裂性能差，刚度小，变形大，不能充分利用高强钢材，适用范围受到一定限制等。预应力混凝土主要是改善了构件的抗裂性能，正常使用阶段可以做到混凝土不受拉或不开裂（裂缝控制等级为一级或二级），因而适用于有防水、抗渗要求的特殊环境以及大跨度、重荷载的结构。

一、施加预应力的方法

（一）先张法

采用工具式锚具或夹具（可重复使用），依靠钢筋和混凝土之间的粘结力来传递预加应力，大多用于直线形预应力筋的张拉。适用于在预制构件厂批量生产、方便运输的中、小型预制构件，如预应力梁板、轨枕、水管、电杆等。

（二）后张法

采用工作锚具（不可重复使用），锚具作为结构构件的一部分永远安装在构件上，依靠锚具保持和传递预加应力，既可用于直线形预应力筋的张拉，又可用于曲线形预应力筋的张拉。适用于现场成型的大型结构或构件。

（三）其他张拉方法

其他张拉方法包括后张自锚法、电热张拉法、无粘结预应力法等。

二、预应力混凝土使用的材料和机具

（一）对预应力钢筋的要求

对预应力钢筋的要求包括：①高强度；②与混凝土之间有足够的粘结强度；③良好的加工性（可镦性）；④具有一定的塑性（防止脆断）。

（二）对混凝土的基本要求

对混凝土的基本要求包括：①高强度；②收缩、徐变小；③快硬、早强。

（三）对锚具的要求

对锚具的要求包括：①受力可靠；②预应力损失小；③张拉设备轻便简单、放松张拉简易快速；④构造简单、制作方便、价格低廉。

(四)常用锚具的形式

常用锚具的形式包括:①锥形锚;②镦头锚;③螺纹锚;④夹片锚等。

三、张拉控制应力

(一)张拉控制应力的定义

张拉控制应力 σ_{con} 指张拉设备所指示的总拉力 N 除以预应力钢筋截面面积 A_p 所得出的应力值,即

$$\sigma_{con}=\frac{N}{A_p} \tag{1-4}$$

(二)张拉控制应力的取值

为充分发挥预应力的优点获得较高的预压应力,张拉应力宜取得高一些,但张拉控制应力并非越高越好;先张法 σ_{con} 比后张法 σ_{con} 可高一些;施工阶段可适当提高张拉控制应力(超张拉)。

四、预应力损失

预应力损失 σ_l 是预应力钢筋在构件制作、运输、安装和使用过程中,由于材料的性能、张拉工艺和锚固等原因,使钢筋中的拉应力逐渐降低的现象。

(一)张拉端锚具变形和钢筋内缩引起的预应力损失 σ_{l1}

(1)产生原因:张拉端锚具变形和钢筋内缩引起。

(2)减少 σ_{l1} 的措施:①尽量减少所用垫板的数量;②先张法尽可能采用长线台座张拉。

(二)预应力钢筋与孔道壁之间摩擦引起的预应力损失 σ_{l2}

(1)产生原因:后张法由于施工偏差及孔道粗糙等原因,预应力钢筋与孔道壁之间摩擦引起;或先张法、后张法张拉时在转向装置处的摩擦引起。先张法构件在转向装置处的摩擦引起的损失应按实际情况确定。

(2)减少 σ_{l2} 的措施:①进行超张拉;②采用两端张拉。

(三)混凝土加热养护时受张拉的钢筋与承受拉力设备之间温度引起的预应力损失 σ_{l3}

(1)产生原因:先张法构件蒸汽养护时,混凝土尚未结硬,钢筋受热膨胀引起。

(2)减小 σ_{l3} 的措施:①采用"两阶段升温养护体制";②采用钢模生产先张法构件。

(四)钢筋松弛引起的预应力损失 σ_{l4}

(1)产生原因:钢筋张拉后,随着时间增长钢筋的松弛引起。

(2)减小 σ_{l4} 的措施:采用超张拉工艺(或采用低松弛钢筋)。

(五)混凝土收缩、徐变引起的预应力损失 σ_{l5}

(1)产生原因:在预压应力作用下混凝土收缩、徐变使构件长度缩短引起。

(2)减少 σ_{l5} 的措施:可采取减小混凝土收缩、徐变的各种措施。

(六)环形构件采用螺旋预应力筋时局部挤压引起的预应力损失 σ_{l6}

产生原因:后张法施工时,环形构件采用螺旋预应力筋对混凝土的局部挤压引起,环

形构件直径越大，损失越小。

（七）预应力损失的组合

各项预应力损失值是按不同的张拉方法分两批（混凝土预压前、预压后）产生的，预应力损失值的组合应按表 1-2 计算。

表 1-2　各阶段预应力损失值的组合

预应力损失值的组合	先张法构件	后张法构件
混凝土预压前（第一批）的损失	$\sigma_{l1}+\sigma_{l2}+\sigma_{l3}+\sigma_{l4}$	$\sigma_{l1}+\sigma_{l2}$
混凝土预压后（第二批）的损失	σ_{l5}	$\sigma_{l4}+\sigma_{l5}+\sigma_{l6}$

注：先张法构件由于钢筋应力松弛引起的损失值 σ_{l4} 在第一批和第二批损失中所占的比例如何区分，可根据实际情况确定。

先张法构件当需要区分钢筋应力松弛引起的损失值 σ_{l4} 在第一批和第二批损失中所占的比例时，一般可按各占 50% 考虑，预应力损失值的组合也可采用：

先张法第一批损失

$$\sigma_{l\,\mathrm{I}}=\sigma_{l1}+\sigma_{l2}+\sigma_{l3}+0.5\sigma_{l4} \tag{1-5}$$

先张法第二批损失

$$\sigma_{l\,\mathrm{II}}=0.5\sigma_{l4}+\sigma_{l5} \tag{1-6}$$

预应力总损失

$$\sigma_{l}=\sigma_{l\,\mathrm{I}}+\sigma_{l\,\mathrm{II}} \tag{1-7}$$

当计算求得的预应力总损失值小于下列数值时，应按下列数值取用：先张法构件取值 100 N/mm^2，后张法构件取值 80 N/mm^2。

五、预应力反拱与受弯构件的挠度计算

预应力混凝土受弯构件在使用阶段的预加力反拱值，可用结构力学的方法按刚度 E_cI_0 计算，并应考虑预压应力长期作用的影响，将计算求得的预应力反拱值乘以增大系数 2.0。在计算中，预应力钢筋的应力应扣除全部预应力损失。受弯构件的挠度可按下式计算

$$f=f_1-f_a \tag{1-8}$$

式中　f——受弯构件的挠度；

f_1——在使用荷载作用下按长期刚度 B 计算的挠度值；

f_a——构件的反拱值。

六、预应力混凝土构件的基本分类

（一）预应力度的概念

预应力度的涵义见表 1-3。

（二）预应力混凝土构件的分类

预应力混凝土构件的分类见表 1-4。

表 1-3　预应力度的涵义

构件类型	计算公式	符号涵义
受弯构件	$\lambda=\dfrac{M_0}{M}$ $M_0=\sigma_{pc}W_0$	M_0——消压弯矩，即控制截面受拉边缘混凝土应力为零时的弯矩； M——荷载短期效应组合下控制截面的弯矩
轴心受拉构件	$\lambda=\dfrac{N_0}{N}$ $N_0=\sigma_{pc}A_0$	N_0——消压轴力，即截面混凝土应力为零时的轴心拉力； N——荷载短期效应组合下截面的轴心拉力

表 1-4　预应力混凝土构件的分类

<table>
<tr><th colspan="2">分类</th><th>预应力度</th><th>裂缝控制等级</th><th>构件受拉边缘混凝土应力</th></tr>
<tr><td colspan="2">全预应力混凝土构件</td><td>$\lambda\geqslant 1$</td><td>一级：严格要求不出现裂缝的构件</td><td>按荷载的短期效应组合计算时，不出现拉应力，即 $\sigma_{sc}-\sigma_{pc}\leqslant 0$</td></tr>
<tr><td rowspan="2">部分预应力混凝土构件（广义）</td><td>A类：
有限预应力混凝土构件</td><td rowspan="2">$0<\lambda<1$</td><td>二级：一般要求不出现裂缝的构件</td><td>按荷载的短期效应组合计算时，不出现拉应力，即 $\sigma_{Lc}-\sigma_{pc}\leqslant 0$；
按荷载的长期效应组合计算时，控制拉应力在一定范围内，即 $\sigma_{Lc}-\sigma_{pc}\leqslant \alpha_{ct}\gamma f_{tk}$</td></tr>
<tr><td>B类：
部分预应力混凝土构件（狭义）</td><td rowspan="2">三级：允许出现裂缝的构件</td><td rowspan="2">最大裂缝宽度按荷载的短期效应组合并考虑长期效应的影响进行计算，不大于允许值，即 $w_{max}\leqslant [w]$，$[w]$为裂缝宽度允许值</td></tr>
<tr><td colspan="2">钢筋混凝土构件</td><td>$\lambda=0$</td></tr>
</table>

第二章　砌体结构基本理论

第一节　概　述

砌体结构是指用砖、石或块材,用砂浆砌筑的结构。砌体按照所采用块材的不同,可分为砖砌体、石砌体和砌块砌体三大类。砌体结构的特点是材料的复合性和低强度、结构的空间性和多功能、构件的受压性和大截面、砌筑的手工性和现场制作。由于砌体结构具有很多明显的优点,因此应用范围广泛。但由于砌体结构存在的缺点,也限制了它在某些场合下的应用。

第二节　砌体的性能、强度等级及其指标

一、块材性能

砌体所有块材的种类有多种,如:①烧结普通砖;②烧结多孔(或空心)砖;③非烧结蒸养砖;④工业废料砌块;⑤混凝土空心砌块;⑥石材;等。①、②、③以烧结普通粘土砖(也称粘土砖或砖)为代表,④以粉煤灰砌块为代表,⑤以混凝土小型空心砌块为代表,⑥以料石和毛石为代表。

粘土砖对砖砌体性能的主要影响因素有:

(1)强度。指抗压强度和抗折强度。其中抗压强度相对较高,抗折强度相对很低,它们之间有一定关系。有的砖以抗压强度为主要指标,有的砖以抗压和抗折两项强度为主要指标。

(2)吸水率和饱和系数。反映砖体的密实度,以及对砂浆中水分的吸收能力。

(3)质地。指原材料中含可溶性盐类(如硫酸钠等)和石灰石等杂质的程度。如可溶性盐类过多,会引起砖表面泛霜、酥松甚至剥落;如夹杂石灰石过多,会导致砖块开裂、砖体爆裂。

(4)抗风化性能。指在干湿、温度、冻融变化等物理因素下,材料保持原有性能的能力。它对砌体结构构件的耐久性有重要影响。

(5)外观质量。指尺寸偏差、弯曲度、砖棱掉角等。

粉煤灰砌块对砌体性能的主要影响因素有立方体抗压强度、人工碳化后强度、抗冻性、密度、干缩值、外观质量等。

混凝土小型空心砌块对砌体性能的主要影响因素有砌块抗压强度、干缩率、自然碳化系数、抗冻性、外观质量等。

料石对砌体性能的主要影响因素有立方体(边长 70 mm)抗压强度、表观密度、吸水

性、耐水性(软化系数)、抗冻性、风化程度等。毛石则为形状不规则的石材,中部厚度不应小于 200 mm。

二、块材强度等级及其指标

烧结普通砖、烧结多孔砖的强度等级为:MU30、MU25、MU20、MU15 和 MU10。蒸压灰砂砖、蒸压粉煤灰砖的强度等级为: MU25、MU20、MU15 和 MU10。

其中 MU 表示砌体中的块体(Masonry Unity),其后数字表示块体的强度大小,单位为 MPa。确定粉煤灰砖的强度等级时应乘以自然碳化系数,当无自然碳化系数时,可取人工碳化系数的 1.15 倍。

烧结普通砖、烧结多孔砖的强度等级指标分别见表 2-1 和表 2-2。

表 2-1　烧结普通砖的强度等级指标　　(单位:MPa)

强度等级	抗压强度平均值 $\bar{f}$ 不小于	变异系数 $\delta \leqslant 0.21$	变异系数 $\delta > 0.21$
		强度标准值 f_k 不小于	单块最小抗压强度值 f_{min} 不小于
MU30	30.0	22.0	25.0
MU25	25.0	18.0	22.0
MU20	20.0	14.0	16.0
MU15	15.0	10.0	12.0
MU10	10.0	6.5	7.5

表 2-2　烧结多孔砖的强度等级指标

强度等级	抗压强度(MPa)		抗折荷重(kN)	
	平均值不小于	单块最小值不小于	平均值不小于	单块最小值不小于
MU30	30.0	22.0	13.5	9.0
MU25	25.0	18.0	11.5	7.5
MU20	20.0	14.0	9.5	6.0
MU15	15.0	10.0	7.5	4.5
MU10	10.0	6.0	5.5	3.0

混凝土空心砌块的强度等级是根据标准试验方法,按毛截面面积计算的极限抗压强度 MPa 值来划分的。混凝土小型砌块的强度等级为:MU20、MU15、MU10、MU7.5 和 MU5;轻集料混凝土小型空心砌块的强度等级为:MU10、MU7.5 和 MU5;非承重砌块的强度等级为:MU3.5。混凝土小型空心砌块的强度等级指标见表 2-3。对掺有粉煤灰 15%以上的混凝土砌块,在确定其强度等级时,砌块抗压强度应乘以自然碳化系数,当无自然碳化系数时,可取人工碳化系数的 1.15 倍。

石材的强度等级为:MU100、MU80、MU60、MU50、MU40、MU30 和 MU20。

表 2-3　混凝土小型空心砌块的强度等级指标　（单位：MPa）

强度等级	抗压强度	
	平均值不小于	单块最小值不小于
MU20	20.0	16.0
MU15	15.0	12.0
MU10	10.0	8.0
MU7.5	7.5	6.0
MU5.0	5.0	4.0
MU3.5	3.5	2.8

三、砂浆性能和强度等级

砂浆是由胶凝材料（水泥、石灰、粘土）、细骨料和水按适当比例配制而成的材料。它对砌体性能的主要影响因素有：

(1)强度。指砂浆立方体（边长 70.7 mm）的抗压强度。它直接影响砌体的抗压强度，也间接影响砌体中块材与砂浆间的粘着力和粘结强度。

(2)变形。指砂浆受压后的竖横向变形性能。它与砂浆的抗压强度直接相关，也是砌体弹性模量的主要影响因素。

(3)和易性。指砂浆均匀铺砌在粗糙砖石或砌块基面上的容易程度，是保证砌体工程质量的重要因素。它包括两方面：①流动性（也称稠度），用砂浆稠度仪测定的沉入度(mm)表示；②保水性，是新拌砂浆保持水分的能力，用分层度仪测定的分层度(mm)表示。

砌筑砂浆的强度等级为：M15、M10、M7.5、M5 和 M2.5。其中 M 表示砂浆（Mortar），其后数字表示砂浆的强度大小（单位为 MPa）。

确定砂浆强度等级时应采用同类块体为砂浆强度试块底模，由边长为 70.7 mm 的立方体试块，在温度为 15～25 ℃环境下硬化、龄期 28 d（石膏砂浆为 7 d）的抗压强度来确定。当验算施工阶段砂浆尚未硬化的新砌体强度时，可按砂浆强度为零来确定其砌体强度。

四、砌体的受压性能

(一)砌体的受压破坏特征

试验研究表明，砌体轴心受压从加载到破坏大致经历三个阶段，如图 2-1 所示。

第一阶段：从砌体受压开始，当压力增大至 50%～70%的破坏荷载时，在砌体内某些单块砖在拉、弯、剪复合作用下出现第一批裂缝。在此阶段裂缝细小，未能穿过砂浆层，如果不再增加压力，块砖内的裂缝也不继续发展。如图 2-1(a)所示。

第二阶段：随着荷载的增加，当压力增大至 80%～90%的破坏荷载时，单块砖内的裂缝将不断发展，并沿着竖向通过若干皮砖，在砌体内逐渐连接成一段段较连续的裂缝。若此时荷载不再增加，裂缝仍会继续发展，砌体已临近破坏，在工程实践中应视为构件处于危险状态。如图 2-1(b)所示。

第三阶段：随着荷载的继续增加，砌体中的裂缝迅速延伸，宽度增大，并连成通缝，连续的竖向贯通裂缝把砌体分割成 1/2 砖左右的小柱体（个别砖可能压碎）而失稳破坏（如图 2-1(c)所示）。以砌体破坏时的压力除以砌体截面面积所得的应力值称为砌体的极限抗压强度。

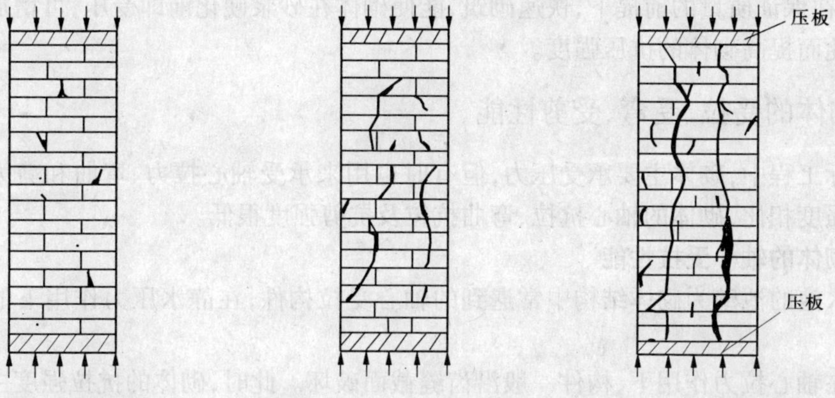

图 2-1　砌体轴心受压破坏特点

(二)影响砌体的抗压强度的因素

通过对砖砌体在轴心受压时的受力分析及试验结果表明，影响砌体抗压强度的主要因素以下几种。

1.块体与砂浆的强度等级

块体与砂浆的强度等级是确定砌体强度最主要的因素。一般来说，强度等级高的块体，抗弯、抗拉强度也较高，因而相应砌体的抗压强度也高，但并不与块体强度等级的提高成正比；而砂浆的强度等级越高，砂浆的横向变形越小，砌体的抗压强度也有所提高。

2.砌块的尺寸与形状

块体的尺寸、几何形状及表面的平整程度对砌体的抗压强度也有较大的影响。高度大的块体，其抗弯、抗剪及抗拉能力增大；块体长度较大时，块体在砌体中引起的弯、剪应力也较大。因此，砌体强度随块体厚度的增大而加大，随块体长度的增大而降低；而块体的形状越规则，表面越平整，则块体的受弯、受剪作用越小，推迟单块块材内竖向裂缝的出现，因而提高砌体的抗压强度。

3.砂浆的流动性、保水性及弹性模量的影响

砂浆的流动性大与保水性好时，容易铺成厚度和密实性较均匀的灰缝，因而可减少单块砖的弯剪应力而提高砌体强度。所以，同一强度等级的混合砂浆砌筑的砌体强度要比相应纯水泥砂浆砌体为高。砂浆弹性模量的大小对砌体强度亦具有决定性的作用。当砖不变时，砂浆的弹性模量决定其变形率，而砖与砂浆的相对变形大小影响单块砖的弯剪应力及横向变形的大小，因此砂浆的弹性模量越大，相应砌体的抗压强度越高。

4. 砌筑质量与灰缝的厚度

砂浆铺砌饱满、均匀，可改善块体在砌体中的受力性能，使之较均匀地受压而提高砌体抗压强度；反之，则降低砌体强度。

砂浆厚度对砌体抗压强度也有影响。灰缝厚，容易铺砌均匀，对改善单块砖的受力性能有利，但砂浆横向变形的不利影响也相应增大。实践证明，灰缝厚度在 10～12 mm 为宜。

另外，在保证质量的前提下，快速砌筑，能使砌体在砂浆硬化前即受压，可增加水平灰缝的密实性而提高砌体的抗压强度。

五、砌体的受拉、受弯、受剪性能

在实际工程中，砌体主要承受压力，但有时也用来承受轴心拉力、弯曲和剪力。与砌体的抗压强度相比，砌体的轴心抗拉、弯曲抗拉及抗剪强度很低。

（一）砌体的轴心受拉性能

圆形水池的池壁为砌体结构中常遇到的轴心受拉构件，在静水压力作用下池壁承受轴向拉力。

砌体在轴心拉力作用下，构件一般沿齿缝截面破坏。此时，砌体的抗拉强度主要取决于块体与砂浆连接面的粘结强度，并与齿缝破坏面水平灰缝的总面积有关。由于块体与砂浆间的粘结强度取决于砂浆的强度等级，故此时砌体的轴心抗拉强度可由砂浆的强度等级来确定。

当块体的强度等级较低，而砂浆的强度等级又较高时，砌体则可能沿块体与竖向灰缝截面破坏。此时，砌体的轴心抗拉强度取决于块体的强度等级。

（二）砌体的受弯性能

砌体结构中常遇到的受弯以及大偏心受压构件有带壁柱的挡土墙、地下室墙体等。按其受力破坏特征可分为沿齿缝截面破坏、沿通缝截面破坏以及沿块体与竖向灰缝截面破坏等三种。

与轴心受拉相同，沿齿缝破坏发生于灰缝粘结强度低于块体本身的抗拉强度情况，故与砂浆的强度等级有关；沿水平通缝截面破坏主要取决定于砂浆与块体之间的法向粘结强度，故也与砂浆的强度等级有关；沿块体与竖向通缝截面破坏发生于灰缝粘结强度高于块体本身的抗拉强度情况，故主要取决于块体的强度等级。

（三）砌体的受剪性能

1. 砌体的受剪破坏与剪切强度

砌体结构中常遇到的受剪构件有门窗过梁、拱过梁以及墙体的过梁等，砌体结构的受剪与受压一样，是砌体结构的另一种重要受力形式。

实际工程中，砌体截面上往往同时作用受剪应力 τ 和垂直压应力 σ_y，因此其受力性能和破坏特征与其所受的垂直压应力相关。在竖向压应力的作用下受剪构件可能发生以下三种受剪破坏：当 σ_y/τ 较小时，砌体沿水平通缝方向受剪且在摩擦力作用下产生滑移，称为剪摩破坏；当 σ_y/τ 较大时，砌体沿阶梯形灰缝截面受剪破坏，称为主拉应力破坏（亦称剪压破坏）；当 σ_y/τ 更大时，砌体沿块体与灰缝截面受剪破坏，称为斜压破坏。

2.影响砌体抗剪强度的主要因素

影响砌体抗剪强度的因素很多,主要有块体与砂浆的强度、垂直压应力、砌筑质量、试验方法。

第三节　砌体结构中过梁、圈梁和墙梁

一、过梁

过梁是砌体结构房屋中门窗洞口上常用的构件。常用的过梁有砖砌过梁和钢筋混凝土过梁两类。砖砌过梁按其构造不同又分为砖砌平拱过梁和钢筋砖过梁等几种形式。砖砌过梁造价低廉,且节约钢筋和水泥,但整体性差,对振动荷载和地基不均匀沉降反映敏感,跨度也不宜过大。因此,对有较大振动或可能产生不均匀沉降的房屋,或当门窗洞宽度较大时应采用钢筋混凝土过梁。

二、圈梁

砌体结构房屋中,在墙体内沿水平方向设置封闭的钢筋混凝土梁称为圈梁。位于房屋檐口处的圈梁又称为檐口圈梁,位于±0.000以下基础顶面处设置的圈梁,又称为地圈梁。

在砌体结构房屋中设置圈梁可以增强房屋的整体性和空间刚度,防止由于地基不均匀沉降或较大振动荷载等对房屋引起的不利影响,以设置在基础顶面部位和檐口部位的圈梁对抵抗不均匀沉降作用最为有效。当房屋中部沉降较两端为大时,位于基础顶面部位的圈梁作用较大;当房屋两端沉降较中部为大时,则位于檐中部位的圈梁作用较大。

三、墙梁

多层砌体房屋根据使用功能的需要,上部砌体结构的横墙不能落地,需要在底层的钢筋混凝土托梁上砌筑墙体,这时托梁同时承托墙体自重及其上的楼盖、屋盖的荷载和其他荷载。墙体不仅作为荷载作用在托梁上,而且作为结构的一部分与托梁共同工作。这种由钢筋混凝土托梁和梁上计算高度范围内的砌体墙组成的组合构件,称为墙梁。墙梁广泛地应用在工业和民用建筑中,如民用建筑中的底层为商店、上部为住宅的房屋,工业建筑中的基础梁、连续梁等。墙梁按承受荷载分类可分为承重墙梁和自承重墙梁;按支承条件分类可分为简支墙梁、连续墙梁和框支墙梁。

第三章 结构性能检验概述

第一节 结构性能检验的意义

一、结构性的重要性

在建筑物所有的性能要求中，安全可靠无疑是最重要的，因为它直接关系到使用者——人的生命财产安危。建筑物的安全主要取决于建筑结构。在各种荷载作用下，建筑结构应不至于发生影响安全的破坏（如可靠度丧失、失稳、倾覆、塌垮等），或产生影响使用功能的效应（影响观感的变形、裂缝，影响使用功能的渗漏等）。这就提出了对结构性的要求。

二、结构性能检验的特点

建筑结构的安全程度取决于荷载（作用）引起的效应（S）与结构本身所具有的抗力（R）的相对大小（$R \geqslant S$），因而对结构安全的最直接和最有说服力的检验就是检验作用效应（S）与结构抗力（R）的相对大小。结构性能检验中的挠度、裂缝控制性能主要是对结构构件正常使用状态的检验。结构性能检验有区别于其他功能的特点，这是考虑这一类型检验前必须充分认识的。

结构性能主要表现为以下三个方面：

(1)符合承载力及稳定要求，符合抗倾覆、抗滑移、抗漂浮要求。

(2)符合疲劳、变形、抗裂缝宽度验算要求。

(3)在偶然作用下发生结构局部破坏时，不致引起结构解体或连续倒塌等恶性后果。

第(3)条无法用定量计算和施工质量加以控制，只能用概念设计的方式在方案阶段加以考虑；而(1)、(2)两条则可以通过加载试验，观察、量测结构在不同荷载效应下的反应，来检验其是否具有设计所要求的性能。这就是建筑结构性能检验的目的。

由于建筑结构在正常使用和偶然超载使用时有不同的受力状态，所要求的性能表现也不一样，如变形挠度、裂缝开展、裂缝宽度以及不适于继续承载的各种现象（承载力检验指标）等。因此结构性能检验必须通过加载试验，并在逐级增加荷载的不同荷载效应下，能通过观察量测分析在结构中的反应并与相应的检验指标相比较，由此来确定其是否符合有关的质量要求。

第二节 结构性能检验的难度

建筑工程许多设备的功能或性能都可以直接通过试运行进行检验，但是对结构性能却无法采用同样的方式,因为加载试验是一种破坏性检验(局部破坏或结构全部破坏)。混凝土结构在加载不多的情况下即可能产生裂缝、变形(挠度),并在卸载后留下不可恢复的缺陷(残余挠度和残余裂缝)。而承载力检验也只有通过加载到结构破坏(出现承载力检验标志)才能得到确切的定量结论。这样,检验后对已破坏结构处理的任务就十分艰巨,有些难度十分大,甚至就根本不可能完全恢复。

此外,进行结构性能检验的试验加载量将十分巨大。在正常情况下起码为几十吨到几百吨,其试验工程量不会小于区域混凝土结构的施工工作量,而且有些荷载(如模拟风力的水平荷载)已经很难在正常情况下实施加载了。

因此,在实际工程中,对混凝土结构而言,除为了进行科研探索及对事故进行鉴定分析和加固处理而不得不进行这类加载试验外,一般很少对实际的工程结构进行结构性能检验。

第三节　结构性能检验的原则

鉴于建筑结构的结构性能检验执行难度太大,因些一般只能有控制地在一定范围内执行。为此,提出检验原则如下:

(1)对于现场支模并整体浇混凝土结构,一般情况下不做结构性能检验。

(2)对于预制构件作为主要受力构件的装配式结构,应对其预制构件抽样,进行结构性能检验。

(3)结构性能检验的内容应包括承载力、刚度(挠度)和裂缝控制性能(抗裂或裂缝宽度)。

(4)根据具体情况,预制构件性能检验的项目可以适当减少,在一定条件下可以按替代方案执行。

(5)对于正常验收的情况,当需要进行结构性能检验时,检验项目和检验指标根据有关标准规范及设计文件另行确定。

第四节　预制构件的结构性能检验

装配式结构中的预制构件体量不大,受力形式比较简单,承载能力相对不很大,进行加载试验并非不能实现。特别是我国的预制构件大多在预制构件专业厂家,根据标准图以“产品”的形式批量生产,因此就更有条件和必要进行结构性能检验了。

我国的预制构件行业已经有 40 多年的历史,对我国的基本建设有过重大的贡献。在经过因技术进步和产品更新换代以后,预制构件在发展现代建设和改进结构性能方面还将继续发挥重要作用。

最后应该强调指出,《混凝土结构施工质量验收规范》(GB50204—2002)中第 9.1.1 条以强制性条文的形式要求:“预制构件应进行结构性能检验。结构性能检验不合格的预制构件不得用于混凝土结构。”这是出于安全的考虑。对能够有条件试验检验的预制构件,不进行试验或检验不合格仍用于工程,可能造成安全隐患或引发安全事故,因此必须从严处理。

第四章　后置埋件(后装件、后锚固件)基础知识

第一节　概　述

后锚固(Post-installed Fastenings)是在既有工程结构上的锚固，是通过相关技术手段将被连接件(非结构构件或结构构件)连接锚固到已有结构上的技术。相应于传统的预埋件——先锚，后锚固具有设计灵活(时间、空间位置不受限制)、施工简便(模板制作、混凝土浇捣、结构施工及构件安装等均比较简单)等优点，是房屋装修、设备安装、旧房改造及工程结构加固必不可少的专用技术。

第二节　锚栓与基材

一、锚栓的种类

锚栓(Anchor)是一切后锚固组件的总称，范围很广。按原材料不同分为金属锚栓和非金属锚栓。按锚固机理不同分为膨胀型锚栓、扩孔型锚栓、粘结型锚栓、混凝土螺钉、射钉、混凝土钉等。

非金属锚栓，主要是塑料锚栓(Plastic Anchors)，又称尼龙锚栓，是利用螺钉旋入尼龙套筒，促使套筒膨胀与基材孔壁产生挤压力，并通过剪切摩擦作用产生抗拔力，实现对被连接件锚固的一种组件(见图 4-1)。因一般尼龙锚栓强度太低，耐久性又较差，主要用做临时性轻型挂件的锚固，故略。

(一)膨胀型锚栓(Expansion Anchor)

膨胀型锚栓(见图 4-2)，简称膨胀栓，是利用锥体与膨胀片(或膨胀套筒)的相对移动，促使膨胀片膨胀，与孔壁混凝土产生膨胀挤压力，并通过剪切摩擦作用产生抗拔力，实现对被连接件锚固的一种组件。膨胀型锚栓按安装时膨胀力控制方式的不同，分为扭矩控制式和位移控制式。前者以扭力控制，后者以位移控制。

(二)扩孔型锚栓(Undercut Anchors)

扩孔型锚栓(见图 4-3)，简称扩孔栓或切槽栓，是通过对钻孔底部混凝土的再次切槽扩孔，利用扩孔后形成的混凝土承压面与锚栓膨胀扩大头间的机械互锁，实现对被连接件锚固的一种组件。扩孔型锚栓按扩孔方式的不同，分为预扩孔和自扩孔。前者以专用钻具预先切槽扩孔；后者锚栓自带刀具，安装时自行切槽扩孔，切槽安装一次完成。

(三)粘结型锚栓(Bonded Anchors)

粘结型锚栓(见图 4-4)，又称化学粘结栓，简称化学栓或粘结栓，是以特制的化学胶

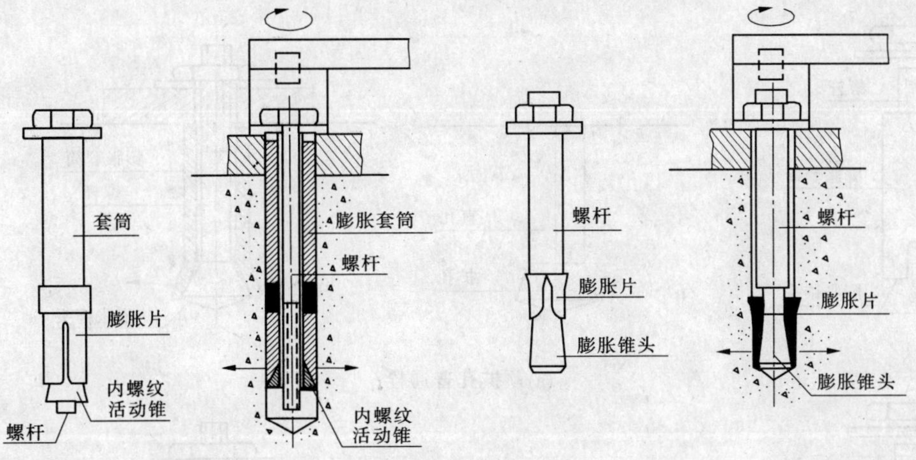

(a)套筒式(壳式)　　(b)膨胀片式(光杆式)

图 4-1　非金属锚栓

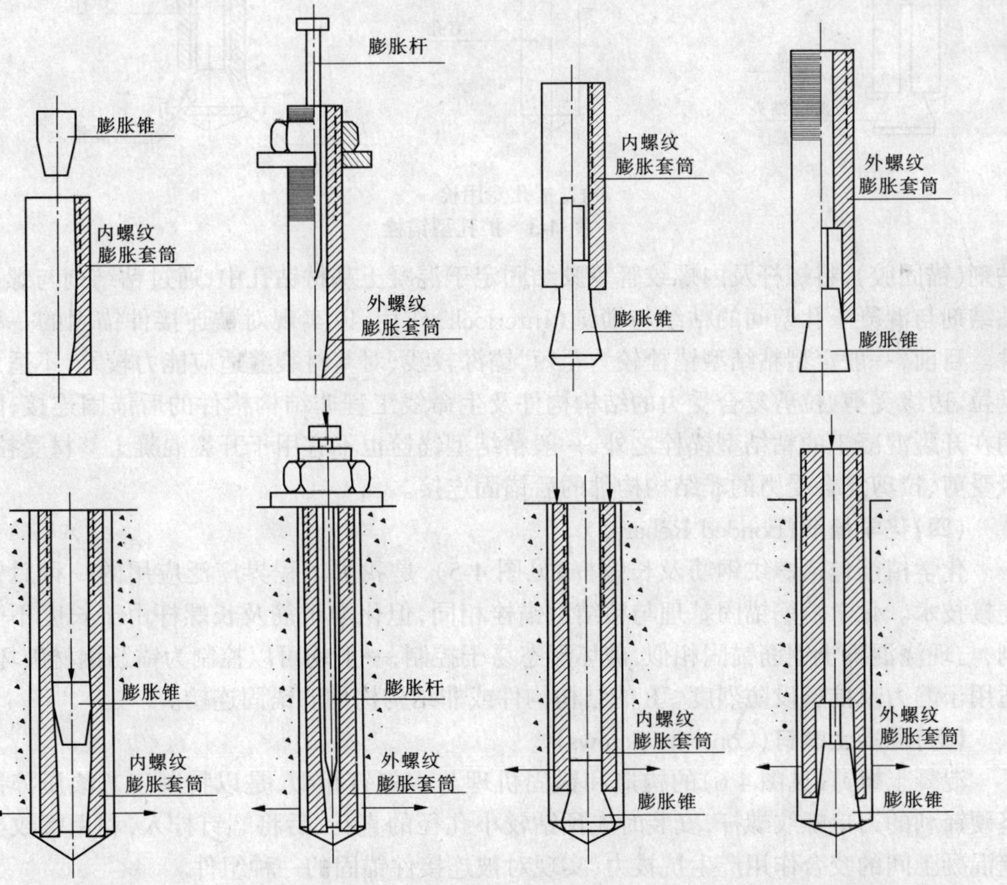

(a)锥下型（内塞）　(b)杆下型（穿透式）　(c)套下型（外塞）　(d)套下型（穿透式）

图 4-2　膨胀型锚栓

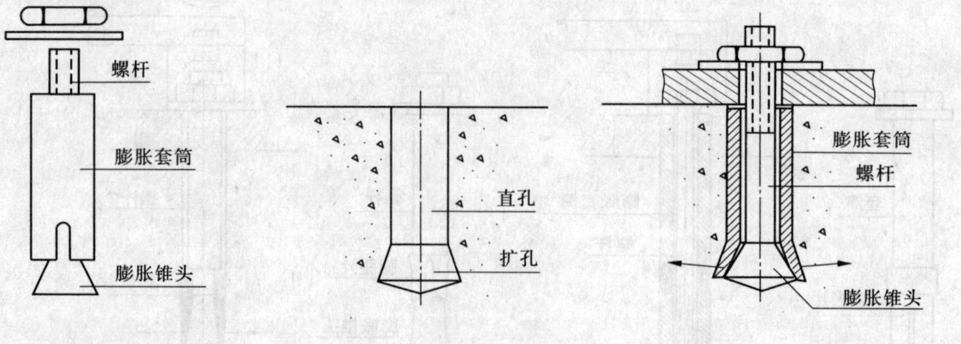

(a)预扩孔普通栓

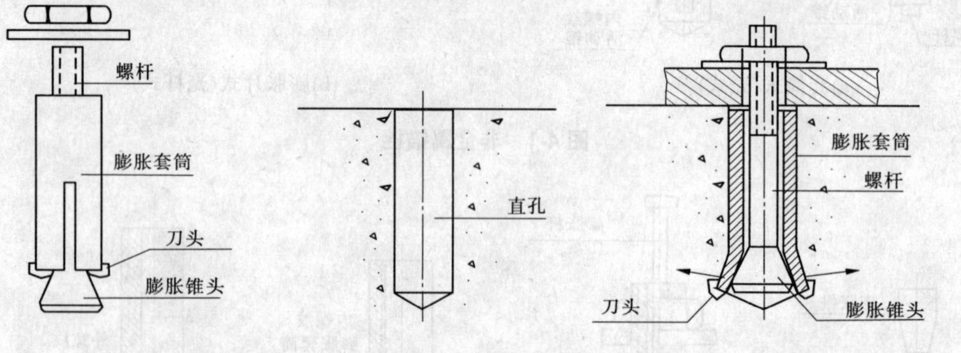

(b)自扩孔专用栓

图 4-3　扩孔型锚栓

粘剂(锚固胶),将螺杆及内螺纹管等胶结固定于混凝土基材钻孔中,通过粘结剂与螺杆及粘结剂与混凝土孔壁间的粘结与锁键(Interlock)作用,以实现对被连接件锚固的一种组件。目前,一般定型粘结型锚栓较为粗短,锚深较浅,对基材裂缝适应能力较差,不适用于受拉、边缘受剪、拉剪复合受力的结构构件及生命线工程非结构构件的后锚固连接;除专用在开裂混凝土的粘结型锚栓之外,一般粘结型锚栓也不宜用于开裂混凝土基材受拉、边缘受剪、拉剪复合受力的非结构构件的后锚固连接。

(四)化学植筋(Bonded Rebars)

化学植筋包括螺纹钢筋及长螺杆(见图 4-5),是我国工程界广泛应用的一种后锚固连接技术。化学植筋锚固基理与粘结型锚栓相同,但化学植筋及长螺杆由于长度不受限制,与现浇混凝土钢筋锚固相似,破坏形态易于控制,一般均可以控制为锚筋钢材破坏,故适用于静力及抗震设防烈度≤8 的结构构件或非结构构件的锚固连接。

(五)混凝土螺钉(Concrete Screws)

混凝土螺钉(见图 4-6)的构造和锚固机理与木螺钉相似,是以特制工艺滚压淬制出坚硬锋利的刀口螺纹螺杆,安装时先预钻较小孔径的直孔,后将螺钉拧入,利用螺纹与孔壁混凝土间的咬合作用产生抗拔力,实现对被连接件锚固的一种组件。

(六)射钉(Powder-actuated Fasteners)

射钉(见图 4-7)是一种以火药为动力,将高硬度钢钉,包括螺钉,射入混凝土,利用其高温(900 ℃),使钢钉与混凝土因化学熔结及夹紧作用而结为一体,以实现对被连接件的锚固。

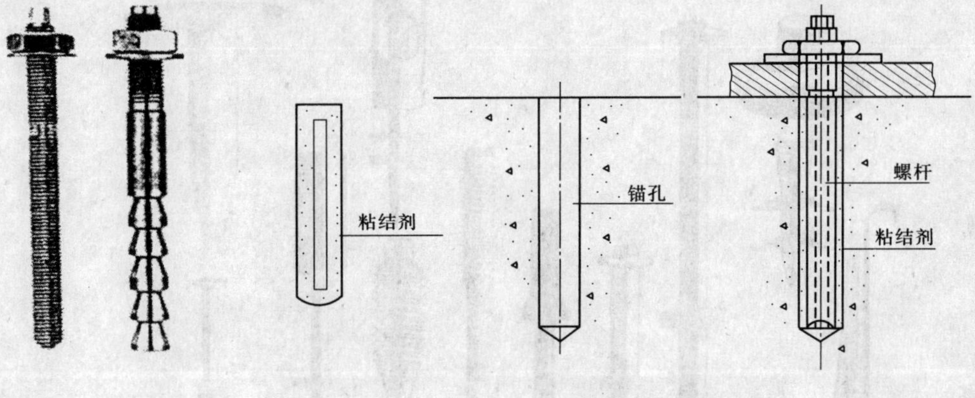

图 4-4　粘结型锚栓

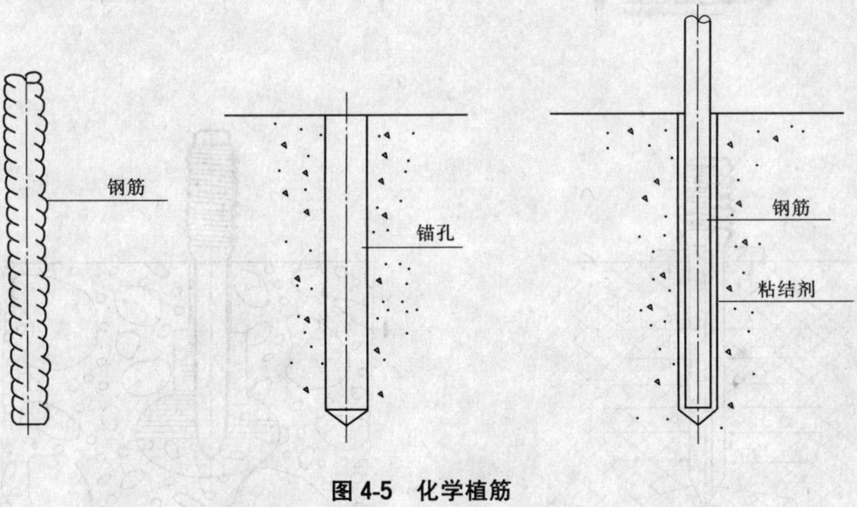

图 4-5　化学植筋

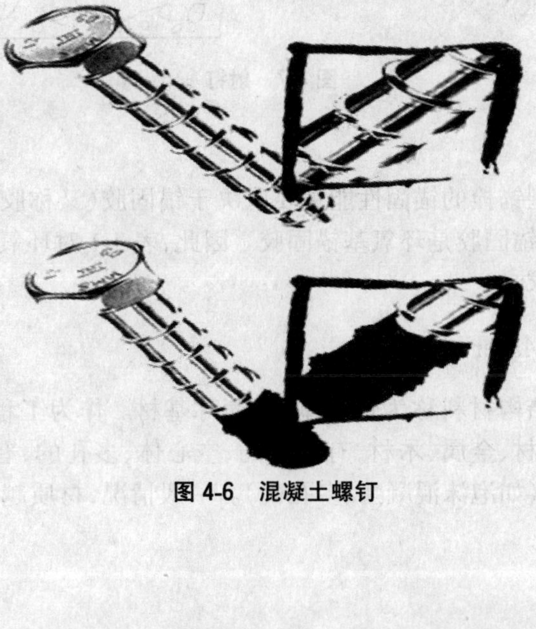

图 4-6　混凝土螺钉

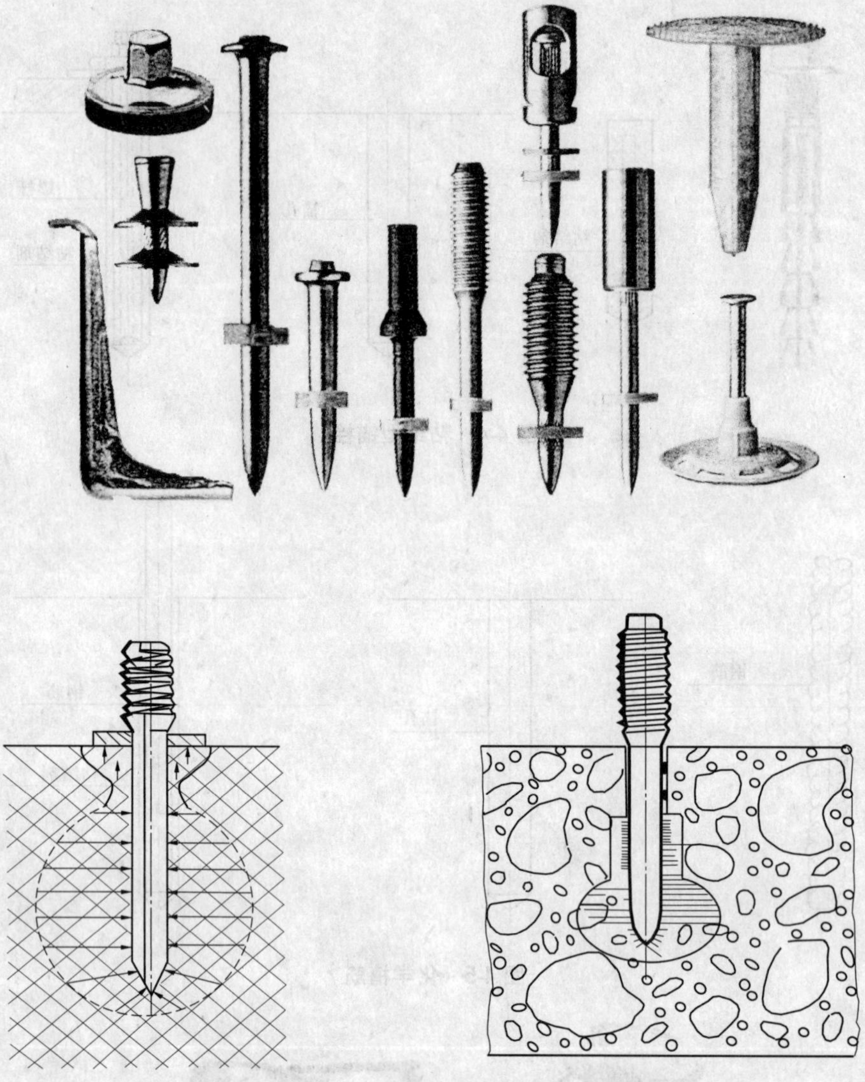

图 4-7　射钉

(七)锚固胶

化学植筋及粘结型锚栓的锚固性能主要取决于锚固胶(又称胶粘剂、粘结剂)和施工方法,我国使用最广的锚固胶是环氧基锚固胶。因此,表 4-1 对环氧基锚固胶的性能指标及使用条件提出了要求。

二、基材(Base Material)

承载锚栓的母体结构材料称为锚固基材,简称基材。作为工程结构,基材的种类很多,有混凝土、砌体、石材、金属、木材,有空心的、空心体、多孔的,有强度很高的(如花岗岩、金属)、强度极低的(如泡沫混凝土、多孔砖)。一般情况,材质越坚实、整体性越强、体量越大的基材,其锚固性能越好;反之,材质疏松、整体性差、体量小的基材,锚固性能就较差。基材锚固性能由强到弱的大致排序为:金属→花岗岩→混凝土→轻混凝土→砌体、木材→空心及多孔块材砌体→泡沫混凝土。

表 4-1 环氧基锚固胶的性能指标

项 目	性 能 指 标	试验方法
物理性能	粘度(25 ℃)4 500~75 000 MPa·s,安装温度在 -5~40 ℃内能正常固化,固化时间可调	《胶粘剂粘度测定方法》(GB2794—81)
胶体强度及变形性能	抗压强度标准值 $f_{bc,k}$≥60 N/mm^2; 抗拉强度标准值 $f_{bt,k}$≥18 N/mm^2; 受拉弹性模量 E≥5.2×10^3 N/mm^2; 受拉极限变形 ε_u≥0.01	《塑料压缩试验方法》(GB1041—79) 《塑料拉伸试验方法》(GB1040—79)
钢—钢粘结强度	抗剪强度标准值 $f_{bv,k}$≥14 N/mm^2; 抗拉强度标准值 $f_{bt,k}$≥20 N/mm^2; 不均匀扯离强度标准值 $f_{bp,k}$≥20 kN/m;	《胶粘剂拉伸剪切强度测定方法》(GB7124—86) 《胶粘剂拉伸强度试验方法》(GB6329—86) 《金属粘接不均匀扯离强度试验方法》(HB5166)
钢—混凝土粘结强度	钢—混凝土的粘结抗拉,其破坏应发生在混凝土中,不允许发生在胶层	用带拉杆的 50 mm×50 mm×5 mm 钢块两块,轴对称粘贴于 70 mm×70 mm×50 mm 的 C50 混凝土块大面,固化后进行拉伸试验
耐温性能	-45~80 ℃瞬态温度下及 -35~60 ℃稳态温度下,$f_{bv,k}$≥14 MPa	《胶粘剂拉伸剪切强度测定方法》(GB7124—86)
冻融性能	在 -25~25 ℃范围内,经受 50 次冻融循环后,$f_{bv,k}$≥14 MPa	《胶粘剂拉伸剪切强度测定方法》(GB7124—86)
耐老化性能	人工老化试验≥3 000 h,$f_{bv,k}$≥14 MPa;湿(≥95%)热(50 ℃)老化试验≥90 d,$f_{bv,k}$≥12 MPa	《胶粘剂拉伸剪切强度测定方法》(GB7124—86) 《色漆和清漆——人工气候老化和人工辐射暴露——滤过的氙弧射》(GB/T4865—1997)

三、适用范围

各类锚栓的适用范围,除本身性能差异外,还应考虑基材是否开裂、锚固连接的受力性质、被连接结构类型、有无抗震设防要求等因素的综合影响。就国内外工程实践而言,目前一般定型锚栓由于受破坏形态控制,主要用于非结构构件的后锚固连接及受压、中心受剪、压剪组合受力的结构构件的后锚固连接。锚栓适用范围见表 4-2。

表 4-2 锚栓适用范围

锚栓类型	锚栓受力性质及被连接结构类型 有无抗震设防要求	受拉、边缘受剪、拉剪复合受力		非结构构件及受压、中心受剪、压剪复合受力的结构构件
		结构构件及生命线工程非结构构件	非结构构件	
膨胀型锚栓	有	×	○	○
	无	×	○	○
扩孔型锚栓	有	×	○	○
	无	×△	○	○
粘结型锚栓	有	×	×	△
	无	×	×△	○
化学植筋	有	○	○	○
	无	○	○	○
混凝土螺钉	有	×	○	○
	无	×	○	○
射钉及混凝土钉	有	×	△	△
	无	×	△	○

注："○"表示适用，"×"表示不适用，"△"表示有条件应用。

第三节 后锚固连接破坏形态

荷载作用下，后锚固连接有锚栓钢材破坏、混凝土基材破坏及锚栓拔出破坏等三种破坏模式。

一、钢材破坏

锚栓或锚筋钢材破坏分拉断破坏、剪坏及拉剪复合受力破坏，主要发生在锚固深度 h_{ef} 超过临界深度 h_{cr} 时。此种破坏，一般具有明显的塑性变形，破坏荷载离散性较小。对于受拉、边缘受剪、拉剪复合受力的结构构件的后锚固连接设计，根据《建筑结构可靠度设计统一标准》精神，宜控制为这种破坏形式。

二、混凝土基材破坏

混凝土基材破坏，主要有四种形式。基材破坏表现出一定脆性，破坏荷载离散性较大。对于结构构件及生命线工程非结构构件后锚固连接设计，宜避免这种破坏形式。

三、拔出破坏

拔出破坏对机械锚栓有两种破坏形式。整体拔出破坏,由于承载力很低,且离散性大,很难统计出有用的承载力设计指标,因此不允许发生。穿出破坏虽具有一定承载力,但缺乏系统的试验统计数据供应用,且变形曲线存在较大滑移,对于结构构件受拉、边缘受剪、拉剪复合受力的锚固连接,宜避免发生。

粘结型锚栓和化学植筋拔出破坏有胶筋界面拔出和胶混界面拔出两种形式。对化学植筋,不论是结构构件或非结构构件,应避免发生拔出破坏;对于粘结型锚栓,因长度有限,宜避免发生拔出破坏。

第四节　锚固质量检查与验收

一、锚固质量检查

锚固质量检查应包括下述内容:

(1)文件资料检查包括:设计施工图纸及相关文件、锚固胶的出厂质量保证书、锚杆的质量合格证书、施工工艺记录及操作规程和施工自检人员的检查结果文件等。

(2)锚栓、锚固胶的类别、规格是否符合设计和标准要求。

(3)锚栓的位置是否符合设计要求。

(4)混凝土基材强度是否符合设计要求。

(5)锚孔质量检查应包括:锚孔的位置、直径、孔深和垂直度,锚孔的清孔情况,锚孔周围混凝土是否存在缺陷、是否已基本干燥、环境温度是否符合要求,锚孔是否伤及钢筋。

(6)锚固质量应符合以下要求:对于粘结型锚栓及化学植筋应对照施工图检查锚栓位置、尺寸、垂直(水平)度及胶浆外观固化情况等;膨胀型锚栓和扩孔型锚栓应按设计或产品安装说明书的要求检查锚固深度、预紧力控制、膨胀位移控制等。

二、锚固质量验收

锚固质量验收应提供下列文件和记录:

(1)设计变更。

(2)锚栓的质量合格证书、产品安装(使用)说明书及进场后的复验报告。

(3)锚固安装工程施工记录。

(4)锚固工程质量检查记录。

(5)锚固抗拔力现场抽检报告。

(6)分项工程质量评定记录。

(7)工程重大问题处理记录。

(8)竣工图及其他有关文件记录。

第二篇

主体结构工程检测

第五章　钢筋混凝土结构工程检测

第一节　概　述

钢筋混凝土是建筑工程中主要的结构材料之一，其应用量大、面广，生产技术复杂，混凝土原材品质的偏差、配合比、拌和捣制和养护等生产工艺不当，均可能导致混凝土的质量、强度和耐久性的下降，因而质量管理十分重要。对结构混凝土内部的缺陷和实际强度的检测，使用中因超载、温差或火灾、腐蚀、震害、冻害造成的损伤程度的评估，以及旧建筑安全、抗震能力与质量衰退的检查诊断，采用无损检测和评价方法得到了越来越广泛的重视。应变测量与应力分析在钢筋混凝土结构工程检测中占十分重要的地位，由于它不需要损坏构件或结构，国外在20世纪80年代初也将其列为无损检测的一个重要分支。

混凝土无损检测技术是以电子学、物理学、计算机技术为基础的测试仪器，直接在材料试体或结构物上，非破损地测量与材料物理力学、结构质量有关的物理量，借材料学、应用力学、数理统计和信息分析处理等方法，确定和评价材料和结构的弹性、强度、均匀性与密实度等的一种新兴的测试方法。

结构混凝土无损检测技术工程应用，主要有结构混凝土的强度、缺陷和损伤的诊断测试，而钢筋的位置、直径和保护层厚度，以及钢结构焊缝质量检测也得到比较广泛的应用。随着新技术的开发，结构水渗漏、气密性和保温性能、钢筋腐蚀程度的检测也日益得到重视。

无损检测技术的应用，已遍及建筑、交通、水利、电力、地矿、铁道等系统的建设工程质量检测与评估，正如国际上权威人士早就预言的“混凝土工程应用无损检测技术的程度，标志着一个国家对结构工程验收和质量检测技术水平的高低”，正说明了发展无损检测技术的必要性和实际意义。

无损检测技术的特点：

(1)无损于材料、结构的组织和使用性能。

(2)可以直接在试体或结构上，对质量或强度进行重复、全面的检测，弥补了因各种因素影响造成材料试件与结构物质量差别的缺点。

(3)选用不同的方法，检测和判别结构表层和内部的质量或损伤，操作简便、迅速。

(4)随着信息处理技术的发展，有利于实现“在线检测和生产自动化”。

国内外常用无损检测方法分类如表5-1所示。

本章着重介绍钢筋混凝土结构工程现场无损检测方法和结构或构件应变测量技术，并从技术特点和原理上介绍国外发展的无损检测新技术。

表 5-1　国内外常用无损检测方法分类

检测目的	常用方法	测试量	换算原理
混凝土强度	钻芯法 拔出法 压痕法 射击法 回弹法 超声脉冲法 回弹—超声综合法 超声—衰减综合法 射线法 落球法(脉冲回波法)	芯样抗压强度 抗拔力 压力和压痕直径或深度 探针射入深度 回弹值 超声脉冲传播速度 回弹值和声速 声速和衰减 吸收或散射强度 振动参数	局部区域的抗压、抗剪、抗拉或抗冲击强度推算成标准抗压强度及特征强度 根据混凝土应力应变性质与强度的关系,用弹性模量或粘塑性指标推算标准抗压强度及特征强度 根据混凝土密实度推算强度振动参数与强度的关系
混凝土内部缺陷	超声脉冲法 射线法 脉冲回波法 雷达法	声时、波高、波形、频谱、反射回波 穿透后的射线强度 反射波位置 雷达波反射位置	波的绕射、衰减、叠加等 射线强度记录或摄影 缺陷表面形成反射波 缺陷表面形成雷达反射信号
混凝土受力历史和损伤程度	声发射法 超声脉冲法	声发射信号、事件记数、幅值分布、能谱等声速、衰减	声发射信号源定位、声发射的凯塞效应 破坏过程的连续观察
弹性模量和粘塑性性质及耐久性	共振法 敲击法 超声法 透气法	固有频率、品质因数 对数衰减率 声速、衰减系数、频谱 气压变化	振动分析 应力波传播分析 孔隙渗透性
钢筋位置和锈蚀	磁测法 电测法 射线法 雷达法	磁场强度 钢筋的半电池电位 射线 雷达波	钢筋对磁场的影响 电化学分析 射线摄影 雷达波遇金属反射

第二节　结构混凝土强度非破损检测

一、非破损测强综述

非破损检测混凝土强度的方法,是以检测的物理量与混凝土标准强度之间的相关性为基本依据,按相关的数学关系式推定结构混凝土的实际强度或现场强度。目前,我国已制定的技术规程有回弹法、超声回弹综合法、钻芯法和拉拔法,上述技术已得到了推广使用。

(一)非破损测强曲线

用混凝土试块的抗压强度与非破损参数之间建立起来的相关关系曲线，即为测强曲线。即先对试块进行非破损测试，然后将试块抗压破坏，当取得非破损检测参数和混凝土强度值 f_{cu} 之后，选择相应的数学模型来拟合它们之间的相关关系。

1. 测强曲线的分类

测强曲线可按其适用范围分以下三种类型。

1)统一测强曲线(全国曲线)

这类曲线以全国一般经常使用的有代表性的混凝土原材料、成型养护工艺和龄期为基本条件。这种曲线的建立是以全国许多地区曲线为基础，经过大量的分析研究和计算汇总而成的。

它适用于无地区测强曲线和专用测强曲线的单位，对全国大多数地区来说，具有一定的现场适应性，因此使用范围广，但其精度不高。

2)地区(部门)测强曲线

以采用本地区或本部门通常使用的有代表性的混凝土材料、成型养护工艺和龄期为基本条件，在本地区或本部门制作相当数量的试块进行非破损和破损的平行试验建立的测强曲线。这类曲线适用于无专用测强曲线的工程测试，对本地区或本部门来说，其现场适应性和强度测试精度均优于统一测强曲线。这种曲线是针对我国地区辽阔和各地材料差别较大这一特点而建立起来的。

3)专用(率定)测强曲线

以某一个具体工程为对象，采用与被测工程相同的材料质量、成型养护工艺和龄期，制作一定数量的试块，进行非破损和破损平行测试建立的测强曲线。制定的这类曲线因针对性较强，故测试精度较地区(部门)曲线为高。

2. 测强曲线的建立方法

1)选择合适的测试仪器

对于不同的非破损检测方法有不同的仪器，在建立测强曲线时必须选择检测方法规范所规定的、各项性能符合要求的仪器，并需经过计量检定。

2)试块的制作和养护

在制作试块之前，必须对使用的混凝土原材料的种类、规格、产地及质量情况进行全面的调查了解，制定详细的试验计划，有针对性地进行试验。

制定地区测强曲线时试块的数量一般不少于 150 块，制定专用测强曲线时试块的数量一般不少于 30 块，为了减少龄期等因素的影响，试块的制作应尽可能在短时间内完成。试块的尺寸通常是边长为 150 mm 的立方体。

混凝土试块的强度等级有 C10、C20、C30、C40、C50 等数种，可根据实际需要进行选择。每种强度等级的混凝土可采用最佳配合比或常用配合比进行配制。

试块的制作应在振动台上振捣成型或采用与被测构件相同的浇捣工艺。试块的养护方法也应与被测构件相同，若建立蒸汽养护混凝土测强曲线时，则试块应进行蒸汽养护；若建立自然养护测强曲线时，则试块应自然养护。自然养护时，应在试块成型的第二天拆模，然后移到不受日晒雨淋处按品字形堆放养护至一定的龄期进行非破损测试。

试块的测试龄期可分别在 7 d、14 d、28 d、60 d、90 d、180 d、365 d、…进行，根据曲线允许使用的时间进行选择。在每一个龄期和每一个强度等级的试块至少应试验一组试块，以保证具有足够的数据，满足曲线的计算需要。

3)试块的测试

到达测试龄期的试块，清除测试面上的粘杂物后，进行相应的非破损(或半破损)测试。然后，将试块成型面放置在压力机平板间加压，以每秒(6±4) kN 的速度连续均匀进行，直至试块破坏为止，计算抗压强度 f_{cu} 精确至 0.1 MPa。

4)测强曲线的建立

当所有测试龄期的试块全部测试完成后，每组试块都可得到一组数据：非破损测试值 R、V 等和抗压强度值 f_{cu}。从统计数学看，R、V、f_{cu} 等变量均属非确定量，这些不确定量之间有某种规律性，这种规律性的联系称之为相关关系，可以通过回归分析确立其关系。回归分析是一种处理自变量与因变量之间关系的数理统计方法，其目的是寻求非确定联系的统计相关关系，找出能描述变量之间关系的数学表达式，去预测它们统计关系的因变量的取值，并估计其精确程序。

要确立混凝土试块抗压强度 f_{cu} 与其非破损检测参量 V、R 等之间的相关关系，有下列一些方程式可供选择。

线性(或非线性)函数方程

$$f_{cu} = A + B \cdot V + C \cdot R \tag{5-1}$$

$$f_{cu} = A + B \cdot V + C \cdot R + D \cdot l \tag{5-2}$$

$$f_{cu} = A + B \cdot V + C \cdot R + 10D^{D \cdot l} \tag{5-3}$$

幂函数方程

$$f_{cu} = A \cdot V^{B} \cdot R^{C} \tag{5-4}$$

$$f_{cu} = A \cdot V^{B} \cdot R^{C} \cdot 10^{D \cdot l} \tag{5-5}$$

$$f_{cu} = A \cdot V^{B} \cdot R^{C} \cdot l^{D} \tag{5-6}$$

指数方程

$$f_{cu} = A \cdot e^{(B \cdot V + C \cdot R)} \tag{5-7}$$

对数方程

$$f_{cu} = A + B \cdot \lg V + C \cdot \lg R \tag{5-8}$$

上述式中　A——常数项；

B、C、D——回归系数；

e——自然对数的底；

V、R、l——非破损检测参数。

在 f_{cu}、V、R 及 l 已知的情况下，系数 A、B、C、D 可用最小二乘法确定。当采用几种方程式进行计算比较后，取其相对标准差 e_r 值小和相关系数 r 值大的公式作为测强曲线的方程式。

一般地说，如果建立的全国测强曲线的相对标准差 $e_r \leqslant 15\%$，相关系数 $r \geqslant 0.9$；地区

测强曲线 $e_r \leqslant 14\%$，$r \geqslant 0.9$；专用测强曲线 $e_r \leqslant 12\%$，$r \geqslant 0.9$，即可满足测强使用要求。

为了尽量减少曲线的数量以便于使用，对影响程度不大的试块测试数据可以合并计算，对影响较大的试块数据应分别建立各自的专用测强曲线。比如粗骨料对回弹法测强影响较大，则可分别建立卵石回弹法测强曲线和碎石回弹法测强曲线。

曲线建立完成后，应写明建立曲线的技术条件，比如粗骨料种类、水泥品种、混凝土的强度等级、龄期、是否商品混凝土，等等。测强曲线仅适用于在建立测强曲线时的技术条件下使用，一般不能外推，以保证测试结果的准确性。

如果被测混凝土符合建立曲线的技术条件，当取得相应的非破损检测值之后，带入上述公式，即可得到结构混凝土的强度换算值。

为便于在工程测试中使用，减少计算工程量，可将系数已知的回归方程式，在非破损参数 V、R 的有效范围之内，以从小到大为序等距分级，与计算的对应混凝土强度制图或列表，也可用等强曲线表示。

3. 测强曲线的验证

全国或地区测强曲线建立之后，应进行系统的验证工作，以检验曲线的测试精度及其实用性。

由于在我国《钢筋混凝土工程施工及验收规范》中规定，以立方体试块抗压强度作为结构混凝土强度的验收依据，所以可通过对混凝土试块进行非破损测试而得出测试强度与实际抗压强度之间的误差分析，作为曲线测试精度的验证手段。

预留的是有代表性的同条件养护试块；当没有同条件试块时，也可采用与结构混凝土同材料、同配合比成型的龄期在 7 d 以上的试块。最直接可靠的办法还是采用钻取芯样试件进行验证。

立方体试块的非破损测试与数据处理方法和建立测强曲线时的方法相同。而芯样试件的非破损测试数据是从结构混凝土测区上获得的，这就要求钻芯的位置必须在非破损测区内。

每个试块测出非破损参数后，代入相应的回归方程计算出非破损强度值，然后将试块压碎求出实际抗压强度，最后按下述公式计算测强曲线的误差范围。

$$e_r = \sqrt{\frac{1}{(n-1)}\sum_{i=1}^{n}\left(\frac{f_{cu,i}}{f_{cu,i}^{c}} - 1\right)^2} \times 100\% \tag{5-9}$$

式中　e_r——相对标准差；

$f_{cu,i}$——试块抗压强度，MPa；

$f_{cu,i}^{c}$——试块非破损测试强度，MPa。

当计算的相对标准差符合要求时，则这条曲线可作为本地区测强时使用。

(二)检测及数据处理

1. 资料准备

需进行测强的结构或构件，在检测前，应具备下列有关资料：

(1)工程名称及设计、施工、建设和监理单位名称。

(2)结构或构件名称、编号、施工图(或平面图)及混凝土设计强度等级。

(3)水泥品种、标号、用量、出厂厂名,砂石品种、粒径,外加剂或掺合料品种、掺量,以及混凝土配合比等。

(4)模板类型,混凝土灌注和养护情况,以及成型日期。

(5)结构或构件存在的质量问题,混凝土试块抗压报告等。

2.被测结构或构件准备

1)单个抽检

依据《钢筋混凝土工程施工质量验收规范》(GB50202—2002)的规定,当对混凝土试块能否代表结构或构件混凝土强度有怀疑或有争议时,可采用非破损检测。检测时如果仅针对有怀疑的构件,则为单个抽检。抽检构件需按非破损检测方法要求进行相应的表面处理,并布置测区。检测完毕后,每个抽检构件单独进行数据处理,计算其强度推定值。

2)批量抽检

当有争议的构件数量巨大,或者对于整批构件的混凝土试块试压结果有怀疑时,为尽量减少抽检构件数量,同时又使检测结果能代表整批构件的混凝土强度,可采用批量抽检。批量抽检时,按各检测方法的规范所要求数量进行抽检,比如回弹法为按该批构件的30%抽检,且构件数量不少于10件。检测完毕后,需对检测数据进行统计分析,得出其所代表的批构件的强度推定值。这就避免了对所有有怀疑构件进行大量检测,这正是非破损(或半破损)检测的优势所在。

作为同批构件应符合下列条件:

(1)混凝土强度等级相同。

(2)混凝土原材料、配合比、成型工艺、养护条件及龄期基本相同。

(3)构件种类相同。

(4)在施工阶段所处状态相同。

二、回弹法检测混凝土强度

(一)回弹法的发展历程

1948年瑞士施米特(E. Schmidt)发明了回弹仪,由于仪器构造简单、方法简便,在一定条件下测试值与混凝土强度有较好的相关性,并能较好地反映混凝土的均匀性,半个多世纪以来,该方法在国内外得到了广泛的推广使用,各国或相关的协会先后制定了技术标准(见表5-2)。

我国自20世纪50年代中期开始采用回弹法测定现场混凝土抗压强度,1966年3月出版了《混凝土强度的回弹仪检测技术》一书,促进了该方法的推广使用。1978年国家建委列题组织全国进行系统研究,1985年颁布了《回弹法评定混凝土抗压强度技术规程》(JGJ23—85),1992年修订为行业标准:《回弹法检测混凝土抗压强度技术规程》(JGJ/T23—92),2001年再次修订,其标准名称不变,编号改为JGJ/T23—2001。

(二)回弹法的基本原理

回弹法是用一弹簧驱动的重锤,通过弹击杆(传力杆),弹击混凝土表面,并测出重锤被反弹回来的距离,以回弹值(反弹距离与弹簧初始长度之比)作为与强度相关的指标,来推定混凝土强度的一种方法。由于测量在混凝土表面进行,所以应属于表面硬度的一种。

表 5-2　各国回弹法技术标准名称

国家	标准编号	标准名称	级别	年份
日本		采用回弹仪测定混凝土抗压强度方法的指示(草案)	协会	1958
联邦德国	DIN4240	密实混凝土撞击试验使用规程	国家	1962
罗马尼亚	C.30.67	施米特 N 型回弹仪测试混凝土技术规程	国家	1967
苏联	rOCT10180—67	普通混凝土强度确定方法——试验混凝土强度的硬度测定法	国家	1967
英国	B.S.4408—4	混凝土非破损检测建议——表面硬度法	协会	1971
保加利亚	B.D.S.3816—72	混凝土——力学非破损检测法估测抗压强度	国家	1972
匈牙利	H.S.202/1—72	混凝土试验方法——非破损方法/采用施米特回弹仪测定混凝土	国家	1972
波兰	PN—74:B06262	采用施米特 N 型回弹仪非破损检测混凝土	国家	1974
美国	ASIM—C805—75T	硬化混凝土回弹法试验暂行方法	协会	1975
民主德国	TGL/33437/01	用回弹或压痕试验测定混凝土的抗压强度	国家	1980
国家标准化组织	ISO/DIS8045	硬化后的混凝土——用回弹仪测定回弹值	国际草案	1980

图 5-1 为回弹法的原理示意图。当重锤被拉开冲击前的起始状态时,若弹簧的拉伸长度等于 1,则这时重锤所具有的势能 e 为

$$e = \frac{1}{2}E_S l^2 \tag{5-10}$$

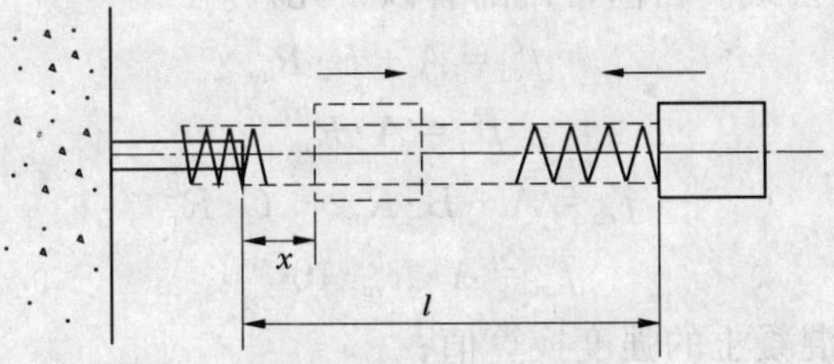

图 5-1　回弹法的原理示意图

式中　E_S——拉力弹簧的刚度系数;

f——拉力弹簧起始拉伸长度。

混凝土受冲击后产生瞬时弹性变形,其恢复力使重锤弹回,当重锤被弹回到 x 位置时所具有的势能 e_x 为

$$e_x = \frac{1}{2}E_S x^2 \tag{5-11}$$

式中 x——重锤反弹位置或重锤弹回时弹簧的拉伸长度。

所以重锤在弹击过程中,所消耗的能量 Δe 为

$$\Delta e = e - e_x \tag{5-12}$$

将式(5-10)、式(5-11)代入式(5-12)得

$$\Delta e = \frac{E_S l^2}{2} - \frac{E_S x^2}{2} = e\left[1 - \left(\frac{x}{l}\right)^2\right] \tag{5-13}$$

令

$$R = x/l \tag{5-14}$$

在回弹仪中,l 为定值,所以 R 与 x 成正比,称为回弹值。将 R 代入式(5-13)得

$$R = \sqrt{1 - \Delta e/e} = \sqrt{e_x/e} \tag{5-15}$$

从式(5-15)中可知,回弹值 R 等于重锤冲击混凝土表面后剩余的势能与原有势能之比的平方根。简而言之,回弹值 R 是重锤冲击过程中能量损失的反映。

能量主要损失在以下三个方面:

(1)混凝土受冲击后产生塑性变形所吸收的能量。

(2)混凝土受冲击后产生振动所消耗的能量。

(3)回弹仪各机构之间的摩擦所消耗的能量。

在具体的实验中,上述(2)、(3)两项应尽可能使其固定于某一统一的条件。例如,试体应有足够的厚度,或对较薄的试体予以加固,以减少振动;回弹仪应进行统一的计量率定,使冲击能量与仪器内摩擦损耗尽量保持统一等。因此,第(1)项的能量损失是主要的。

根据以上分析可以认为,回弹值通过重锤在弹击混凝土的前后能量变化,既反映了混凝土的弹性性能,也反映了混凝土的塑性性能。

目前回弹法测定混凝土强度均采用试验归纳法,建立混凝土强度与回弹值 R 之间的一元回归公式,或建立混凝土强度与回弹值 R 及主要影响因素(如混凝土表面的碳化深度 d)之间的二元回归公式。目前常用的有以下几种。

直线方程
$$f_{cu}^{c} = A + B \cdot R_m \tag{5-16}$$

幂函数方程
$$f_{cu}^{c} = A \cdot R_m^B \tag{5-17}$$

抛物线方程
$$f_{cu}^{c} = A + B \cdot R_m + C \cdot R_m^2 \tag{5-18}$$

二元方程
$$f_{cu}^{c} = A \cdot R_m^B \cdot 10^{C \cdot d_m} \tag{5-19}$$

式中 f_{cu}^{c}——某测区混凝土的强度换算值;

R_m——该区平均回弹值;

d_m——该区平均碳化深度;

A、B、C——常数项,按原材料条件等因素不同而变化。

(三)回弹仪的类型、构造及工作原理

随着回弹仪用途的日益广泛及现代科学技术的发展,回弹仪的型号不断增加,现有回弹仪分类见表 5-3。

表 5-3　回弹仪分类

类型	名称	冲击能量	主要用途	说明
L 型（小型）	L 型	0.735 J	小型构件及刚度稍差的混凝土或胶凝制品	
	LR 型	0.735 J	小型构件及刚度稍差的混凝土或胶凝制品	有回弹值自动画线装置
	LB 型	0.735 J	烧结材料和陶瓷	
N 型（中型）	N 型	2.207 J	烧结材料和陶瓷	
	NA 型	2.207 J	水下混凝土构件	
	NR 型	2.207 J	普通混凝土构件	有回弹值自动画线装置
	ND-740 型	2.207 J	普通混凝土构件	高精度数显式
	NP-750 型	2.207 J	普通混凝土构件	数字处理式
	MTC-850 型	2.207 J	普通混凝土构件	有专用电脑，能自动处理和记录有关数值
N 型（中型）	WS-200 型	2.207 J	普通混凝土构件	远程自动显示并记录
P 型（摆式）	P 型	0.883 J	轻质建筑材料、砂浆、饰面等	
	P 型	0.883 J	用于 0.5～5.0 MPa 的低强胶凝制品	冲击面较大
M 型（大型）	M 型	29.40 J	大型实心块体、机场跑道及公路面的混凝土	

我国自 20 世纪 50 年代中期相继投入生产了 N 型、L 型、NR 型及 M 型等回弹仪，以 N 型应用最为广泛。这种中型回弹仪是一种指针直读的直射锤击式仪器，其构造如图5-2 所示。

仪器工作时，随着对回弹仪施压，弹击杆 11 徐徐向机壳内推进，弹击拉簧 14 被拉伸，使连接弹击拉簧的弹击锤 7 获得恒定的冲击能量 e（见图 5-3），当仪器水平状态工作时，其冲击能量 e 可由下式计算

$$e = \frac{1}{2}E_S l^2 = 2.205(\mathrm{J}) \qquad (5\text{-}20)$$

式中　E_S——弹击拉簧的刚度，为 0.784 N/mm；

l——弹击拉簧工作时拉伸长度，为 75 mm。

挂钩 3 与调零螺钉 2 互相挤压，使弹击锤脱钩，弹击锤的冲击面与弹击杆的后端平面相碰撞，如图 5-4 所示，此时弹击锤释放出来的能量借助弹击杆传递给混凝土构件，混凝土弹性反应的能量又通过弹击杆传递给弹击锤，使弹击锤获得回弹的能量向后弹回，计算弹击锤回弹的距离 l' 和弹击锤脱钩前距弹击杆后端平面的距离 l 之比，即得回弹值 R，它由仪器外壳上的刻度尺 15 示出，见图 5-5。

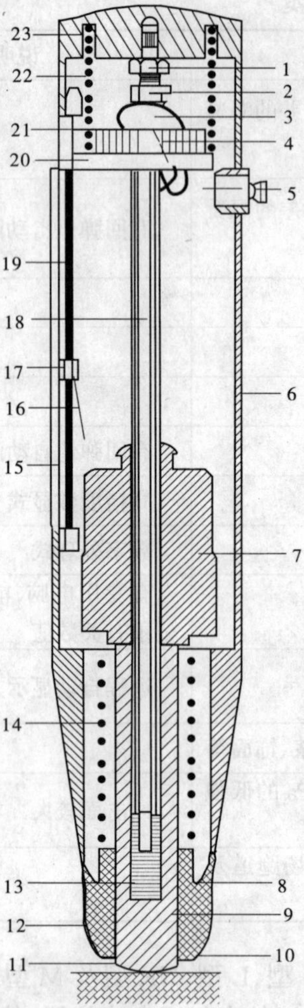

图 5-2　回弹仪构造和主要零件名称

(四)回弹仪的操作、保养及检定

1. 操作

将弹击杆顶住混凝土的表面,轻压仪器,松开按钮,弹击杆徐徐伸出。使仪器垂直对混凝土表面缓慢均匀施压,待弹击锤脱钩冲击弹击杆后即回弹,带动指针向后移动并停留在某一位置上,即为回弹值。继续顶住混凝土表面并在读取和记录回弹值后,逐渐对仪器减压,使弹击杆自仪器内伸出,重复进行上述操作,即可测得被测构件或结构的回弹值。操作中注意仪器的轴线应始终垂直于构件混凝土表面。

2. 保养

仪器使用完毕后,要及时清除伸出仪器外壳的弹击杆、刻度尺表面及外壳上的污垢和尘土。当测试次数较多、对测试值有怀疑时,应将仪器拆卸,并用清洗剂清洗机芯的主要零件及其内孔,然后在中心导杆上抹一层薄薄的钟表油,其他零部件不得抹油。要注意检查尾盖的调零螺钉有无松动,弹击拉簧前端是否钩入拉簧座的原孔位内,否则应送检定单位检定。

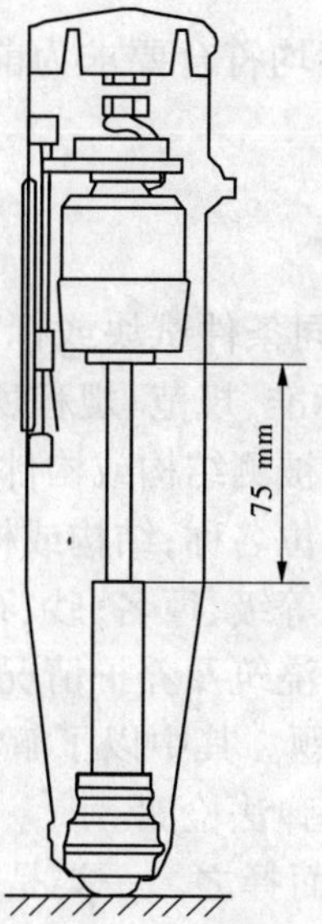

图 5-3　弹击锤脱钩前的状态

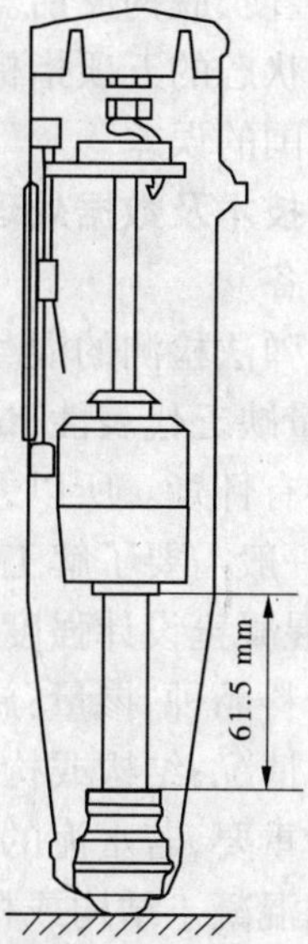

图 5-4　弹击锤脱钩后的状态

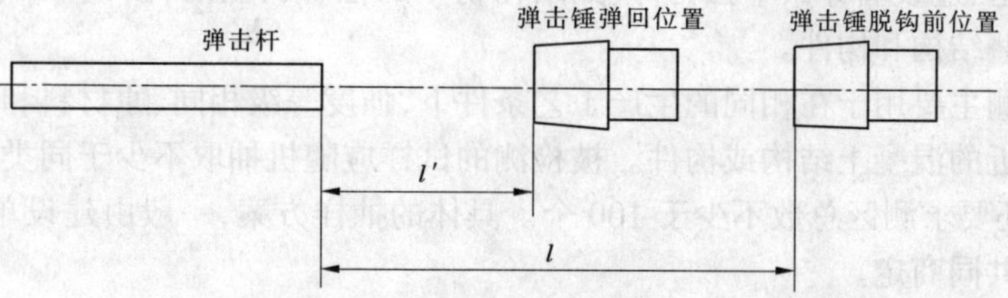

图 5-5　回弹位置示意图

3.检定

目前,国内外生产的中型回弹仪,不能保证出厂时为标准状态,因此即使是新的有出厂合格证的仪器,也需送检定单位检定。此外,当仪器超过检定有效期限、累计弹击次数超过规定次数(如 6 000 次),仪器遭受撞击、损害,零部件损坏需要更换等情况皆应送检定单位按国家计量检定规程《混凝土回弹仪》(JGJ817—93)进行检定。

检定合格的仪器应符合下列标准状态:

(1)水平弹击时,弹击锤锐钩的瞬间,仪器的标称动能应为 2.205 J,此时在钢砧上的率定值应为 80±2。

(2)弹击拉簧的工作长度应为 61.5 mm,弹击锤的冲击长度(拉簧的拉伸长度)应为 75 mm,弹击锤在刻度尺上的"100"处脱钩,此时弹击锤与弹击杆碰撞的瞬间,弹击拉簧应处于自由状态。弹击锤起跳点应在相应于刻尺上推算的"0"处。

(3)指针块上的指示线至指针片端部的水平距离为 20 mm,指针块在指针轴全长上的摩擦力为 0.5~0.8 N。

(4)弹击杆前端的曲率半径为 25 mm,后端的冲击面为平面。

(5)操作轻便、脱钩灵活。

上述标准状态的五项指标是以仪器的零部件加工精度均符合要求为前提，否则仍然会出现一定范围的误差。

(五)检测技术及数据处理

1. 检测准备

凡需要回弹法检测的混凝土结构或构件，往往是缺乏同条件试块或标准试块数量不足，试块的质量缺乏代表性，试块的试压结果不符合现行标准、规范、规程所规定的要求，并对该结果持有怀疑。所以，检测前应全面的、正确的了解被测结构或构件的情况。

检测前，一般需要了解工程名称及设计、施工和建设单位名称；结构或构件名称、外形尺寸、数量及混凝土设计强度等级；水泥品种、安定性、强度等级、厂名；砂、石种类及粒径；外加剂或掺合料品种、掺量；施工时材料计量情况等，模板、浇筑及养护情况等，成型日期；配筋及预应力情况；结构或构件所处环境条件及存在的问题。其中以了解水泥的安定性合格与否最为重要，若水泥的安定性不合格，则不能采用回弹法检测。

一般检测混凝土结构或构件有两类方法，视测试要求而择之。一类是逐个检测被测结构或构件，另一类是抽样检测。

逐个检测方法主要用于对混凝土强度质量有怀疑的独立结构(如现浇整体的壳体烟囱、水塔、隧道、连续墙等)、单独构件(如结构物中的柱、梁、屋架、板、基础等)和有明显质量问题的某些结构和构件。

抽样检测主要用于在相同的生产工艺条件下，强度等级相同、原材料和配合比基本一致且龄期相近的混凝土结构或构件。被检测的试样应随机抽取不少于同类结构或构件总数的30%，还要求测区总数不少于100个。具体的抽样方案，一般由建设单位、施工单位及检测单位共同商定。

2. 检测方法

当了解了被检测的混凝土结构或构件情况后，需要在构件上选择及布置测区。所谓“测区”是指每一试样的测试区域。每一测区相当于该试样同条件混凝土的一组试块。行业标准《回弹法检测混凝土抗压强度技术规程》(JGJ/T23—2001)规定，取一个结构或构件混凝土作为评定混凝土的最小单元，不应少于10个测区。但对某一方向尺寸小于4.5 m且另一方向尺寸小于0.3 m的结构或构件，其测区数量可适当减少，但不应少于5个。测区的大小以能容纳16个回弹测点为宜。测区表面应清洁、平整、干燥，不应有疏松层、饰面层、粉刷层、浮浆、油垢、蜂窝麻面等。必要时可采用砂轮清除表面杂物和不平整处。测区宜均匀布置在构件或结构检测面上，相邻测区间距不宜过大，当混凝土浇筑质量比较均匀时可酌情增大间距，但不宜大于2 m；构件或结构的受力部位及易产生缺陷的部位(如梁与柱相接的节点处)需布置测区；测区优先考虑布置在混凝土浇筑的侧面(与混凝土浇筑方向相垂直的贴模板的一面)，如不能满足这一要求时，可选在混凝土浇筑的表面或底面；测区须避开位于混凝土内保护层附近设置的钢筋和埋入铁件。对于弹击时产生颤动的薄壁、小型的构件，应设置支撑加以固定。

按上述方法选取试样和布置测区后，先测量回弹值。测试时回弹仪应始终与测面相垂直，并不得打在气孔和外露石子上。每一测区的两个测面用回弹仪各弹击8点，如一个测区只有一个测面，则需测 16 点。同一测点只允许弹击一次，测点宜在测面范围内均匀分布，每测点的回弹值读数准确至 1°，相邻两测点的净距一般不小于 20 mm，测点距构件边缘与外露钢筋、预埋铁件的间距不宜小于 30 mm。

回弹完后即测量构件的碳化深度。用合适的工具在测区表面形成直径为 15 mm 的孔洞，清除洞中的粉末和碎屑后（注意不能用液体冲洗孔洞），立即用 1% 的酚酞酒精溶液滴在混凝土孔洞内壁的边缘处，用碳化深度测量仪或其他工具测量自测面表面至深部不变色处的边缘与测面相垂直的距离不少于 3 次，该距离即为该测区的碳化深度值，取其平均值，精确至 0.5 mm。一般应选不少于构件的 30% 测区数测量碳化深度值。当相邻测区的混凝土质量或回弹值与它基本相同时，那么该测区的碳化深度值也可代表相邻测区的碳化深度值，当碳化深度差值大于 2.0 mm 时，应在每一测区测量碳化深度值。

3. 数据处理

当回弹仪水平方向测试混凝土浇筑侧面时，应从每一测区的 16 个回弹值中剔除其中 3 个最大值和 3 个最小值，取余下的 10 个回弹值的平均值作为该测区的平均回弹值，取一位小数。计算公式为

$$R_m = \frac{\sum_{i=1}^{10} R_i}{10} \tag{5-21}$$

式中　R_m——测区平均回弹值，计算至 0.1；

R_i——第 i 个测点的回弹值。

由于回弹法测强曲线是根据回弹仪水平方向测试混凝土试件成型侧面的试验数据计算得出的，因此当测试中无法满足上述条件时需对测得的回弹值进行修正。首先将非水平方向测试混凝土浇筑侧面时的数据参照公式(5-21)计算出测区平均回弹值 $R_{m\alpha}$，再根据回弹仪轴线与水平方向的角度 α（见图 5-6）按表 5-4 查出其修正值，然后按下式换算为水平方向测试时的测区平均回弹值

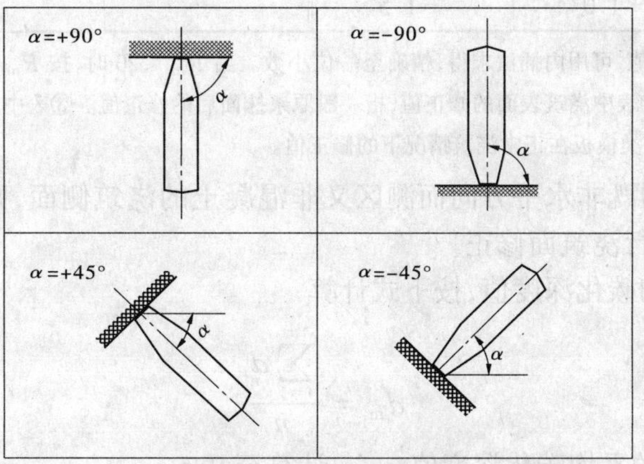

图 5-6　测试角度示意图

$$R_m = R_{m\alpha} + R_{a\alpha} \tag{5-22}$$

式中　$R_{m\alpha}$——回弹仪与水平方向成 α 角测试时测区的平均回弹值，计算至 0.1；

$R_{a\alpha}$——按表 5-4 查出的不同测试角度 α 的回弹值修正值，计算至 0.1。

表 5-4　不同测试角度 α 的回弹值修正值 $R_{a\alpha}$

$R_{m\alpha}$	α							
	+90°	+60°	+45°	+30°	−30°	−45°	−60°	−90°
20	−6.0	−5.0	−4.0	−3.0	+2.5	+3.0	+3.5	+4.0
30	−5.0	−4.0	−3.5	−2.5	+2.0	+2.5	+3.0	+3.5
40	−4.0	−3.5	−3.0	−2.0	+1.5	+2.0	+2.5	+3.0
50	−3.5	−3.0	−2.5	−1.5	+1.0	+1.5	+2.0	+2.5

注：表中未列入的 $R_{a\alpha}$ 修正值，可用内插法求得，精确至一位小数。当 $R_{m\alpha}<20$ 时，按 $R_{m\alpha}=20$ 修正，当 $R_{m\alpha}>50$ 时，按 $R_{m\alpha}=50$ 修正。

当回弹仪水平方向测试混凝土浇筑表面或底面时，应将测得的数据参照公式(5-21)求出测区平均回弹值 R_{ms}后，按下式修正

$$R_m = R_{ms} + R_{as} \tag{5-23}$$

式中　R_{ms}——回弹仪测试混凝土浇筑表面或底面时测区的平均回弹值；

R_{as}——按表 5-5 查出的不同浇筑面的回弹值修正值，计算至 0.1。

表 5-5　不同浇筑面的回弹值修正值

R_{ms}	R_{as}		R_{ms}	R_{as}	
	表面	底面		表面	底面
20	+2.5	−3.0	40	+0.5	−1.0
25	+2.0	−2.5	45	0	−0.5
30	+1.5	−2.0	50	0	0
35	+1.0	−1.5			

注：①表中未列入的 R_{as}值，可用内插法求得，精确至一位小数。当 $R_{ms}<20$ 时，按 $R_{ms}=20$ 修正，当 $R_{ms}>50$ 时，按 $R_{ms}=50$ 修正。②表中浇筑表面的修正值，指一般原浆抹面后的修正值。③表中浇筑底面的修正值，指构件底面与侧面采用同一类模板在正常浇筑情况下的修正值。

如果测试时仪器既非水平方向而测区又非混凝土的浇筑侧面，则应对回弹值先进行角度修正，然后再进行浇筑面修正。

每一测区的平均碳化深度值，按下式计算

$$d_m = \frac{\sum_{i=1}^{n} d_i}{n} \tag{5-24}$$

式中　d_m——测区的平均碳化深度值，mm，计算至 0.5 mm；

d_i——第 i 次测量的碳化深度值，mm；

n——测区碳化深度测量次数。

如 $d_m>6$ mm，则按 $d_m=6$ mm 计。

(六)结构或构件混凝土强度的计算

1.测区混凝土强度值的确定

根据每一测区的回弹平均值 R_m 及碳化深度值 d_m,查阅由专用曲线或地区曲线或统一曲线编制的“测区混凝土强度换算表”,所查出的强度值即为该测区混凝土的强度(当强度高于60 MPa或低于10 MPa时,表中查不出,可记为 $f_{cu}^{c}>60$ MPa,或 $f_{cu}^{c}<10$ MPa),表中未列入的测区强度值可用内插法求得。

2.结构或构件混凝土强度的确定

1)构件强度平均值

$$m_{f_{cu}^{c}} = \frac{\sum_{i=1}^{n} f_{cu,i}^{c}}{2} \tag{5-25}$$

式中　$m_{f_{cu}^{c}}$——构件混凝土强度平均值,MPa,精确至0.1 MPa;

n——对于单个测定的结构或构件,取一个构件的测区数,对于抽样测定的结构或构件,取各抽检构件测区数之和。

2)强度标准差

$$s_{f_{cu}^{c}} = \sqrt{\frac{\sum_{i=1}^{n}(f_{cu,i}^{c})^2 - n(m_{f_{cu}^{c}})^2}{n-1}} \tag{5-26}$$

式中　$s_{f_{cu}^{c}}$——构件混凝土强度标准差,MPa,精确至0.01 MPa。

3)强度推定方法

(1)当该结构或构件测区数少于10个时

$$f_{cu,e} = f_{cu,min}^{c} \tag{5-27}$$

式中　$f_{cu,min}^{c}$——构件中最小的测区混凝土强度换算值,MPa,精确至0.1 MPa。

(2)当该结构或构件的测区强度值中出现小于10.0 MPa时

$$f_{cu,e} < 10.0 \text{ MPa} \tag{5-28}$$

(3)当该结构或构件测区数不少于10个或按批量检测时

$$f_{cu,e} = m_{f_{cu}^{c}} - 1.645 s_{f_{cu}^{c}} \tag{5-29}$$

对于按批量检测的构件,当该批构件混凝土强度标准差出现下列情况之一时,则该批构件全部按单个构件检测推定:

(1)当该批构件混凝土强度平均值小于25 MPa时,且 $s_{f_{cu}^{c}}>4.5$ MPa。

(2)当该批构件混凝土强度平均值等于或大于25 MPa时,且 $s_{f_{cu}^{c}}>5.5$ MPa。

3.结构或构件检测及计算举例

抽样检测底板:某工程渡槽底板一块,混凝土强度等级为C20,自然养护,龄期6个月,未做试块。

(1)测试。测区布置如图5-7所示。回弹仪垂直向上测试底板底面。

(2)记录。记录回弹值及碳化深度值。测区平均回弹值 R_m 及平均碳化深度值 d_m 见

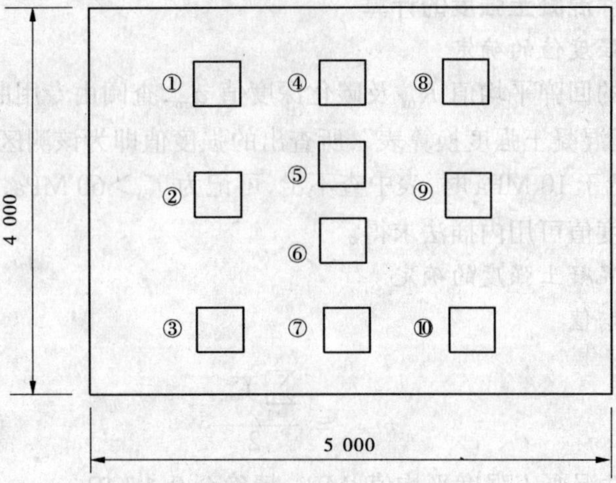

图 5-7　测区布置示意图　(单位:mm)

表5-6。

(3)计算。步骤同(2),此处尚需进行角度及测试面的修正。计算结果见表 5-6。

表 5-6　结构或构件试样混凝土强度计算表

单位工程名称:渡槽

构件名称及编号:底板东-3

项目		测区号									
		1	2	3	4	5	6	7	8	9	10
回弹值(R_m)	测区平均值	46.0	47.5	39.0	44.0	42.0	43.5	50.0	51.0	46.5	47.3
	角度修正值	−3.7	−3.6	−4.1	−3.8	−3.9	−3.8	−3.5	−3.5	−3.7	−3.6
	角度修正后	42.3	43.9	34.9	40.2	38.1	39.7	46.5	47.5	42.8	43.7
	浇筑面修正值	−0.8	−0.6	−1.5	−1.0	−1.2	−1.0	−0.4	−0.3	−0.7	−0.6
	浇筑面修正后	41.5	43.3	33.4	39.2	36.9	38.7	46.1	47.2	42.1	43.1
碳化深度值 d_m(mm)		5.0	5.0	3.0	5.0	4.0	5.0	6.0	6.0	6.0	6.0
测区强度值 $f^c_{cu,i}$(MPa)		29.7	32.3	22.6	26.4	25.5	25.8	33.8	35.4	28.1	29.5
强度计算(MPa) $n=10$		$m_{f^c_{cu}}=\frac{1}{n}\sum_{i=1}^{10}f^c_{cu,i}=28.9$　$s_{f^c_{cu}}=\sqrt{\frac{1}{n-1}\sum(f^c_{cu,i})^2-n(m_{f^c_{cu}})^2}=4.04$　$f_{cu,e}=m_{f^c_{cu}}-1.645s_{f^c_{cu}}=22.3$									
使用测区强度换算表名称		规程✓　地区　专用					备注				

测试:　　计算:　　复核:　　计算日期:　　年　月　日

行业标准《回弹法检测混凝土抗压强度技术规程》(JGJ/T23—2001)规定检测报告中,除给出强度推定值外,对于测区数大于等于10个的结构或构件还要给出平均强度值、测区最小强度值和标准差;测区数小于10个的结构或构件,还要给出平均强度值、测区最小强度值(同强度推定值)。此法概念明确、全面,使得处理这类结构或构件时,既能了解构件强度推定值又能考虑其平均强度值、最小强度值、质量的匀质性,对设计人员事后处理结构或构件混凝土质量很有用处。

(七)检测记录及计算表格

回弹法检测原始记录表见表5-7,构件混凝土抗压强度计算表见表5-8。

表5-7　回弹法检测原始记录表

工程名称:　　　　　　　　　　　　　　　　　　　　　　　　第　页　共　页

编号		回弹值(R_i)																	碳化深度 d_i(mm)
构件	测区	1	2	3	4	5	6	7	8	9	10	11	12	13	14	15	16	R_m	
	1																		
	2																		
	3																		
	4																		
	5																		
	6																		
	7																		
	8																		
	9																		
	10																		

测面状态	侧面、表面、底面、干、潮湿	回弹仪	型号		回弹仪校验证号
			编号		测试人员上岗证号
测度角度 α	水平、向上、向下		率定值		

测试:　　　记录:　　　计算:　　　测试日期:　　　年　　月　　日

三、超声回弹综合法检测混凝土强度

(一)发展概况

超声回弹综合法检测混凝土强度,是1966年由罗马尼亚建筑及建筑经济科学研究院首次提出的,并编制了有关技术规程,曾受到各国科技工作者的重视。1976年我国引进了这一方法,在结合我国具体情况的基础上,许多科研单位进行了大量的试验。数十年来完成了多项科研成果,在结构混凝土工程的质量检测中已获得了广泛的推广应用。1988

年由中国工程标准化委员会批准了我国第一本《超声回弹综合法检测混凝土强度技术规程》(CECS02:88)。

表 5-8 构件混凝土抗压强度计算表

工程名称：

构件名称及编号： 第 页 共 页

项目		测区号									
		1	2	3	4	5	6	7	8	9	10
回弹值(R_m)	测区平均值										
	角度修正值										
	角度修正后										
	浇筑面修正值										
	浇筑面修正后										
平均碳化深度值 d_m(mm)											
测区强度值 $f^c_{cu,i}$(MPa)											
强度计算(MPa) $n=$		$m_{f^c_{cu}}=$				$s_{f^c_{cu}}=$			$f^c_{cu,min}=$		
使用测区强度换算表名称		规程 地区 专用						备注			

测试： 计算： 复核： 计算日期： 年 月 日

超声回弹综合法是指采用超声仪和回弹仪，在结构混凝土同一测区分别测量声时值及回弹值 R，然后利用已建立起来的测强公式推算该测区混凝土强度的一种方法。与单一回弹法或超声法相比，综合法具有以下特点：

(1)减少龄期和含水率的影响。混凝土的声速值除受粗骨料的影响外，还受混凝土的龄期和含水率等因素的影响。而回弹值除受表面状态的影响外，也受混凝土的龄期和含水率的影响。然而，混凝土的龄期和含水率对其声速和回弹值的影响有着本质的不同。混凝土含水率大，超声的声速偏高，而回弹值则偏低；混凝土的龄期长，超声声速的增长率下降，而回弹值则因混凝土碳化程度增大而提高。因此，二者综合起来测定混凝土强度就可以部分减少龄期和含水率的影响。

(2)弥补相互不足。采用回弹和超声综合法测定混凝土强度，既可内外结合，又能在较低或较高的强度区相互弥补各自的不足，能够较全面地反映结构混凝土的实际质量。

(3)提高测试精度。由于综合法能减少一些因素的影响程度，较全面地反映整体混凝土质量，所以对提高无损检测混凝土强度精度，具有明显的效果。

鉴于超声回弹综合法具有上述的许多优点，因此在国内多项工程的混凝土强度检测中采用了这一方法，为工程质量事故的处理提供了重要依据。

试验研究表明，诸因素对超声回弹综合法的影响见表 5-9。

(二)超声回弹综合法测强曲线的建立方法

在超声回弹综合法测强中，混凝土的配合比、水泥品种及用量、粗骨料性质及粒径、龄期等因素对测试结果都有不同程度的影响。为了解决这个问题,提高测试精度,在如何建立测强曲线这个问题上有两种做法:一种是采用标准曲线然后用多个系数进行修正以确定混凝土的强度,即所谓标准混凝土法;另一种是根据所采用的配合比、原材料等制作多组测强曲线,即所谓常用配合比或最佳配合比法。

表 5-9 诸因素对超声回弹综合法的影响

因 素	试验验证范围	影响程度	修正方法
水泥品种及用量	普通水泥、矿渣水泥、粉煤灰水泥:250～450 kg/m³	不显著	不修正
细骨料(砂子)品种及砂库	山砂、特细砂、中砂:28%～40%	不显著	不修正
粗骨料(石子)品种、用量	卵石、碎石、骨灰比:1:4.5～1:5.5	显著	必须修正或制定不同的测强曲线
粗骨料(石子)粒径	0.5～2 cm;0.5～2.5 cm;0.5～4 cm	不显著	>4 cm 应修正
外加剂	木钙减水剂、硫酸钠、三乙醇胺	不显著	不修正
碳化深度		不显著	不修正
含水率		有影响	尽可能干燥状态
测试面	浇筑侧面与浇筑上表面及底面比较	有影响	对 V、R 分别进行修正

1. 标准混凝土法

所谓标准混凝土法,即人为规定影响因素的影响系数均为 1 的情况下所制成的混凝土,用这样的混凝土建立的测强曲线称标准曲线,在罗马尼亚采用的标准混凝土是:

(1)325 号普通硅酸盐水泥。

(2)水泥用量 300 kg/m³。

(3)粗骨料为石英质河卵石,最大骨料粒径为 30 mm。

(4)粒径小于 1.0 mm 细骨料的含量为 12%。

(5)不掺外加剂。

(6)试块尺寸为边长 20 cm 的立方体,采用标准养护。

(7)混凝土的成熟度为 1 000 度·天。

为了得到不同的混凝土强度,用改变水灰比的办法把混凝土试块的强度从低到高拉开。用这样的混凝土建立的测强曲线规定其因素为 1,其余均为非标准混凝土。当改变其混凝土原材料种类或配合比时则应建立相应的修正系数。每改变一个因素就要建立一个相应的修正系数,修正系数 C_0 用下式计算

$$C_0 = f_{标} / f_{非} \tag{5-30}$$

式中 $f_{标}$——标准混凝土强度;

$f_{非}$——非标准混凝土强度。

在罗马尼亚超声回弹综合法测强中共建立了 5 个修正系数:①水泥品种修正系数

C_1；②水泥用量修正系数 C_2；③粗骨料种类修正系数 C_3；④最大骨料粒径修正系数 C_4；⑤小于 1.0 mm 细骨料的比例修正系数 C_5 等。

当采用标准曲线确定非标准混凝土强度时，则用下式计算

$$f_{非} = f_{标} \cdot C_0 \tag{5-31}$$

其中

$$C_0 = C_1 \cdot C_2 \cdot C_3 \cdot C_4 \cdot C_5$$

2. 最佳配合比(或常用配合比)法

采用最佳配合比，配制不同强度等级的混凝土试块，然后在不同龄期进行测试，以建立测强曲线，这样建立的曲线针对性强、精度比较高，但曲线的数量多，这是我国应用较多的一种形式。

(三)地区(或专用)测强曲线

1. 选择合适的测试仪器

在综合法检测混凝土强度的试验中，常用的仪器是超声仪和回弹仪，这些仪器的各项性能必须符合有关规范的要求(回弹仪技术性能要求详见本节前文内容，超声仪技术性能要求详见本章第三节)。

2. 试块的制作和养护

可采用本节有关试块制作与养护的内容进行。

3. 试块的测试

到达测试龄期的试块，清除测试面上的粘杂物后，进行超声和回弹测试。

1)声时值的测量及声速计算

在试块上测量声时，应取试块的一对侧面为测试面。为了保证换能器与测试面间有良好的声耦合，测量时采用对测法，在一个相对测试面上测量 3 点或 5 点，这样就可反映了试块在浇注方向上的上、中、下的质量情况。为了避免不同测距对测试结果的影响，发射和接收换能器应在同一轴线上，超声测点布置见图 5-8。

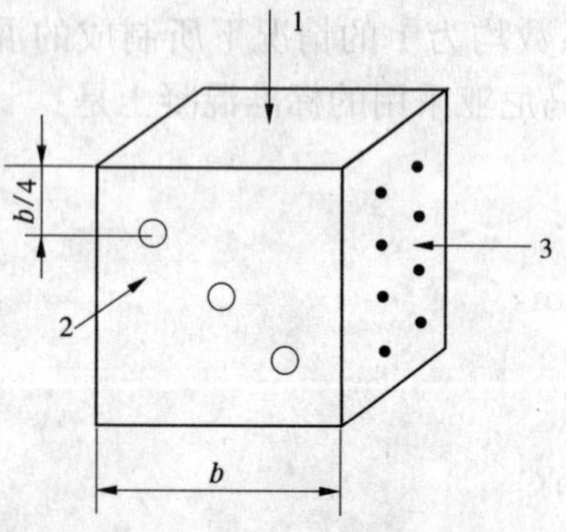

1—浇注方向；2—超声测试方向；3—回弹测试及抗压方向

图 5-8　试块测点布置示意图

测试后得到的每一试块声时值 t_1、t_2、t_3，取平均值，保留小数点后一位数字，然后除声通路的距离 l(即试块两测试面间的距离)，即可得到声速值，并保留小数点后二位数字，即

$$v = \frac{l}{(t_1 + t_2 + t_3)/3} \tag{5-32}$$

2)回弹值的测量及计算

回弹值的测量应选用未进行超声测量的一对侧面，将测过超声值的侧面的油污擦净，放置于压力机的上、下承压板之间，根据试块的强度大小，预压 30～50 kN，并在以上压力下，在每个试块的对应测试面上各弹击 8 次，二个测试面共测得 16 个回弹值，回弹测试时要求回弹仪的轴线应与试块侧面保持垂直。测点宜在测区范围内均匀分布，并不应弹击在气孔或外露石子上，同一测点只允许弹击一次，相邻两测点的间距一般不小于 30 mm，测点离试块边缘的距离不小于 30 mm。

将16个回弹值中的3个最大值和3个最小值剔除，余下的10个回弹值取平均值，作为试块的回弹值 R，保留小数点后一位数字。

3)抗压强度试验

回弹测试完毕后，卸荷载，将试块测回弹值面放置在压力机平板间加压，以每秒(6±4) kN的速度连续均匀进行，直至试块破坏为止，计算抗压强度 f_{cu}，精确至0.1 MPa。

4.测强曲线的建立

当所有检测龄期的试块全部测试完成后，即每个试块都可得到3个数据：回弹值 R、声速值 v 和抗压强度值 f_{cu}。然后按本节有关内容，选择适合的曲线进行回归分析，据国内许多单位的计算证明，其中幂函数方程是一种比较理想的方式。

曲线的应用也应按照本节的有关要求，特别注意一般不能外推，以保证测试结果的准确性。

(四)检测混凝土强度

综合法检测混凝土强度，实质上就是超声法和回弹法两种单一测强方法的综合测试。

1.检测准备

1)资料准备

需进行综合法测试的结构或构件，在检测前，应按本节有关要求收集必要的工程资料。

2)被测结构或构件准备

检测结构或构件时需要布置测区，测区是进行超声、回弹测试的测量单元。测区布置应符合下列规定：

(1)按单个构件检测时，应在构件上均匀布置测区，且不少于10个。

(2)当对同批构件抽样检测时，构件抽样数应不少于同批构件的30%，且不少于10件，每个构件测区数不少于10个；同批抽检构件应符合本节有关要求。

(3)对长度小于或等于2 m的构件，其测区数量可适当减少，但不应少于3个。

每个构件的测区，应满足以下要求：

(1)测区的布置应在构件混凝土浇灌方向的侧面。

(2)测区应均匀分布，相邻两测区的间距不宜大于2 m。

(3)测区宜避开钢筋密集区和预埋铁件。

(4)测区尺寸为200 mm×200 mm，相对应的两个200 mm×200 mm方块应视为一个测区。

(5)测试面应清洁、平整、干燥，不应有接缝、饰面层、浮浆和油垢，并避开蜂窝麻面部位，必要时可用砂轮片清除杂物和磨平不平整处，并擦净残留粉尘，见图5-9。

结构和构件上的测区应注明编号，并记录测区所处的位置和外观质量情况。每一测区宜先进行回弹测试，然后进行超声测试。对于非同一测区的回弹值及超声声速值，在计算混凝土强度换算值时不得混用。

2.测试过程

1)回弹值的测量与计算

回弹值的测量与计算方法同回弹法(参见本节前文)。

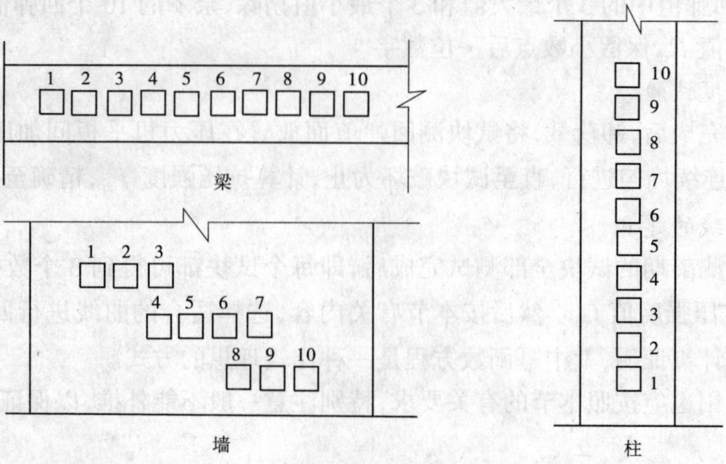

图 5-9 梁、柱、墙测区布置示意图

2)超声声速值的测量与计算

(1)超声声时值的测量。超声仪必须是符合技术要求并具有质量检查合格证。超声测点应布置在回弹测试的同一次测区内。应保证换能器与混凝土耦合良好,且发射和接收换能器的轴线应在同一直线上。每个测区内的相对测试面上,应布置三个测点,如图 5-10所示。

(2)声速值的计算。声速值按下式计算

$$v_i = l/t_{mi} \tag{5-33}$$

$$t_{mi} = (t_1 + t_2 + t_3)/3 \tag{5-34}$$

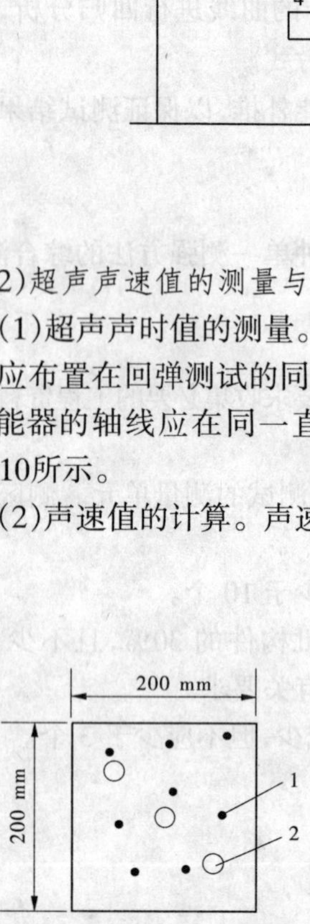

1—回弹测点;2—超声测点

图 5-10 测区测点分布

式中 v_i——测区声速值,km/s;

l——超声测距,mm;

t_{mi}——第 i 个测区平均声时值,μs;

t_1、t_2、t_3——测区中三个测点的声时值。

当在混凝土浇筑的顶面与底面测试时,由于上表面砂浆较多强度偏低,底面粗骨料较多强度偏高,综合起来与成型侧面是有区别的,另浇筑表面不平整,也会使声速偏低,所以进行上表面与底面测试时声速应进行修正

$$v_a = 1.034 v_i \tag{5-35}$$

式中 v_a——修正后的测区声速值,km/s。

(五)结构或构件混凝土强度的推定

用综合法检测结构或构件混凝土强度时,应在结构或构件上所布置的测区内分别进行超声和回弹测试,用所获得的超声声速值和回弹值等参数,按已确定的综合法相关曲线进行测区强度计算,然后按测强曲线公式计算出构件混凝土强度。

当结构所用材料与制定相关曲线所用材料有较大差异时,须用同条件试块或从结构构件测区中钻取的混凝土芯样进行修正,试样数量应不少于 3 个。此时,测区混凝土强度

应乘以修正系数,修正系数按下式计算。

有同条件试块时

$$\eta = \frac{1}{n}\sum_{i=1}^{n} f_{cu,i} / f_{cu,i}^{c} \tag{5-36}$$

有混凝土芯样时

$$\eta = \frac{1}{n}\sum_{i=1}^{n} f_{cor,i} / f_{cu,i}^{c} \tag{5-37}$$

式中 η——修正系数,精确至小数点后两位;

$f_{cu,i}^{c}$——第 i 个混凝土试块抗压强度,MPa,精确至 0.1 MPa;

$f_{cu,i}$——对应于第 i 个试块按综合法计算的混凝土强度值,MPa,精确至 0.1 MPa;

$f_{cor,i}$——第 i 个混凝土芯样抗压强度,MPa,精确至 0.1 MPa;

n——试件数量。

1.单个构件混凝土强度的推定

在施工中,常常发生只有几个构件混凝土强度未达到设计要求,为了解每个构件的混凝土强度,此种情况属于单个构件检测,检测时需在每个构件上布置 10 个测区,分别用超声、回弹检测,最后计算每个测区强度值。单个构件的混凝土强度推定值 $f_{cu,e}$ 取该构件各测区中最小值作为该构件的混凝土强度推定值。

如采用卵石、中砂配制的混凝土强度等级为 C20 的 B10 柱,柱断面为 300 mm×300 mm。用综合法对该柱进行检测后(回弹测试角度为 0°;测试面为侧面),计算实例如表 5-10所示。第 7 测区的强度最小,则 B10 柱推定强度为 17.8 MPa。

表 5-10 B10 柱回弹检测计算表

①4.86,33.2,24.7 ②4.70,33.5,24.1 ③4.60,31.6,20.9 ④4.48,32.3,21.2 ⑤4.34,32.7,20.8	⑥5.04,30.1,21.3 ⑦4.44,29.8,17.8 ⑧4.17,32.1,19.1 ⑨4.18,33.8,21.2 ⑩4.35,31.1,18.9	J.D=0 $L=300$ $n=10$ $f_m=21.0$	C.S.M=0 $W=1$ $S_n=2.1$ $f_{min}=17.8$	$f_{cu,min}=17.8$

2.批量构件混凝土强度的推定

有时也会出现由于施工管理方面的原因,致使一大批构件或某工程某层结构混凝土强度都未达到设计强度等级的情况,构件数量多,如果确定是属于四同(混凝土强度等级相同;混凝土原材料配合比、成型工艺、养护条件为基本相同;构件种类相同;在施工阶段所处状态相同)的同批构件,根据《超声回弹综合法检测混凝土强度技术规程》(CECS02:88),则可按批进行抽样检测,构件抽样数应不少于构件总数的 30%,且不少于 10 件,每个构件测区不少于 10 个。批构件的混凝土强度推定值 $f_{cu,e}$ 计算方法同回弹检测法。当同批测区混凝土强度换算值标准差 $s_{f_{cu}^{c}}$ 较大时,批构件的混凝土强度推定值也可按下式计算

$$f_{cu,e} = \frac{1}{m}\sum_{j=1}^{m} f_{cu,min,j}^{c} \tag{5-38}$$

式中 $f_{cu,min,j}^{c}$——第 j 个构件中的最小测区混凝土强度换算值,MPa。

综合法测试原始记录表见表 5-11,结构式构件混凝土强度计算汇总表见表 5-12。

表 5-11　综合法测试原始记录表

建设单位名称：　　　　　　　　工程名称：　　　　　　　　第　页　共　页

编号		项目																											备注
		回弹值 R																	修正后回弹值	超声声时值				测距	声速	修正后声速值	换算强度	修正系数	
构件	测区	1	2	3	4	5	6	7	8	9	10	11	12	13	14	15	16	R_m	R_n	1	2	3	t_m	(mm)	v (km/s)	v (km/s)	f^c_{cu} (MPa)	η	
	1																												
	2																												
	3																												
	4																												
	5																												
	6																												
	7																												
	8																												
	9																												
	10																												
测试面状态		侧面、上表面 风干、潮湿										回弹仪型号				测试前率定值			测试方法	对测 平测 水中				换能器型号				仪器零读数 (μs)	
测试角度		水平、向上、向下				模板类型			钢模 木模			回弹仪编号				测试后率定值			超声仪型号					换能器频率					

测试：　　　　记录　　　　计算：　　　　复核：　　　　测试日期　　　年　　月　　日

表 5-12　结构或构件混凝土强度计算汇总表

建设单位名称：　　　　工程名称：　　　　第　页　共　页

构件编号	测区换算强度 f_{cu}^{c} (MPa)													备注
	1	2	3	4	5	6	7	8	9	10	…	n	$f_{cu,min}^{c}$	
强度平均值 $m_{f_{cu}^{c}}$ (MPa)		标准差 $s_{f_{cu}^{c}}$ (MPa)			强度最小平均值 $m_{f_{cu,min}^{c}}$ (MPa)				批推定强度 $f_{cu,e}$ (MPa)					

测试：　　记录：　　计算：　　复核：　　测试日期：　　年　月　日

超声回弹综合法检测混凝土强度常见仪器与设备详见附表。

四、拔出法检测技术

(一)试验原理

拔出法是一种半破损检测方法,其试验是把一个用金属制作的锚固件预埋入未硬化的混凝土浇筑构件内,或在已硬化的混凝土构件上钻孔埋入一个锚固件,然后根据测试锚固件被拔出时的拉力,来确定混凝土的拔出强度,并据以推算混凝土的立方体抗压强度。在浇筑时预埋锚固件的方法叫预埋法(又称 LOK 试验),混凝土硬化后再埋入锚固件的方法叫后装法(又称 CAPO 试验)。一般来说,采用预埋法时,锚固件与混凝土的粘结性较好,拉拔时着力点较稳定,试验结果也较好,但采用预埋法必须预先有进行拔出法测定的计算。例如,为了解确定混凝土的拆模时间、停止养护时间及施加后张法预应力的时间,均可采用预埋法,预先按计划布置测点和预埋锚固件。在现场检测混凝土的强度时,如果试块强度不足,或对质量有怀疑,则只能采用后装法埋入锚固件。

由于对拉拔时混凝土中的应力状态尚无定论,要建立拉拔强度与混凝土抗压强度之间的稳定关系是困难的。目前还只能用拉拔强度作为衡量混凝土质量的相对指标。当用拔出法推定混凝土抗压强度时,则必须建立混凝土标准抗压强度与拉拔强度之间的经验关系。

国内外建立的技术标准组织及试验标准见表 5-13。

表 5-13　国内外建立的技术标准组织及试验标准

序号	技术标准组织	试验标准
1	国际标准化组织	ISO/DIS8046“硬化混凝土——拔出强度的测定”
2	美国材料试验学会	ASTMC—900—82“硬化混凝土拔出强度标准试验方法”
3	苏联国家标准	TOCT21234—75“拔出法试验混凝土强度”
4	丹麦标准化局	DS423.31“硬化混凝土,拔出试验”
5	瑞典标准化委员会	SS137238“硬化混凝土,拔出试验”
6	挪威标准化局	NS3679“混凝土试验——硬化混凝土——拔出试验”
7	中华人民共和国铁道部	TB/T2298.1—91“混凝土强度预埋拔出试验”
8	中华人民共和国铁道部	TB/T2298.2—91“混凝土强度后装拔出试验”
9	中国工程建设标准化协会	CECS69:94“后装拔出法检测混凝土强度技术规程”

(二)后装拔出法的试验装置

试验装置由钻孔机、磨槽机、锚固件及拔出仪等组成。

钻孔机与磨槽机用于在混凝土上钻孔,并在孔壁上磨出凹槽,以便安装胀簧和胀杆(见图 5-11、图 5-12)。钻孔机可采用金刚石薄壁空心钻或冲击电锤,并应带有控制垂直度及深度的装置及水冷却装置;磨槽机可采用电钻配以金刚石磨头、定位圆盘及水冷装置组成。

锚固件及反力支承见图 5-11、图 5-12。

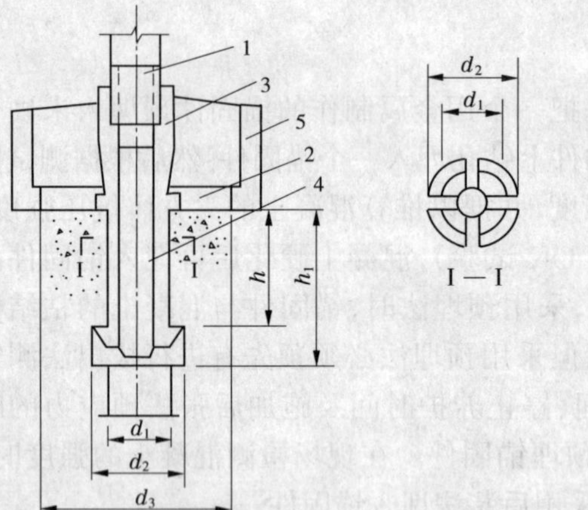

1—拉杆;2—对中圆盘;3—胀簧;4—胀杆;5—反力支承

图 5-11　圆环式拔出试验装置示意图

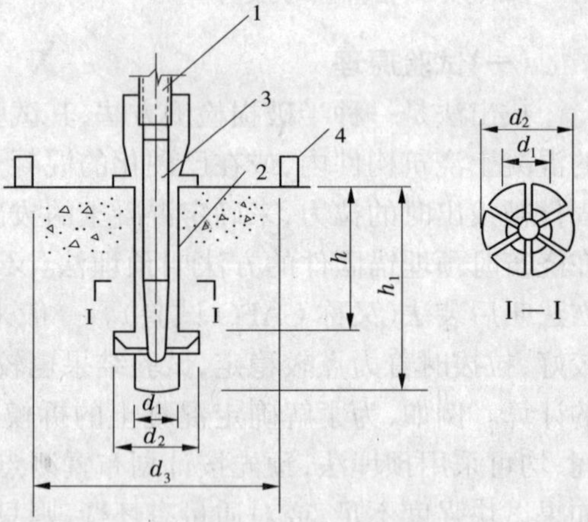

1—拉杆;2—胀簧;3—胀杆;4—反力支承

图 5-12　三点式拔出试验装置示意图

拔出试验的反力装置可采用圆环或三点式两种。圆环式适用于粗骨料最大粒径不大于 40 mm 的混凝土,三点式支承则适用于粗骨料最大粒径不大于 60 mm 的混凝土。

圆环式反力支承的内径 $d_3 = 55$ mm,锚固件的锚固深度 $h = (25 \pm 0.8)$ mm,钻孔直

径 $d_1=(18^{+0.1}_{+1.0})$ mm。三点式反力支承的内径 $d_3=120$ mm，锚固件的锚固深度 $h=(35\pm0.8)$ mm，钻孔直径 $d_1=22$ mm。

锚固件由胀簧和胀杆组成，胀簧锚固台阶宽度 $b=3.5$ mm。

拔出仪由加荷装置、测力装置及反力支承三部分组成。加荷装置常采用液压式（见图 5-13），其额定拔出力应大于测试范围内的最大拔出力，工作行程应大于 4 mm（圆环支承）和 6 mm（三点式支承），测力装置的允许示值误差为 ±2%FS，并具有峰值保持功能。

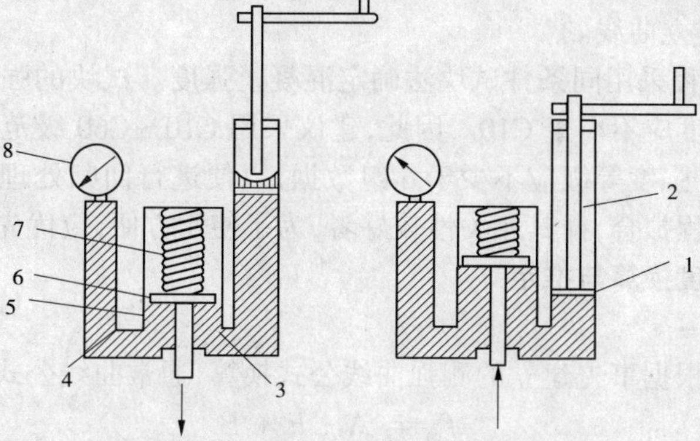

(a)原始状态　　(b)加荷状态

1—活塞；2—泵；3，4—油管；5—工作油缸；

6—工作活塞；7—复位弹簧；8—压力表

图 5-13　手动油压加荷装置示意图

（三）后装拔出法的检测方法

1. 测点布置

根据工程需要，后装拔出试验可分为按单个构件和同批构件按批抽样检测两种。当按单个构件检测时，应在构件上均匀布置 3 个测点。拔出试验完成后，如果 3 个拔出力数值中最大值或最小值与中间值之间不超过中间值的 15%，则可用该 3 个值来推算构件混凝土强度；若 3 个拔出力数值中最大值或最小值与中间值之差大于中间值的 15%，则应在最小拔出力测点附近再加 2 个测点。

当按批抽样检验时，抽检的构件数应不少于同批构件总数的 30%，且不少于 10 件，每个构件不应少于 3 个测点。

测点应尽可能布置在混凝土的成型侧面，并应在构件受力较大及薄弱部位布置测点，两测点间距应大于 10 倍锚固深度，测点距构件边缘应不小于 4 倍锚固深度，测点应避开表面缺陷及钢筋和预埋件，反力支承面应平整、清洁，无浮浆与饰面。

2. 钻孔、磨槽与拔出操作

钻孔与混凝土表面应相互垂直，垂直度偏差不大于 3°。环形槽是拉拔时的主要着力点，应力求槽面平整，槽深为 3.6～4.5 mm。将孔清理干净后把胀簧塞入孔中，通过胀杆使胀簧锚固台阶嵌入环形槽内，然后安装拔出仪。

用拔出仪按 0.5～1.0 kN/s 的速度施加拉力，直至破坏，记录拔出力，精确至 0.1 kN。

检测完毕后，应对局部破损区用高于构件混凝土强度的细石混凝土或砂浆修补。

(四)测强曲线的建立

为了根据拔出力推定混凝土的立方体抗压强度换算值,必须首先建立可靠的拔出力(F)与立方体抗压强度之间的关系曲线。通常,该曲线的建立有三种方法:

(1)采用同条件立方体试件的抗压强度与相应的试件上的拔出力建立曲线。

(2)在构件拔出测点部位钻取芯样,以芯样抗压强度与拔出力建立曲线。

(3)在立方体试块(边长可根据拔出试验的需要和压力机的试验要求确定)上做拔出试验,然后对损伤部位进行修补后做抗压试验,抗压值应考虑损伤及试件尺寸的因素进行修正,再与拔出力建立曲线。

CECS69:94 规程采用同条件试块法确定混凝土强度。试块的强度等级不少于 6 个,拔出试验的最低强度应不小于 C10。因此,建议采用 C10～C60 级范围(如工程需要可增加强度等级)。每个强度等级应不少于 6 组数据,以便进行回归处理。进行回归处理时,可用各种适当的方程拟合,择其相关性较好者,为了使用方便,应优先选用线性方程。

(五)混凝土强度换算与推定

1.强度的换算

混凝土强度应根据事先建立的测强曲线公式换算,通常曲线公式为如下线性方程

$$f_{cu}^{c} = A \cdot F + B \tag{5-39}$$

式中 f_{cu}^{c}——混凝土强度的换算值,MPa,精确至 0.1 MPa;

F——拔出力,kN,精确至 0.1 kN;

A、B——回归系数。

当预先建立的曲线与被检工程的混凝土材料有较大差异时,应用被检工程的混凝土芯样进行校验和修正,一般应取 3 个以上的芯样,并在每个钻芯孔附近取 3 个拔出力数据,取平均值,并按下式求得修正系数

$$\eta = \frac{1}{n}\sum_{i=1}^{n}(f_{cor,i}/f_{cu,i}^{c}) \tag{5-40}$$

式中 η——修正系数,精确至 0.01;

$f_{cor,i}$——第 i 个芯样试件的抗压值,精确至 0.1 MPa;

$f_{cu,i}^{c}$——对应于第 i 个芯样的 3 个拔出力的平均值的混凝土强度换算值,MPa,精确至 0.1 MPa;

n——芯样数。

2.构件混凝土强度的推定

1)单个构件的检测

单个构件进行检测时,取 3 个测点换算强度的最小值作为该构件混凝土的推定强度。3 个测点值较离散,即最大值或最小值与中间值之差超过中间值的 15%,则应加测两个测点,并将这两个加测点的拔出力与最小拔出力一起取平均值,再与前次的拔出力中间值比较,取较小值作为该构件的拔出力计算值,并将其换算强度作为该构件混凝土的强度推定值。

2)批抽检构件的强度推定

将所有测定的拔出力代入式(5-39),求得各点的换算强度(若需修正,则乘以 η),然后按式(5-41)、式(5-42)计算该批构件的强度推定值 $f_{cu,e1}$ 和批中每个构件混凝土强度换

算值中最小值的平均值 $f_{cu,e2}=m_{f^c_{cu,min}}$，然后计算 $f_{cu,e1}$，并与 $f_{cu,e2}=m_{f^c_{cu,min}}$ 比较，选择其中较大值作为该批构件的最终强度推定值。

$$f_{cu,e1} = m_{f^c_{cu}} - 1.645 s_{f^c_{cu}} \tag{5-41}$$

$$f_{cu,e2} = m_{f^c_{cu,min}} = \frac{1}{m}\sum_{i=1}^{n} f^c_{cu,min,j} \tag{5-42}$$

式中　$m_{f^c_{cu}}$——批抽检构件混凝土强度换算值的平均值，MPa，精确至 0.1 MPa，$m_{f^c_{cu}} = \frac{1}{n}\sum_{i=1}^{n} f^c_{cu,i}$；

$f^c_{cu,i}$——第 i 个测点混凝土强度换算值，MPa；

$s_{f^c_{cu}}$——批抽检构件混凝土强度换算值的标准差，MPa，精确至 0.1 MPa，$s_{f^c_{cu}} = \sqrt{\dfrac{\sum_{i=1}^{n}(f^c_{cu,i})^2 - n(m_{f^c_{cu}})^2}{n-1}}$；

$m_{f^c_{cu,min}}$——批抽检每个构件混凝土强度换算值中最小值的平均值，MPa，精确至 0.1 MPa；

$f^c_{cu,min,j}$——第 j 构件混凝土强度换算值中的最小值，MPa，精确至 0.1 MPa；

n——批抽检构件的测点总数；

m——批抽检的构件数。

规程还规定，若批抽检构件混凝土强度换算值的平均值小于或等于 25 MPa，而 $s_{f^c_{cu}}>$ 4.5 MPa，或平均值大于 25 MPa；而 $s_{f^c_{cu}}>$5.5 MPa 时，该批构件混凝土强度均匀性太差，不宜按批抽检下结论，而应改为逐个构件按单个构件检测和推定。

五、钻芯法检测混凝土强度

(一)钻芯法应用范围及特点

钻芯法是利用专用钻机，从结构混凝土中钻取芯样以检测混凝土强度或观察混凝土内部质量的方法。由于它对结构混凝土造成局部损伤，因此是一种半破损的现场检测手段。

英国、美国、前民主德国、前联邦德国、比利时和澳大利亚等国分别制定有钻土芯样进行强度试验的标准。国际标准组织也提出了“硬化混凝土芯样的钻取检查及抗压试验”国际标准草案(ISO/DIS7034)。

中国工程建设标准化委员会已批准发行了《钻芯法检测混凝土强度技术规程》(CECS03:88)，这一方法已在结构混凝土的质量检测中得到了普遍的应用，取得了明显的技术经济效益，达到了一个新的水平。

用钻芯法检测混凝土的强度、裂缝、接缝、分层、孔洞或离析等缺陷，具有直观、精度高等特点，因而广泛应用于工业与民用建筑、水工大坝、桥梁、公路、机场跑道等混凝土结构或构筑物的质量检测。

在正常生产情况下，混凝土结构应按“钢筋混凝土工程施工及验收规范”的要求，制作立方体标准养护试块进行混凝土强度的评定和验收。只有在下列情况下才可以进行钻取

芯样检测其强度,并作为处理混凝土质量事故的主要技术依据:

(1)对立方体试块的抗压强度产生怀疑。其一是试块强度很高,而结构混凝土的外观质量很差;其二是试块强度较低而结构外观质量较好或者是因为试块的形状、尺寸、养护等不符合要求,而影响了试验结果的准确性。

(2)混凝土结构因水泥、砂石质量较差或因施工、养护不良发生了质量事故。

(3)采用超声、回弹等非破损法检测混凝土强度时,其测试前提是混凝土的内外质量基本一致,否则会产生较大误差,因此在检测部位的表层与内部的质量有明显的差异,或者在使用期间遭受化学腐蚀、火灾,硬化期间遭受冻害的混凝土均可采用钻芯法检测其强度。

(4)使用多年的老混凝土结构;如需加固改造或因工艺流程的改变,荷载发生了变化,需要了解某些部位的混凝土强度。

(5)对施工有特殊要求的结构和构件,如机场跑道测厚等。

用钻取的芯样除可进行抗压强度试验外,也可进行抗劈强度、抗冻性、抗渗性、吸水性及容量的测定。此外,并可检查混凝土的内部缺陷,如裂缝深度、孔洞和疏松大小及混凝土中粗骨料的级配情况等。

试验表明,当混凝土的龄期过短或强度没有达到 10 MPa 时,在钻芯法过程中容易破坏砂浆与粗骨料之间的粘结力,钻出的芯样表面变得较粗糙,甚至很难取出完整芯样。因此在钻芯前,应根据混凝土的配合比、龄期等情况对混凝土的强度予以预测,以保证钻芯工作的顺利进行和检测结果的准确性。

钻芯法检测混凝土质量除具有直观、可靠、精度高和应用广外,它也有一定的局限性:

(1)钻芯时对结构造成局部损伤,因而对于钻芯位置的选择及钻芯数量等均受到一定限制,而且它所代表的区域也是有限的。

(2)钻芯机及芯样加工配套机具与非破损测试仪器相比,比较笨重,移动不够方便,测试成本也较高。

(3)钻芯后的孔洞需要修补,尤其当钻断钢筋时更增加了修补工作的困难。

(二)钻芯机及配套设备

1. 钻芯机

1)钻芯机的分类

在混凝土结构的钻芯或工程施工钻孔中,由于混凝土的强度等级、孔径大小、钻孔位置以及操作环境等因素变化很大,因而设计一台通用钻机来满足钻孔工程中各种复杂的要求实际上是不可能的,因此国外设计生产了轻便型、轻型、重型和超重型四种类型的钻芯机,其主要技术参数见表 5-14。

表 5-14 国外钻芯机类型机主要技术参数

序号	类型	钻孔直径(mm)	转速(r/min)	功率(kW)	机重(kg)	钻机高度(mm)
1	轻便型	12～75	600～2 000	1.1	25	1 040
2	轻型	25～200	300～900	2.2	89	1 190
3	重型	200～450	250～500	4.0	120	1 800
4	超重型	330～700	200	7.5	300	2 400

国内外几种钻芯机的主要技术性能见表 5-15。

表 5-15　国内外几种钻芯机的主要技术性能

序号	钻机型号	钻孔直径(mm)	最大行程(mm)	主轴转速(r/min)	电机 电压(V)	电机 功率(kW)	钻机尺寸(长×宽×高)(mm×mm×mm)	整机质量(kg)	固定方式
1	GZ-1120	160	500	950/440	380	3	630×450×1 800	85	支撑
2	HZQ-100	118	370	850	220	1.7	480×250×890	23	锚固螺栓
3	回 HZ-160	160	400	500/1 000	220	1.7	470×235×880	25	锚固螺栓
4	回 ZJ-160A	160	400	900/450	220	2.2	300×260×1 050	30	锚固螺栓
5	HZ-1	30	400	720	380	0.75			吸盘式(吸力150 kg)
6	HZK-200	200	350	900/450	220	2.2		36	锚固螺栓
7	TXZ-83-l	200			柴油机	3			配重式
8	DZ-1	10	370	1 000	220	1.6		31	支撑
9	HE-200	200	500	900/450	220	2.2		28	锚固螺栓
10	HZ-100	100	220	800	220	1.0		10	锚固螺栓
11	SPO(日本)	160	400	600/300	220	2.2	100×230×603	30	锚固螺栓
12	HME(英国)	150	600	900/450	220	2.2	610×500×1 800	75	支撑

2)钻芯机构造、维护和保养

(1)钻芯机的组成部件见图 5-14。

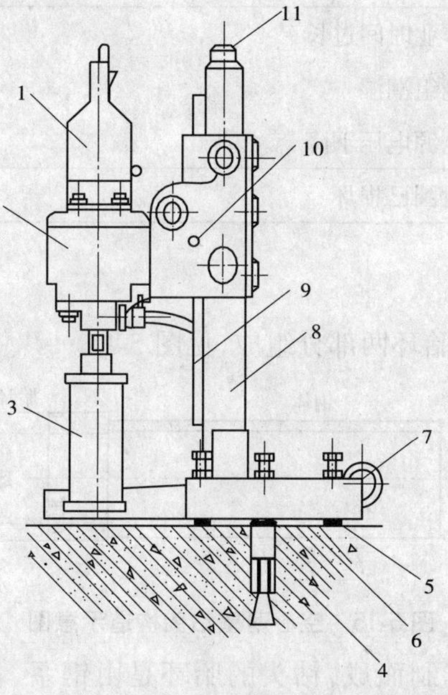

1—电动机;2—变速箱;3—钻头;4—膨胀螺栓;5—支承螺丝;6—底座;
7—行走轮;8—立柱;9—升降齿条;10—进钻手柄;11—堵盖

图 5-14　混凝土钻孔取芯机示意图

(2)钻芯机的维护和保养:①检查各联结部位,应及时调整紧固;②钻芯完毕,应将钻机各部位擦干净并加机油润滑各运动部分,置干燥处加防尘罩;③长期停止工作的钻机,在重新使用时,须测试电机绕组与机壳间的绝缘电阻,其数值不应小于 5 MΩ;④钻头刃口磨损和崩裂严重时应更换钻头;⑤定期检测电源线插头、开关、碳刷、换向器;⑥定期检查变速箱,及时补充润滑油,轴承处加钙—钠基润滑油(1、2),齿轮宜加 3 号钙基润滑油(ZG-3)。

(3)钻机一般故障及排除方法见表 5-16。

表 5-16 钻机一般故障及排除方法

故障现象	产生原因	排除方法
电机不运转或运转不良	1. 电源不通	修复电源
	2. 接头松落	检查所有接头
	3. 电刷接触不良或已经磨损	更换
	4. 开关接触不良或不动作	修理或更换
	5. 转子有断线	更换
	6. 转子变形	更换
	7. 轴承损坏	更换
电机发生严重火花(环火)	1. 电枢短路局部发热、焊点脱落	修复
	2. 碳刷与换向器接触不良	砂磨换向器及碳刷
	3. 碳刷磨损	更换
电机表面过度发热	1. 作业时间过长	停机休息
	2. 绕组潮湿	干燥电机
	3. 电源电压下降	调整电源电压
水封处严重漏水	密封圈已损坏	更换密封圈

2. 金刚石薄壁钻头

空心薄壁钻头由钢体和胎环两部分组成,见图 5-15。

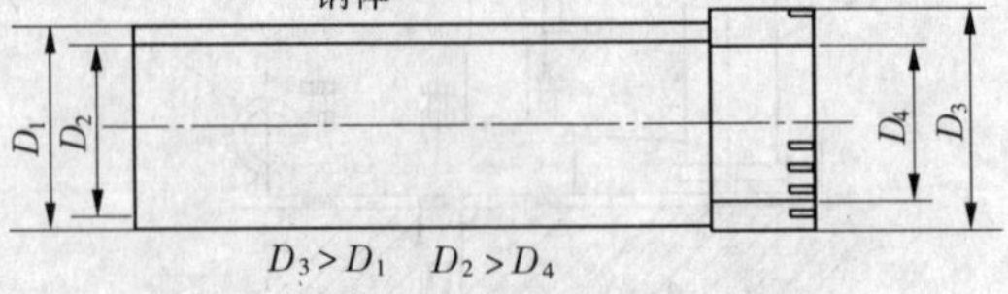

图 5-15 空心薄壁钻头构造示意图

钢体一般由无缝钢管车制而成,钻头的胎环是由钢系、青铜系、钨系等冶金粉和含 20%～40%的人造金刚石浇筑成型,胎环的高度为 10 mm,金刚石层的浇注高度只有 5 mm,为了冷却钻头和排屑畅通,在胎环上加数个排水槽(称水口),胎环与钢体之间的连接，可以采用热压冷压浸渍、无压浸渍、低温电铸或高频焊接等方法。

钻头与钻机的连接方式有直柄式、螺纹连接式和胀卡连接式三种，其中螺纹连接适用于中等直径钻头，而胀卡连接则用于较大直径钻头，钻头规格见表 5-17，根据钻孔或取芯尺寸选用。

表 5-17　金刚石薄壁钻头规格

水口数	尺寸(mm)								
	钻头外径 D	钻头内径 d	钢体外径 D_1	钢体内径 D_2	胎环外径 D_3	胎环内径 D_4	钢体有效长度 L	金刚石层高度	非金刚石层高度
1	10	6	9.5	6.5	10	6.0	100	5	5
	12	8	11.5	8.5	12	8.0	100		
	14	10	13.5	10.5	14	10.0	150		
	16	12	15.5	12.5	16	12.0	150		
	18	14	17.5	14.5	18	14.0	200		
	21	15	20.0	16.0	21	15.5	300		
2	26	20	25.0	21.0	26	20.5	200/400	5	5
	31	25	30.0	26.0	31	25.5	200/400		
	36	30	35.0	31.0	36	30.5	200/400		
	41	35	40.0	36.0	41	35.5	200/400		
3	46	40	45.0	41.0	46	40.5	200/400	5	5
	51	45	50.0	46.0	51	45.5	200/400		
	56	50	55.0	51.0	56	50.5	200/400		
	61	55	60.0	56.0	61	5.5	200/400		
4	66	60	65.0	61.0	66	60.5	200/400	5	5
	71	65	70.0	66.0	71	65.5	200/400		
	76	70	75.0	71.0	76	70.5	200/400		
	82	75	81	76.5	82	76.0	300/500		
5	108	100	107	102	108	101	300/500	5	5
	159	150	158	152	159	151	300/550		

(三)芯样钻取、加工技术和抗压强度计算

1. 芯样钻取

采用钻芯法检测结构混凝土强度前，应具备下列资料：

(1)工程名称(或代号)及设计、施工、建设单位名称。

(2)结构或构件种类、外形尺寸及数量。

(3)设计采用的混凝土强度等级。

(4)成型日期,原材料(水泥品种、粗骨料粒径等)和混凝土试块抗压强度试验报告。

(5)结构或构件质量状况和施工中存在的问题的记录。

(6)有关的结构设计图和施工图等。

芯样应在结构或构件的下列部位钻取:

(1)结构或构件受力较小的部位。

(2)混凝土强度质量具有代表性的部件。

(3)便于钻芯机安放与操作的部位。

(4)避开主筋、预埋件和管线的位置,并尽量避开其他钢筋。

(5)用钻芯法和非破损法综合测定强度时,应与非破损法取同一测区。

钻取的芯样数量应符合下列规定:

(1)按单个构件检测时,每个构件的钻芯数量不应少于 3 个;对于较小构件,钻芯数量可取 2 个。

(2)对构件的局部区域进行检测时,应由要求检测的单位提出钻芯位置及芯样数量。

钻取的芯样直径一般不宜小于骨料最大粒径的 3 倍,在任何情况下不得小于骨料最大粒径的 2 倍。

钻芯机就位并安放平稳后,应将钻机固定,以便工作时不致产生位置偏移。固定的方法应根据钻芯机构造和施工现场的具体情况,分别采用顶杆支撑、配重、真空吸附或膨胀螺栓等方法。

采用三相电机的钻芯机在未安装钻头之前,就应先通电检查主轴旋转方向。当旋转方向为顺时针时,方可安装钻头。钻芯机主轴的旋转轴线,应调整到与被钻取芯样的混凝土表面相垂直。

钻芯机接通水源、电源后,拨动变速钮调到所需转速。正向转动操作手柄使钻头慢慢接触混凝土表面,待钻头刃部入槽稳定后方可加压。进钻到预定深度后,反向转动操作手柄,将钻头提升到接近混凝土表面,然后停电停水。

钻芯时用于冷却钻头和排除混凝土料屑的冷却水流量宜为 3~5 L/min,出口水温不宜超过 30 ℃。

从钻孔中取出的芯样在稍微晾干后,应标上清晰的标记。若所取芯样的高度及质量不能满足规程的要求,则应重新钻取芯样。

芯样在运送前应仔细包装,避免损坏。

结构或构件钻芯后所留下的孔洞应及时进行修补,以保证其正常工作。

工作完毕后,应及时对钻芯机和芯样加工设备进行维修保养。

钻芯工作中,钻机出现故障的原因及排除方法见表 5-18。

2. 芯样加工及技术要求

芯样抗压试件的高度和直径之比应在 1~2 的范围内。

采用锯切机加工芯样试件时,应将芯样固定,并使锯切平面垂直于芯样轴线。锯切过程中应冷却人造金刚石圆锯片和芯样。

表 5-18　钻机出现故障的原因及排除方法

故障名称	原 因	排除方法
堵芯	钻速过快　杆压太大	减少杆压降低钻速
	水量太小,排屑不畅	增大供水流量
	钻头内径磨损较大	更换钻头
	通孔快透时用力过大	降低钻速增大供水流量
卡钻	钻机不稳或移位	使钻头对准钻孔,调整固定装置和底座螺栓
	钻机各部位紧固螺栓有松动	紧固机内各部位螺栓
	切断钢筋压力过大	降低杆压
	钻头内部磨损	更换钻头
钻机振动	芯样断裂并堵芯	排除堵芯
	孔底或孔侧有断筋等异物	排除异物
	钻机各部位螺栓未紧固	紧固各部螺栓
	主轴与钻头不同心	更换钻头
钻头振动	钻头未上紧	上紧钻头
	钻机反向旋转	更改电源相线
	钻头不同心	更换钻头
	胀卡未紧固	紧固胀卡
过载停机	钻孔孔径过大	更换钻头
	杆压过大	降低杆压
	转速过大	调整转速
	接触器过载调节太小	增大安培数
	碰到钢筋	降低杆压
钻进中声音异常	钻机变速箱齿轮轴承损坏	拆修或更换
	钻头损坏	提钻排出碎块更换钻头
	碰到钢筋等异物	缓慢进钻
启动后主轴不转	电源连接不正确	纠正
	保险丝断	更换保险丝
	调速杆处于空挡位置	校正调速杆

芯样试件内不应含有钢筋。如不能满足此项要求,每个试件内最多只允许含有两根值径小于 10 mm 的钢筋,且钢筋应与芯样轴线基本垂直并不得露出端面。

锯切后的芯样,当不能满足平整度及垂直度要求时,宜采用以下方法进行端面加工:

(1)在磨平机上磨平。

(2)用水泥砂浆(或水泥净浆)或硫磺胶泥(或硫磺)等材料在专用补平装置上补平。

水泥砂浆(或水泥净浆)补平厚度不宜大于 5 mm,硫磺胶泥(或硫磺)补平厚度不宜大于 1.5 mm。补平层应与芯样结合牢固,以使受压时补平层与芯样的结合面不提前破坏。

芯样在试验前应对其几何尺寸作下列测量:

(1)平均直径:用游标卡尺测量芯样中部,在相互垂直的两个位置上,取其两次测量的算术平均值,精确至 0.5 mm。

(2)芯样高度:用钢卷尺或钢板尺进行测量,精确至 1 mm。

(3)垂直度:用游标量角器测量两个端面与母线的夹角,精确至 0.1°。

(4)平整度:用钢板尺或角尺紧靠在芯样端面上,一面转动钢板尺,一面用塞尺测量与芯样端面之间的缝隙。

芯样尺寸偏差及外观质量超过下列数值时,不得用做抗压强度试验:

(1)经端面补平后的芯样高度小于 $0.95d$(d 为芯样试件平均直径),或大于 $2.05d$ 时。

(2)沿芯样高度任一直径与平均直径差达 2 mm 以上时。

(3)芯样端面的不平整度在 100 mm 长度内超过 0.1 mm 时。

(4)芯样端面与轴线的不垂直度超过 2°时。

(5)芯样有裂缝或有其他较大缺陷时。

3. 芯样混凝土强度试验与计算

芯样试件的抗压试验应按现行国家标准《普通混凝土力学性能试验方法》中对立方体试块抗压试验的规定进行。

芯样试件宜在与被检测结构或构件混凝土湿度基本一致的条件下进行抗压试验。如结构工作条件比较干燥,芯样试件应以自然干燥状态进行试验;如结构工作条件比较潮湿,芯样试件应以潮湿状态进行试验。

按自然干燥状态进行试验时,芯样试件在受压前应在室内自然干燥 3 d;按潮湿状态进行试验时,芯样试件应在(20±5) ℃的清水中浸泡 40~48 h,从水中取出后应立即进行抗压试验。

芯样试件的混凝土强度换算值是指用钻芯法测得的芯样强度,换算成相应于测试龄期的、边长为 150 mm 的立方体试块的抗压强度值。

芯样试件的混凝土强度换算值,应按下列公式计算

$$f_{cu}^{c} = \alpha \frac{4F}{\pi d^2} \tag{5-43}$$

式中 f_{cu}^{c}——芯样试件混凝土强度换算值,MPa,,精确至 0.1 MPa;

F——芯样试件抗压试验测得的最大压力,N;

d——芯样试件的平均直径,mm;

α——不同高径比的芯样试件混凝土强度换算系数,应按表 5-19 选用。

表 5-19 芯样试件混凝土强度换算系数

高径比 h/d	1.0	1.1	1.2	1.3	1.4	1.5	1.6	1.7	1.8	1.9	2.0
系数 α	1.00	1.04	1.07	1.10	1.15	1.17	1.19	1.21	1.22	1.24	1.24

高度和直径均为 100 mm 或 150 mm 芯样试件的抗压强度测试值,可直接作为混凝

土的强度换算值。单个构件或单个构件的局部区域,可取芯样试件混凝土强度换算值中的最小值作为其代表值。

(四)试验报告中应记载的内容

(1)工程名称或代号。

(2)工程概况:①结构或构件质量情况;②混凝土成型日期及其组成;③粗骨料品种及粒径。

(3)芯样的钻取、加工及试验:①钻芯构件名称及编号;②钻芯位置及方向;③抗压试验日期及混凝土龄期;④芯样试件的平均直径和高度(端面处理后);⑤端面补平材料及加工方法;⑥芯样外观质量(裂缝、接缝、分层、气孔、杂物及离析等)描述;⑦含有钢筋的数量、直径和位置;⑧芯样试件抗压时的含水状态;⑨芯样破坏时的最大压力、芯样抗压强度、混凝土换算强度及构件或结构某部位的混凝土换算强度代表值;⑩芯样试件的破坏形式及破坏时的异常现象;⑪其他。

(五)钻孔的修补

混凝土结构经钻孔取芯后,对结构的承载能力会产生一定影响,应及时进行修补。修补前孔壁应尽量凿毛,并应清除孔内污物,以保证新老混凝土的良好结合。在一般情况下可采用合成树脂为胶结料的细石聚合物混凝土,也可采用微膨胀水泥细石混凝土,修补的混凝土应比原设计提高一个强度等级,并应在修补后注意养护。也可采用预先制作圆柱体试件的办法放入钻孔中,然后用环氧树脂灌满缝隙。

六、混凝土强度无损检测方法小结

混凝土强度的几种无损检测方法的比较见表 5-20。

表 5-20　几种无损检测方法的比较

种类	测定内容	适用范围	特点	缺点	备注
回弹法	测定混凝土表面硬度值	混凝土抗压强度、匀质性	测试简单、快速,被测物的形状、尺寸一般不受限制	测定部位仅限于混凝土上表面,同一处不能再次使用	应用较多
超声回弹综合法	混凝土表面硬度值和超声波传播速度	混凝土抗压强度	测试也比较简单,精度比单一法高	比单一法费事	应用较多
拔出法	预埋或后装于混凝土中的锚固件,测定拔出力	混凝土抗压强度	测强精度较高	对混凝土有一定损伤,检测后需进行修补	应用较多
钻芯法	从混凝土中钻取一定尺寸的芯样	混凝土抗压强度、抗劈强度、内部缺陷	对混凝土有一定损伤,检测后需进行修补	设备笨重,成本较高,对混凝土有损伤,需修补	应用较多

如前所述,各种非破损测强度的方法都具有简便、易行、测试效率高、成本低等优点。但是非破损法测强是以混凝土抗压强度与某些物理量的相关性为基础的,这些相关性又

往往受众多因素的影响。因此，非破损法测强结果的准确性往往受到怀疑。而半破损法测强是以混凝土的局部破坏强度为基础的，其测值较为直观可靠。尤其是钻芯法已得到国际上的普遍承认。但是，由于半破损法会造成结构或构件的破坏，其测点的数量受到严格的限制，不可能在整个结构上普遍使用，而且钻芯法成本也较高。因此，若能把钻芯法与非破损法结合起来，利用芯样试验的直观和准确性，来校正非破损检测的推定值，同时，利用非破损测强方法的简便易行，可在结构物上普遍布置测点的特点，来减少钻芯的数量，无疑是一个好办法。要将这两种方法结合起来，必须解决以下两个问题：①如何用芯样的抗压试验值校正超声声速或回弹值与强度的关系；②如何按声速或回弹值的离散程度确定应钻芯样的个数。

我国在这方面虽然已有一些应用，但尚未开展较系统的研究。南斯拉夫标准中关于钻芯法与超声或回弹法结合使用的有关规定，可供参考。南斯拉夫国家标准规定，当钻芯法与超声或回弹法结合使用时，应先用超声或回弹仪在 30 个点上进行测定，并计算出它们的标准差，从而可看出该结构混凝土的质量均一性水平。然后根据标准差的大小，按表 5-21的规定，决定应钻取的芯样数量。其目的是既尽量减少钻芯数量，又使芯样能较确切地代表结构混凝土的质量水平。

表 5-21　超声、回弹与钻芯法结合使用时的取芯个数

回弹值标准差(回弹值)	声速值标准差($\times10^3$ m/s)	最少钻取芯样个数
≤7	≤1.5	3
7.1～10	1.6～2.5	5
10.1～15	2.6～3.5	7
≥15	≥3.5	10

按钻芯法的有关规定选择钻芯点，并在选定的钻芯点上用超声或回弹仪测定超声声速和回弹值。这些测值与相应的芯样抗压强度建立相关关系，作为校正原有“$R\sim N$”、“$R\sim C$”、“$R\sim N\sim C$”等关系的依据。

此后，即可用超声或回弹或超声—回弹综合法普测整个结构物，并根据校正后的关系推算混凝土的强度。这一方法既提高了超声、回弹法等非破损方法的可靠性，又减少了钻芯数量，是一种较好的方法。

第三节　混凝土内部状况检测技术

一、混凝土缺陷的超声波检测

(一)混凝土的缺陷

混凝土材料的缺陷是指因技术管理不善和施工疏忽，造成结构混凝土内部存在空洞、疏松、施工缝，或由于工艺违章、配料错误造成低强度区，严重的分层离析造成组织构造不均匀，使用过程产生裂缝以及化学侵蚀、冻害、火烧的损坏层等。缺陷的存在，不同程度地削弱了结构的整体性、力学性能和耐久性。超声波检测缺陷，旨在发现质量问题，探明隐存缺陷的位置和范围，提出补救的措施。

混凝土是一种典型的非均质材料。由于生产技术条件难免有差异和混凝土材料组织构造的随机性，按生产技术和管理水平、应用和经济效果权衡，在符合质量保证率的条件下，所允许的一定范围的强度波动则不属于测缺的内容。至于混凝土组织中存在的小气孔和细微缺陷是不可避免的，除区域性缺陷外，混凝土质量超声波检测是不包括这些不连续、单独的细微缺陷的。

(二)检测系统

混凝土缺陷的超声波检测系统如图 5-16 所示。发射的电声换能器将来自脉冲发生器的触发电信号转换成机械振荡的低频超声波，通过声耦合层进入试体，接收的电声换能器则将传来的超声纵波(诸型波中纵波传播的速度最快)转换为电脉冲信号，经放大后在示波屏上显示出接收信号的波形。示波屏上发射脉冲至信号首波起始点的时间标度，即为超声脉冲在试体中通过距离 L 的传播时间，以微秒(μs)为单位(1 $\mu s = 10^{-6}$ s)；首波的幅度高低与被测材料的性能、密实度和穿透的距离有密切的关系。

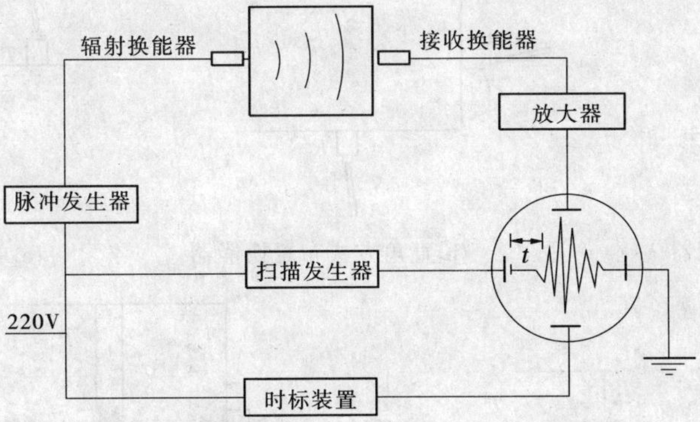

图 5-16　混凝土缺陷超声波检测系统

硬化的混凝土中如果存在缺陷，超声波脉冲通过该介质传播的声速比相同材质的无缺陷混凝土的传播声速为小，能量衰减大，接收信号的波形平缓甚至发生畸变，综合这些声学参量，则可评定混凝土的质量情况。

(三)超声测缺的基本原理及方法

1. 基本原理

超声检测混凝土缺陷，其根据是声时、振幅、波形等超声参量的变化与结构混凝土的密实度、均匀性和局部缺陷的状况有着如下密切的关系：

(1)当混凝土内部或表层存在缺陷时，在超声波发—收通道上形成了介质的不连续，缺陷的孔、缝或疏松的空间中充有声阻抗低于混凝土的气体或水，阻碍了超声波的传播，低频超声波将绕过缺陷向前传播，绕射声波路程变长，按探测距离计算所得的表现声速降低。因而，声速差异是判断缺陷的参量之一。

(2)由于混凝土内部存在缺陷，不连续介质造成固—气、固—液的界面。各介质声阻抗显著不同，使投射的声波产生不规则的散射，超声波能量损失较大，绕射到达的信号微弱,在同一或稳定的测试条件下,接收信号首波幅度下降。因此,首波幅度高低是判断结构混凝土密实度的参量之二。

(3)混凝土组织构造的不均匀性,加上内部缺陷,使探测脉冲在传播过程中发生反射、折射,高频成分比低频成分消失快。通过傅立叶变换分析接收信号中的频率成分的变化,也是超声测缺的一个研究方向。

(4)由于超声波在缺陷的界面上的复杂反射、折射,使声波传播的相位发生差异,叠加的结果导致接收信号的波形发生不同程度的畸变。因此,接收波形也是判断缺陷的一个重要参量。

由于混凝土中骨料状况及其分布的随机性,以及混凝土本身的非均质性,在正常情况下,这些特性可以使单一的某些超声参量的测试值产生波动,因此采用诸参量综合分析混凝土的缺陷性质和范围,无疑比单一指标的分析更为合理和有效。但是本方法对于厚度过大或者钢筋过密的钢筋混凝土构件的测试误差较大,乃至无法测试。

混凝土缺陷超声波探测,根据换能器布置的方式大致有如下方法(见图 5-17)。

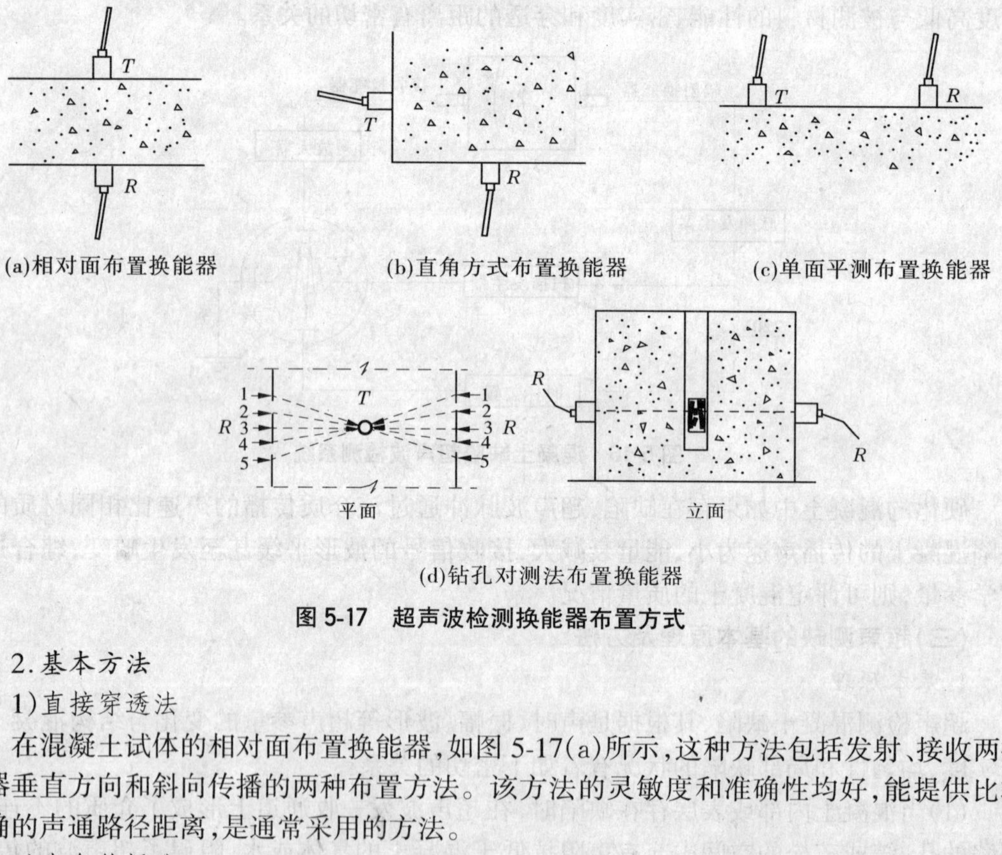

图 5-17 超声波检测换能器布置方式

2.基本方法

1)直接穿透法

在混凝土试体的相对面布置换能器,如图 5-17(a)所示,这种方法包括发射、接收两换能器垂直方向和斜向传播的两种布置方法。该方法的灵敏度和准确性均好,能提供比较准确的声通路径距离,是通常采用的方法。

2)直角传播法

对于大体积的结构或受实际的测试面的限制,有时也采用这种直角方式布置换能器,如图 5-17(b)所示,其探测的灵敏度不如直接穿透法。

3)单面平测法

在结构混凝土只有一个可测面的情况下,可采用单面平测法,如图 5-17(c)所示。它可以检测混凝土水池顶面、底板、飞机跑道、路面和大坝等构筑物的浅层缺陷和裂缝深度。由于探测时脉冲能量大部分进入混凝土中，所以接收的信号仅反映混凝土表层的质量，不能探测深处的缺陷。此外，探测强度较高的混凝土表面下的低强度或缺陷区是极为困难的。这种方法不能准确地确定声通路径的距离，使计算材料的声速值产生偏差。

4)钻孔对测法

当结构的测试较大时，为了提高测试的灵敏度，可在测区适当位置钻出平行于测面的测试孔，测孔直径 45～50 mm，深度视测试需要而定，测孔中采用径向振动式换能器，用清水耦合；在结构侧面布置厚度振动式换能器，用油耦合，对构件作对测或斜测，如图 5-17(d)所示。

(四)超声脉冲声速测量及若干影响因素

1.超声脉冲声速测量

超声脉冲信号通过一定长度的试体所需的时间(声时)，以测距长度除以声时即是声速，以下式表示

$$V = \frac{l}{T} \tag{5-44}$$

超声仪的显示装置测读接收信号距发射信号之间的时间标度，是脉冲在试体测距 L 内传播的时间与初始时间之和，即

$$t_{总} = t + t_0 \tag{5-45}$$

式中　$t_{总}$——示波器显示的发射脉冲至接收信号初至点的时间标度，μs；

t——试体测距内脉冲传播的时间，μs；

t_0——时间的初读数，μs。

时间初读数 t_0 来自下面的延迟：

(1)声延迟。在测试时，换能晶片与试体间隔有外壳和耦合层，因此试体的超声入射点比发射脉冲滞后，它是 t_0 的主要分量。

(2)电延迟。仪器电路和高频电缆中的延迟。

(3)电声转换。电声转换时，换能器的瞬态响应滞后的系统误差。

时间初读数 t_0 的测读有四种方法：

(1)直接测读法。保持与实测使用的油、粘膜或水的耦合层相同条件，将发射、接收两换能器直接对测，综合的 t_0 可由发射脉冲至接收信号初至点之间读取，在实测中的声时扣去 t_0，作为超声波通过试体长度的真正时间。

(2)间接测读法。在一种均匀材料的试块上，不同测距 L_1 和 L_2 的两个方向分别测出声时 t_1 和 t_2，则 t_0 由下式计算获得

$$V = \frac{L_1}{t_1 - t_0} = \frac{L_2}{t_2 - t_0} \tag{5-46}$$

$$t_0 = \frac{L_2 \cdot t_1 - L_1 \cdot t_2}{L_2 - L_1} \tag{5-47}$$

(3)自动测量的数显仪器，采用调节计数电路开门信号的延迟时间来抵消 t_0 值，即根

据标准棒的标定的声时($t_{标}$),当换能器与标准棒耦合良好,调节仪器调零电位器至显示的数字为 $t_{标}$,仪器自动就把 t_0 扣除掉之后,保持这样的测时状态,直接测量通过试体的声时(不必扣除 t_0)。

(4)在均匀同一介质的不同长度 L_1、L_2、L_3、…、L_n 上分别测出声时 t_l、t_2、t_3、…、t_n,以时—距坐标,绘制 $t \sim L$ 直线,该直线在 t 轴上的截距即为 t_0 值(见图 5-18)。

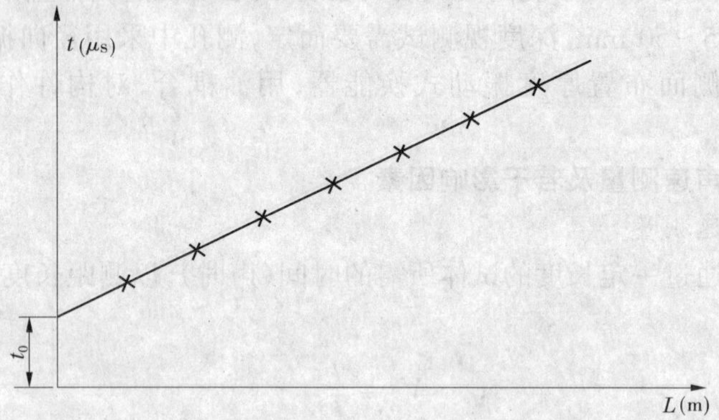

图 5-18　时—距坐标求 t_0

2. 若干影响因素

1)关于钢筋的影响及修正

钢筋中超声传播速度比普通混凝土高 1.2～1.9 倍。因此,测量钢筋混凝土的声速,在超声波通过的路径上存在钢筋时,测读的"声时"可能是部分或全部通过钢筋的传播信号,使混凝土声速的计算值高。

钢筋的影响分两种情况:一是钢筋配置的轴向垂直于超声传播方向;二是钢筋轴向平行于超声传播方向。第一种情况,通常会使整个计算声速有所提高,但一般配筋情况下,钢筋断面所占整个声通路径的比例较小,所以影响较小(对于高强度混凝土影响更小),往往被测量误差所掩盖。钢筋轴向垂直和平行于超声传播方向的布置对超声声速的影响分述如下:

图 5-19 表示钢筋的轴线垂直于传播方向,当超声波完全经过钢筋的每个直径时,仪器测量的传播时间 t 用式(5-48)表示

$$t = \frac{L - L_s}{V_c} + \frac{L_s}{V_s} \tag{5-48}$$

式中　L——两探头间的距离;

L_s——钢筋直径的总和,$L_s = \sum d_i$;

V_c、V_s——混凝土、钢筋中的超声传播的速度。

为了找出混凝土中实际的传播速度 V_c,需要对测得的速度 V 乘以某个系数,它取决于脉冲穿过钢筋所经的路程与总路程之比 L_s/L,及测得的速度与钢筋中的传播速度之比 V/V_s,此系数列于表 5-22 中。实际上,校正系数 V_c/V 稍大于表 5-22 中所列,因为发射—接收的路径与钢筋的分布线不完全重合,即实际通过钢筋的距离小于 L_s。

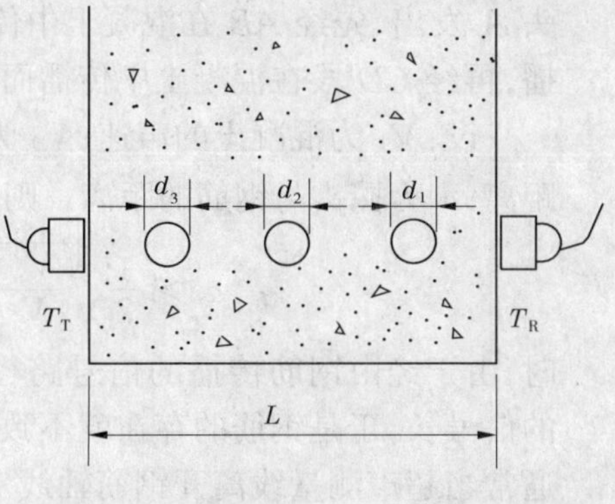

图 5-19　钢筋垂直于超声波传播方向

表 5-22　钢筋的影响(钢筋垂直于超声仪传播方向)

L_s/L	V_c/V=超声仪在混凝土的传播速度/超声仪在钢筋混凝土中实测的传播速度		
	质量差的混凝土 V_c=3 000 m/s	质量一般的混凝土 V_c=4 000 m/s	质量好的混凝土 V_c=5 000 m/s
1/12	0.96	0.97	0.99
1/8	0.94	0.96	0.98
1/6	0.92	0.94	0.97
1/4	0.88	0.92	0.96
1/3	0.83	0.89	0.94
1/2	0.75	0.83	0.92

修正系数还可以根据图 5-20 中的曲线查出,对实测的传播速度 V 加以修正,例如 L_s/L 为 0.2,并且认为混凝土质量是差的,则混凝土中钢筋影响 V_s/V 的修正系数为 0.9,这样测得的脉冲速度乘以 0.9 就得出素混凝土的脉冲速度。

根据试验结果,钢筋中的传播速度 V_s 是介于钢无限介质中纵波速度 5 850 m/s 和钢杆中传播速度 5 150 m/s 之间的速度值,它是随着钢筋直径而变化的。

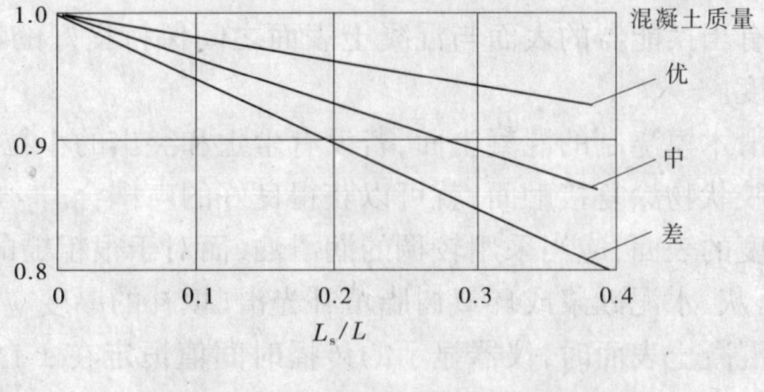

图 5-20　钢筋对脉冲速度的影响

图 5-21 为超声传播与钢筋轴向平行,且探头靠近钢筋轴线的情况。超声波从发射探

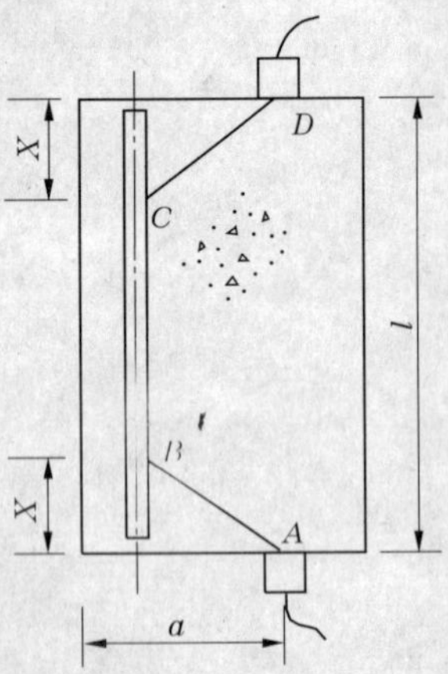

图 5-21　超声波平行钢筋传播

头 A 发出，先经 AB 在混凝土中传播，然后沿钢筋 BC 段传播，再经 CD 段在混凝土中传播而到达接收探头 D。

设：V_c 为混凝土的声速；V_s 为钢筋的声速；l 为探头间距离；a 为探头与钢筋的距离。则当

$$a > \frac{1}{2}\sqrt{\frac{V_s - V_c}{V_s + V}} \tag{5-49}$$

时，由于经由钢筋传播的信号路径比直接由混凝土中传播的信号长，于是钢筋的存在就不致影响混凝土声速的测量，通常当超声测量线离开钢筋轴线 1/8～1/6 测距时，就可以避开钢筋的影响。

素混凝土中的传播速度 V_c 根据图 5-22 中的曲线查出修正系数，对实测的传播速度 V 加以修正。例如钢筋混凝土中的 a/l 值为 0.1，并认为混凝土是一般的，那么混凝土中钢筋影响的修正系数 V_c/V 为 0.80，最后将测得的脉冲速度乘以 0.80 即为素混凝土的脉冲速度。

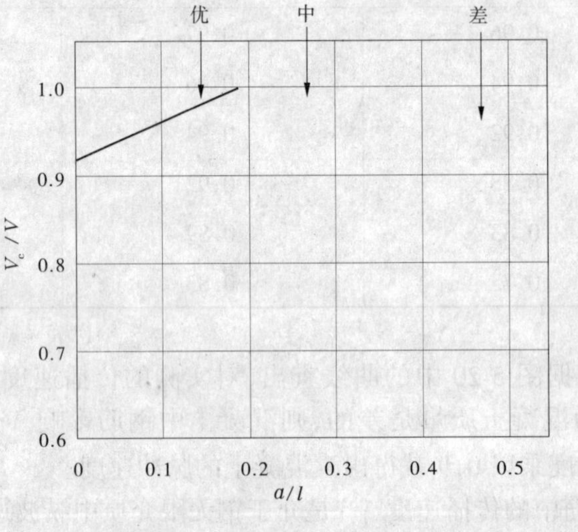

图 5-22　钢筋轴向平行于脉冲传播方向声速修正系数

2)试体测试面的粗糙度和声耦合的影响

测量声速时只有当换能器的表面与混凝土表面之间保持良好的耦合时，才能保证传播时间测量的准确度。

对于钢模和光滑木模浇制的混凝土面，若没有尘土和突出的小粒，用稀的或中等稠度的润滑油、肥皂液、胶状物涂复接触面，就可以获得良好的声耦合。

对于中等粗糙度的表面，应当采用较稠的润滑油，而对于很粗糙的表面则需要用砂轮磨平，适当地以熟石灰、水泥砂浆或环氧树脂填补光滑(填补的厚度应尽可能薄)。

当换能器置于混凝土表面时，仪器显示的传播时间值恒定在 ±1% 之内，表明声耦合达到良好的程度。

3)试体的测距和横向尺寸的影响

为了避免混凝土非均质性的影响,要求超声波传播的路径长些,当使用最大粒径为20 mm的骨料,传播路径长度应小于100 mm,若使用最大粒径为40 mm的骨料,传播路径长应不小于150 mm。

关于试件横向尺寸的影响,也是测量中必须注意的。通常,纵波速度是指在无限介质中测得的,随着试件横向尺寸减小,纵波速度可能向杆、板的声速或表面波速度转变,即声速比无限介质中纵波声速为小。

图5-23表示在不同横向尺寸的试件上测得的声速的变化情况。

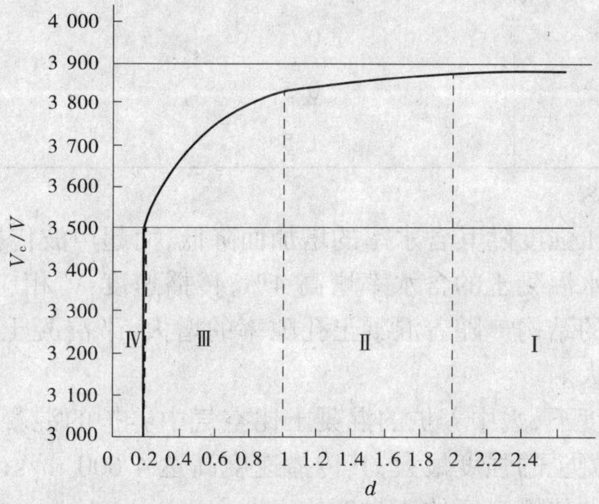

图5-23　声速随试件横向尺寸的变化情况

当横向最小尺寸$d \geqslant 2\lambda$(λ为波长)时,传播速度与大块体中纵波速度值相当(图中Ⅰ区)。

当$\lambda < d < 2\lambda$时,可能使传播速度降低2.5%~3%(见Ⅱ区)。

当$0.2\lambda < d < \lambda$时,传播速度变化较大,为6%~7%,在这个区间(Ⅲ区)里测量时,估计强度的误差可能达30%~40%,这是不允许的。

Ⅳ区为$d < 0.2\lambda$,这是属于波在杆件中的传播。

对不同测距、最小断面尺寸和探头固有频率的选择如表5-23所列的数值。

表5-23　不同测距、最小断面尺寸和探头固有频率的选择

穿透长度(mm)	探头固有共振频率(kHz)	混凝土构件最小横向尺寸(mm)
100~700	≥60	70
200~1 500	≥40	150
>1 500	≥20	300

4)温度和湿度的影响

混凝土处于环境温度为5~30 ℃的情况下,由于温度升高引起的速度减小值不大;当环境温度在40~60 ℃的范围内,脉冲速度值约降低5%,这可能是由于混凝土内部的微裂缝增多所致。

温度在 0 ℃以下时,由于混凝土中的自由水分结冰,使脉冲速度增加。

当混凝土测试时的温度处于表 5-24 所列的范围内时,可以允许修正;如果混凝土遭受过冻融循环下的冻结,则不允许修正。

表 5-24 超声波传播速度的温度修正值

温度(℃)	修正值(%)	
	存放在空气中	存放在水中
+60	+5	+4
+40	+2	+1.7
+20	0	0
0	−0.5	−1
<−4	−1.5	−7.5

混凝土的极限抗压强度随其含水率的增加而降低,而超声波传播速度 V 随孔隙被水填满而逐渐增高。饱水混凝土的含水率增高 4%,传播速度 V 相应增大 6%。速度的变化特性取决于混凝土的结构。随着混凝土孔隙率的增大,干混凝土和湿混凝土中超声波传播速度的差异也增大。

在相同的力学强度下,水中养护的混凝土比空气中养护的混凝土具有更高的超声传播速度。水下养护混凝土的强度最大,其传播速度高达 4 600 m/s;而相同强度但暴露在空气中养护的混凝土的传播速度约 4 100 m/s。

湿度对超声波传播速度的影响可以解释为:

(1)水中养护的混凝土具有较高的水化度并形成大量的水化产物,超声波传播速度对此产物的反应大于空气中硬化的混凝土。

(2)水中养护的混凝土,水分填满了混凝土的孔隙,由于超声在水里传播速度为 1 450 m/s,在空气中仅 340 m/s,因此,水中养护的混凝土具有比在空气中养护的混凝土大得多的超声波传播速度,甚至掩盖了随着混凝土强度增长而提高的声速的影响。

(五)结构混凝土缺陷的检测实例——超声检测不密实区和空洞

在混凝土水灰比较小或配筋较密的情况下,施工时漏振或振捣不充分,可能形成空洞和疏松状况,在缺陷区的声时明显偏长,即声速下降,首波幅度和信号频率均有明显的下降。

被测部位具有一对(或两对)相互平行的测试面,测区范围除应大于怀疑区域外,还应有同条件的正常混凝土测区进行对比,且正常混凝土的测点数应不少于 30 个。

根据被测构件实际情况,可按下列方法之一布置换能器:

(1)构件具有两对相互平行的测试面时,可采用对测法。如图 5-24 所示。在测试区域两对相互平行的测试面上,分别画出等间距的网格(网格间距:工业与民用建筑为100~300 mm,其他大型结构物可放宽至 1 000 mm),并将对应的测点位置编号。

(2)构件只有一对相互平行的测试面时,可采用对测和斜测相结合的方法,如图 5-25 所示。也可在测区两个相互平行的测试面上分别画出网格线,在对测的基础上进行交叉斜测。

(3)当测距较大时可采用钻孔法检测，如图 5-26 所示。在测区位置钻出一定间距的测试孔，测孔直径宜为 40～50 mm，深度可根据测试需要确定。检测时可用两个径向振动式换能器分别置于两测孔中进行测试，或者用一个径向振动式与一个厚度振动式换能器，分别置于测孔和平行测孔的构件侧面上进行测试。

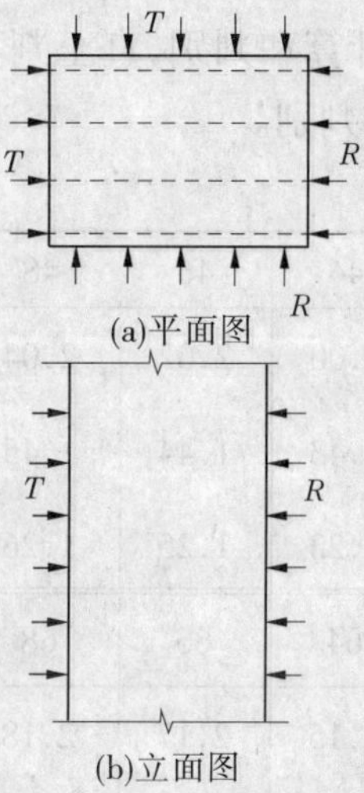

图 5-24　对测法示意图

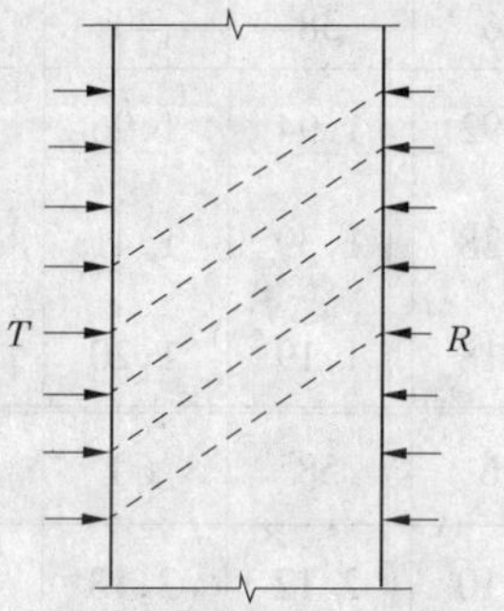

图 5-25　斜测法示意图

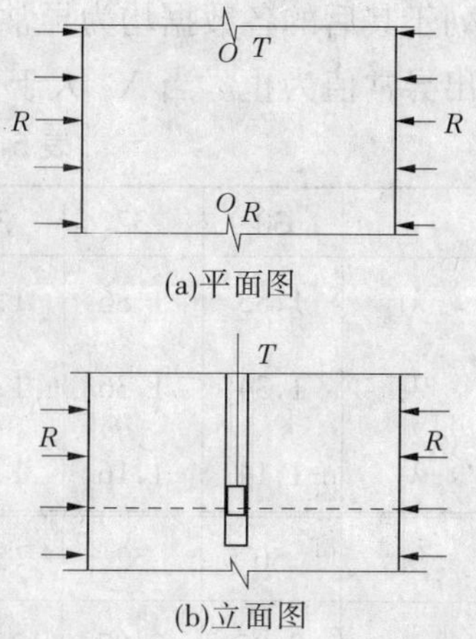

图 5-26　钻孔测法示意图

每一测点的声时、波幅、频率和测距的测量，应分别按前述的方法进行。

测区混凝土声学参数的平均值(m_x)和标准差(s_x)应按下式计算

$$m_x = 1/n \sum x_i \tag{5-50}$$

$$s_x = \sqrt{(\sum X_i^2 - n \cdot m_x^2)/(n-1)} \tag{5-51}$$

式中　X_i——第 i 点的声学参数测量值；

n——参与统计的测点数。

测区中的异常数据可按下列方法判别：

(1)当同一测区各点的测距相同时，可直接用声时判别，将各测点的声时值由小到大按顺序排列，即 $t_1 \leqslant t_2 \leqslant t_3 \leqslant \cdots \leqslant t_n \leqslant t_{n+1} \cdots$，将排在后面明显大的声时值视为可疑，再将这些可疑数据中最小的一个(假定 t_n)连同其前面的数据按式(5-50)、式(5-51)计算出 m_x 及 s_x 并代入式(5-52)，算出异常情况的判断值(X_0)

$$X_0 = m_x + \lambda_1 \cdot s_x \tag{5-52}$$

式中　λ_1——异常值判定系数，按表 5-25 取值。

把 X_0 值与可疑数据中的最小值(t_n)相比较，若 t_n 大于或等于 X_0，则 t_n 及排在其后的各声时值均为异常值；然后去掉 t_n，再用 $t_n \sim t_{n+1}$ 进行计算和判别，直至判不出异常值为止。当 t_n 小于 X_0 时，应再将 t_{n+1} 放进去重新进行计算和判别。

(2)将一测区各测点的波幅、频率或由声时计算的声速值由大至小按顺序分别排列，

即 $X_1 \geqslant X_2 \geqslant \cdots \geqslant X_n \geqslant X_{n+1} \cdots$，将排在后面明显小的数据视为可疑，再将这些可疑数据中最大的一个（假定 X_n）连同其前面的数据按式(5-50)、式(5-51)计算出 m_x 及 s_x 值代入式(5-53)计算出异常情况的判断值(X_0)

$$X_0 = m_x + \lambda_1 \cdot s_x \tag{5-53}$$

将判断值(X_0)与可疑数据的最大值(X_n)相比较，如 X_n 小于或等于 X_0，则 X_n 及排列于其后的各数据均为异常值；然后去掉 X_n，再用 $X_1 \sim X_{n-1}$ 进行计算和判别，直至判不出异常值为止。当 X_n 大于 X_0，应再将 X_{n+1} 放进去重新进行计算和判别。

表 5-25　统计数的个数 n 与对应的 λ_1、λ_2、λ_3 值

n	30	32	34	36	38	40	42	44	46	48
λ_1	1.83	1.86	1.89	1.92	1.94	1.96	1.98	2.00	2.02	2.04
λ_2	1.34	1.36	1.37	1.38	1.39	1.41	1.42	1.43	1.44	1.45
λ_3	1.14	1.16	1.17	1.18	1.19	1.20	1.22	1.23	1.25	1.26
n	50	52	54	56	58	60	62	64	66	68
λ_1	2.05	2.07	2.09	2.10	2.12	2.13	2.14	2.15	2.17	2.18
λ_2	1.46	1.47	1.48	1.49	1.49	1.50	1.51	1.52	1.53	1.53
λ_3	1.27	1.28	1.29	1.30	1.31	1.31	1.32	1.33	1.34	1.35
n	70	72	74	76	78	80	82	84	86	88
λ_1	2.19	2.20	2.21	2.22	2.23	2.24	2.25	2.26	2.27	2.28
λ_2	1.54	1.55	1.56	1.56	1.57	1.58	1.58	1.59	1.60	1.61
λ_3	1.36	1.36	1.37	1.38	1.39	1.39	1.40	1.41	1.42	1.42
n	90	92	94	96	98	100	105	110	115	120
λ_1	2.29	2.30	2.30	2.31	2.31	2.32	2.35	2.36	2.38	2.40
λ_2	1.61	1.62	1.62	1.63	1.63	1.64	1.65	1.66	1.67	1.68
λ_3	1.43	1.44	1.45	1.45	1.46	1.47	1.48	1.49	1.50	1.51
n	125	130	140	150	160	170	180	190	200	210
λ_1	2.41	2.43	2.45	2.48	2.50	2.52	2.54	2.56	2.57	2.59
λ_2	1.69	1.71	1.73	1.75	1.77	1.79	1.80	1.82	1.83	1.84
λ_3	1.53	1.54	1.56	1.58	1.59	1.60	1.62	1.63	1.64	1.65

(3)当测区中判不出异常测点时，可根据异常测点的分布情况，按式(5-54)进一步判别其相邻点是否异常。

$$X_0 = m_x - \lambda_2 \cdot s_x \tag{5-54}$$

式中 λ_2 按表 5-25 取值。当用平面式换能器时取 λ_2；当使用径向式换能器在孔中检测时取 $\lambda_3$❶。

当测区中某些测点的声学参数被判为异常值时，可结合异常测点的分布及波形状况确定混凝土内部存在的不密实区和空洞的范围。

二、冲击—回波法检测混凝土的质量

(一)冲击—回波法的应用范围

由加拿大国家标准局技术研究院和美国 Comell 大学联合开发研究的 Docter 冲击—回波仪于 1992 年 4 月正式成为商业产品，它对冲击—回波检测技术的深入研究及工程实际应用起了促进的作用。实验室理论研究和现场检测应用证明了冲击—回波法可运用如下检测工作：

(1)对有/无沥青层的板进行分层质量检查。

(2)桥梁沥青覆盖层下防护层完整性的检查。

(3)钢筋密集区混凝土裂缝、空隙和蜂窝缺陷的检测。

(4)由于钢筋腐蚀引起周边混凝土脱粘疏松状况。

(5)测定表面开裂的深度。

(6)后张法预应力管道填充质量的检查。

(7)两层间孔隙的检查。

(8)补修后工程质量的检查。

(9)板状结构厚度的测量。

(10)估计碱骨料反应或冻融循环损伤程度等。

Docter 仪可以检测各种几何形状，如板、梁、柱、轴和管状结构的质量，具有较强的人工智能，采用 Mark Ⅰ 冲击器，测试最大深度达 2 m，而用 Mark Ⅱ 则可测得更深，每次检测只需要 1～2 s，检测结果可即时显示在计算机屏幕上。

(二)测试原理

如图 5-27 所示，仪器通过机械冲击器向物体表面发送短周期应力脉冲波，其中压缩波(P 波)在物体上传播过程，遇到内部缺陷(如裂缝宽度＞0.03 mm，波便不能穿透而产生反射)或表面边界时便发生反射，波反射至表面后还继续往返反射，产生一个瞬时共振条件，P 波每次返回表面都会发生一个很小的位移，被安置在测点附近的位移传感器所接收，仪器记录了 P 波在时域内的传播波形，P 波自表面入射至底面，再返回表面，其传播的时间 T 大致等于两倍的路径($2D$)除以材料中的波速 C_P，故而构件的厚度数值等于

$$D = C_P \cdot \frac{T}{2} \tag{5-55}$$

---

❶ 若耦合条件保证不了测幅稳定，则波幅值不能作为统计法的判据。

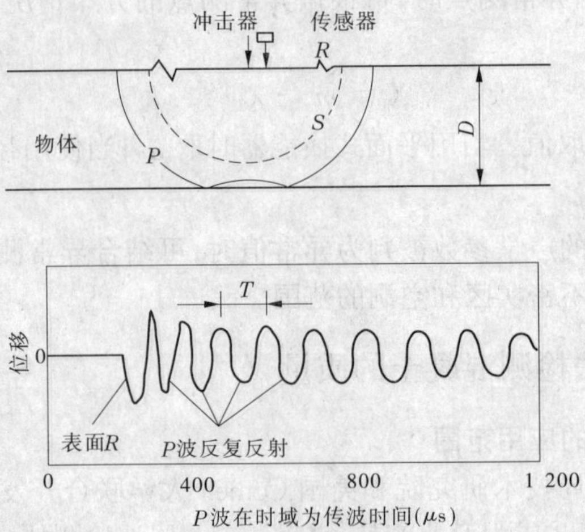

图 5-27　冲击—回波法检测原理示意图

设 P 波每返回一次的时间 T 为周期，通过 FFT 转换技术，把时域分析变换为频域的分析，用周期倒数频率(f)表达，构件的厚度(或缺陷的隐存深度)数值上等于

$$D=\frac{C_P}{2f} \tag{5-56}$$

使用 FFT 计算，若试体厚度已知且密实，则 P 波的波速便可获得，一旦波速确定，且选择正确的冲击器，就可采用单面测试法准确地测得裂缝位置和深度。

图 5-28～图 5-30 表示 Docter 仪检测、分析和综合的典型波形与结果。图 5-28 显示实测波形，可见首先记录了 R 波，紧接着是逐渐削弱的 P 波；图 5-29 是频谱图与构件厚度的关系(总厚为 100%)；图 5-30 是经过 FFT 转换后的频谱图。

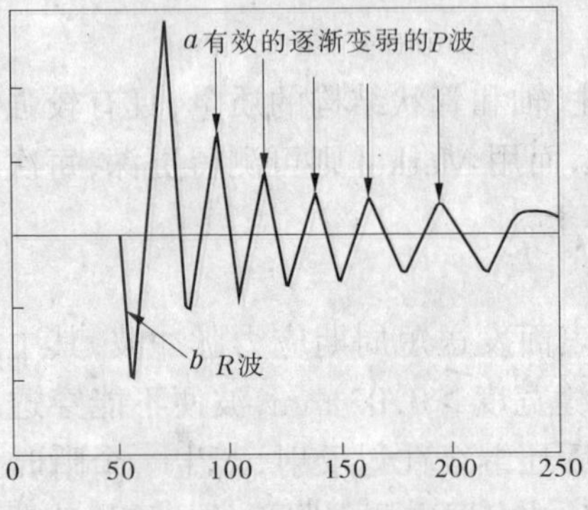

图 5-28　曲型的波型图

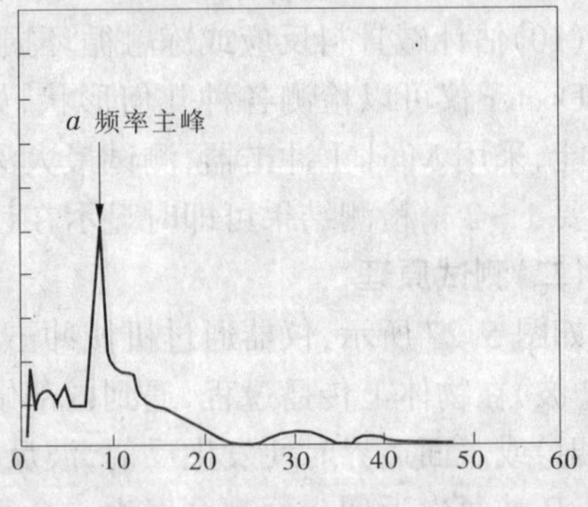

图 5-29　根据图 5-28 波形求得的频率图谱

在混凝土表面作用一个窄的脉冲，传感器首先记到表面波 R，P 波进入试体向下传播，并在试体底面、表面之间作多次衰减振荡(见图 5-28)。经快速傅立叶变换(FFT)，显示随幅度变化频谱图，根据频率主峰值与 P 波的反射深度之间的研究所建立的关系，获得密实试体厚度值(见图 5-29)。当频率主峰有偏移时，则表明被测处存在有缺陷，当频率主峰伴有一个较小的频率峰值时，表明 P 波从缺陷顶部处反射，这个特性表示较小缺陷的存在及其深度。

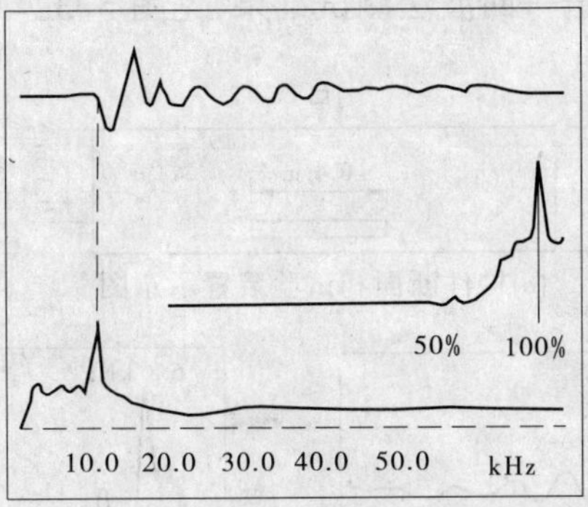

图 5-30　经过 FFT 转换后的频谱图

(三)实测图谱举例

(1)冲击—回波法在 0.25 m 厚固体板上测试的结果,见图 5-31。

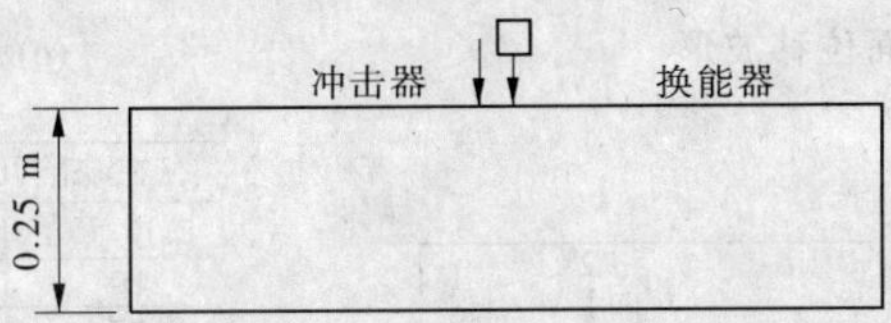

(a)构件断面和试验装置示意图

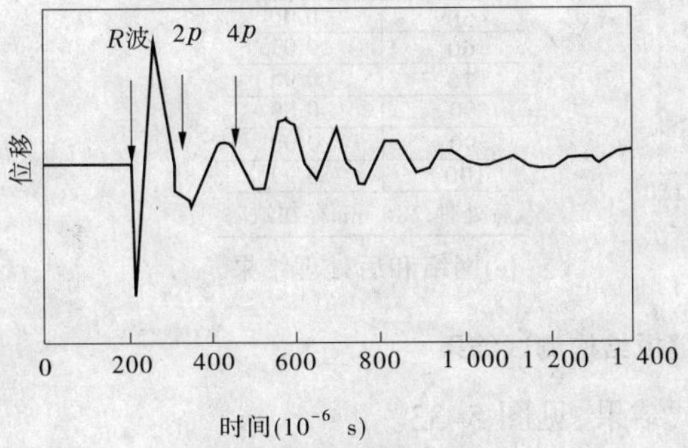

(b)时间表面位移波形

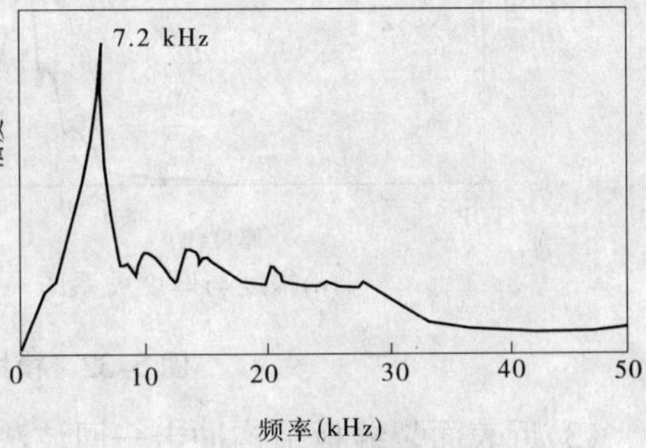

(c)频谱图

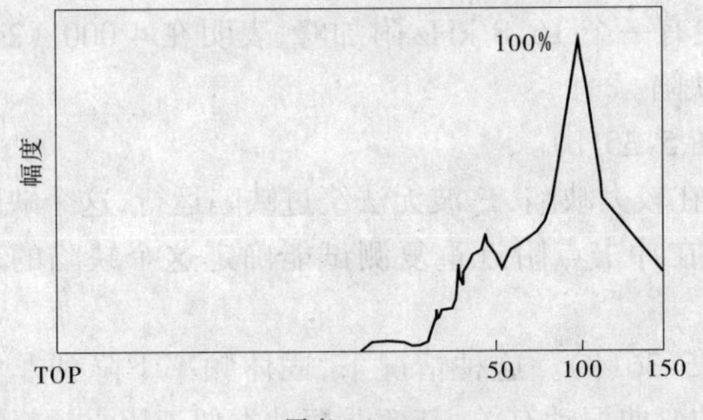

(d)幅度与厚度关系图

存在缺陷几率:　0.00

厚度(%)	可能性
10	0.00
20	0.00
30	0.01
40	0.00
50	0.01
60	0.01
70	0.00
80	0.00
90	0.00
100	0.99

后处理:密实混凝土

(e)网络和后处理结果

图 5-31　0.25 m 厚固体板测试结果

(2)模拟裂缝板结构冲击—回波法测试结果,见图 5-32。

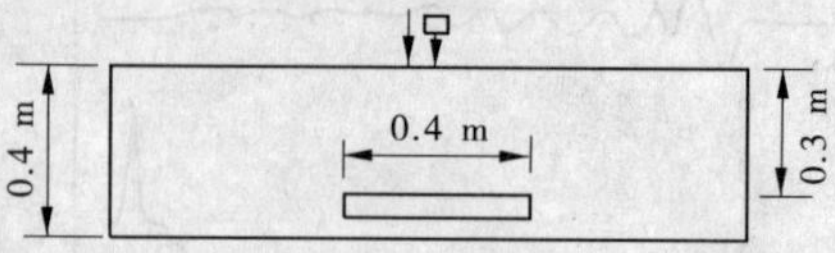

(a)构件断面和试验装置示意图

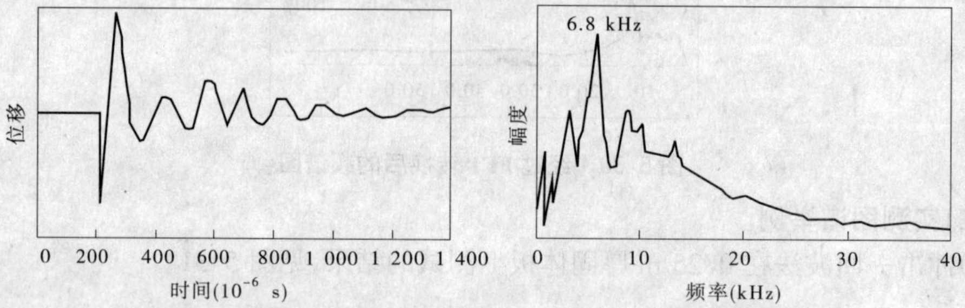

(b)时间表面位移波形　　(c)频谱图

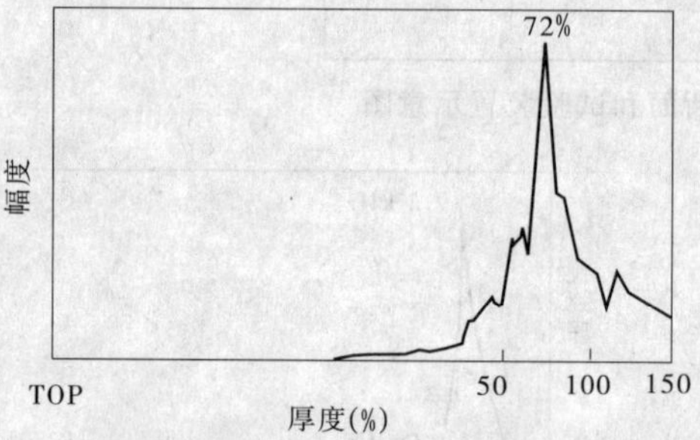

(d)幅度与厚度关系图

存在缺陷几率: 1.00	
厚度 (%)	可能性
10	0.00
20	0.00
30	0.01
40	0.05
50	0.00
60	0.01
70	0.05
80	0.89
90	0.00
100	0.99
后处理:286 mm存在缺陷	

(e)网络和后处理结果

图 5-32　模拟裂缝板结构测试结果

(3)近表面裂缝板结构冲击—回波法测试结果,见图 5-33。

(4)缺陷大小、深度不同,冲击—回波法检测状况。

(5)小缺陷的检测。见图 5-34。固体频率降低到 8.1 kHz,表明 *P* 波传播距离 2×200 mm(2*D* 路径)长,适当选择冲击器,便有一个 16.8 kHz 附加峰,表明在 4 000/(2×16.8)=119(mm)深度存在一个比较小的缺陷。

(6)试体中间大缺陷的检测。频谱见图 5-35(b)。

从图可见只有 21.1 kHz 频率,由于存在较大缺陷,*P* 波无法绕过缺陷运行,这个缺陷存在于 4 000/(2×21.1)=95(mm)深度,在冲击点附近重复测试能确定这个缺陷的范围。

(7)近上部大缺陷的检测。频谱见图 5-36(b)。这种情况下,固体频率下降到非常低,这种频率出现是与材料上部浅层分层的弯曲振动有关,其弯曲振动类似于用小锤轻敲鼓表面所听到的鼓皮发出的声音。

综上所述,采用类似图 5-37 的方法,能够探测诸如圆形、方形和矩形截面的梁、柱构

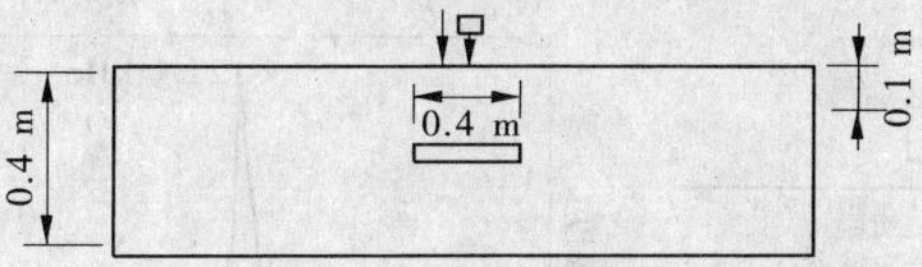

(a)断面图

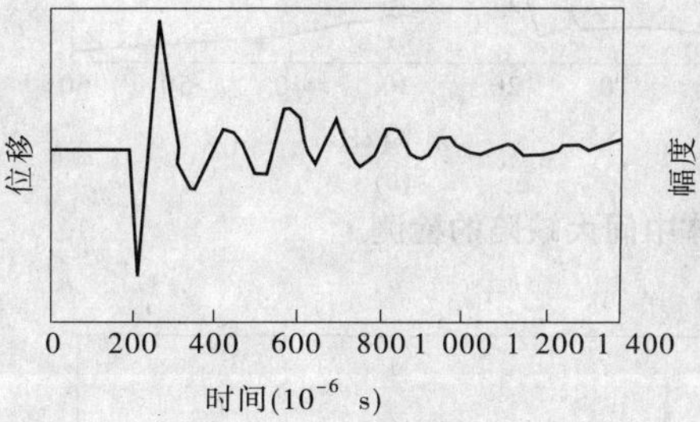

(b)时间表面位移波形

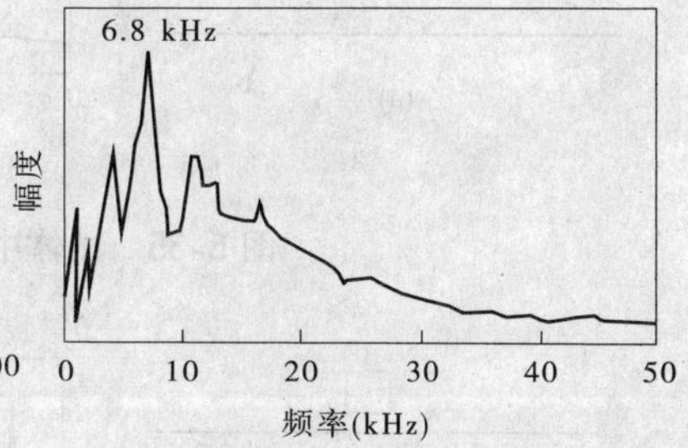

(c)频谱图

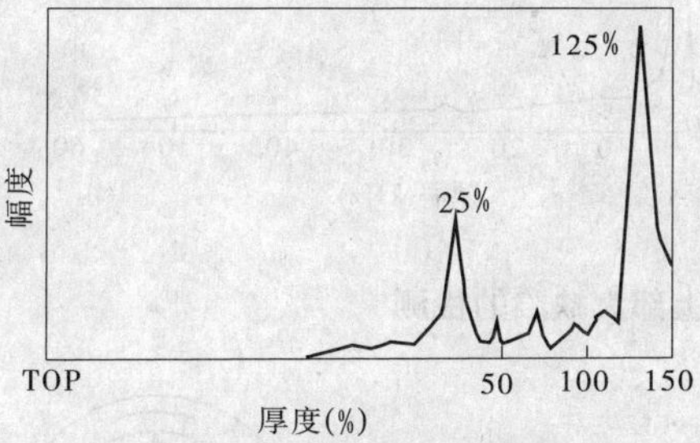

(d)幅度与厚度关系图

存在缺陷几率: 1.00	
厚度 (%)	可能性
10	0.00
20	0.01
30	0.97
40	0.00
50	0.01
60	0.00
70	0.00
80	0.00
90	0.01
100	0.00
后处理:286 mm存在缺陷	

(e)网络和后处理结果

图 5-33　近表面裂缝板结构测试结果

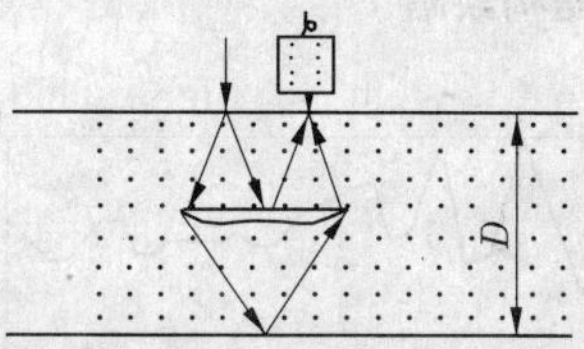

(a)

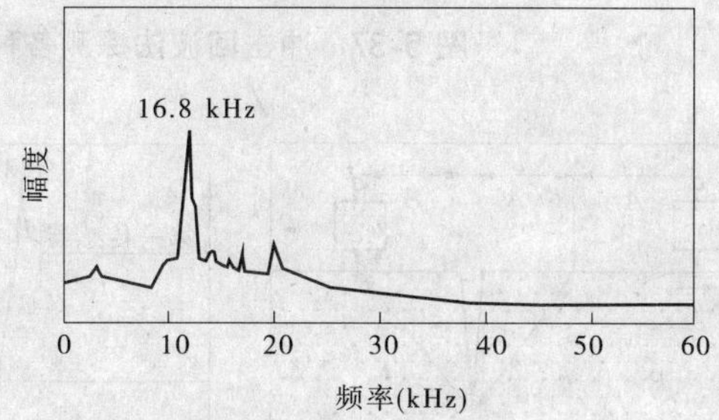

(b)

图 5-34　小缺陷检测

件,以及如隧道、坑道、烟囱等空心柱结构的缺陷。

此外,如图 5-38 所示,采用两个换能器布置在裂缝和冲击器相对位置,Docter 还能确定干净表面裂缝的深度。图例中,A 距离为 50 mm,测得 P 波到达两换能器之间的时间差为 45 μs。P 波的速度为 3 900 m/s,确定表面开裂缝的深度为 100 mm,用取芯证实冲击—回波法所确定的裂缝深度与实际的深度误差在 5%之内。

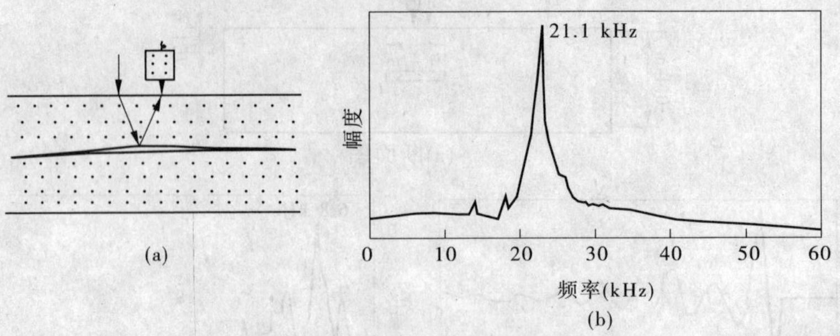

图 5-35　试体中间大缺陷的检测

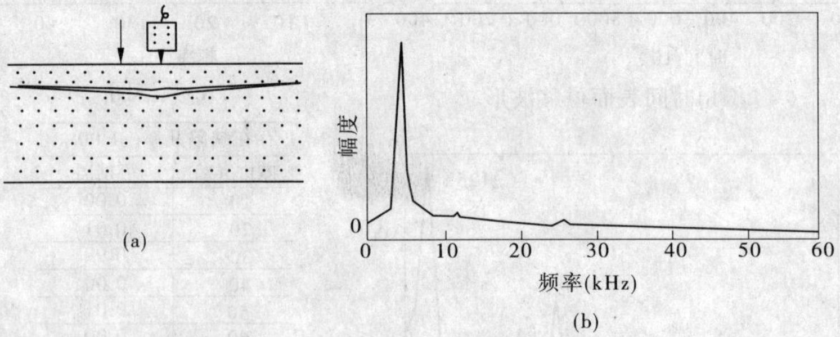

图 5-36　近上部大缺陷的检测

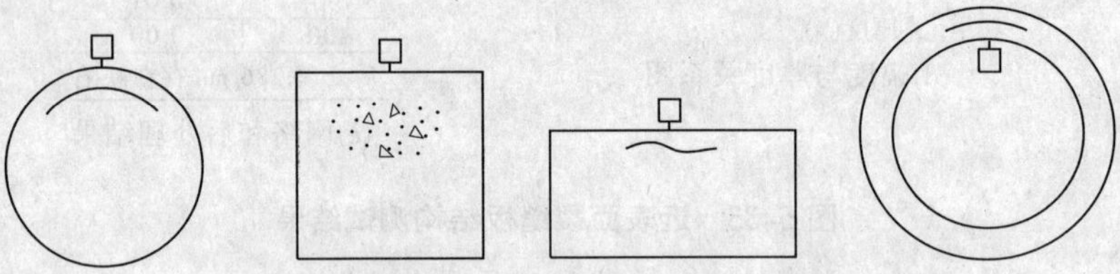

图 5-37　冲击回波法探测各种结构缺陷

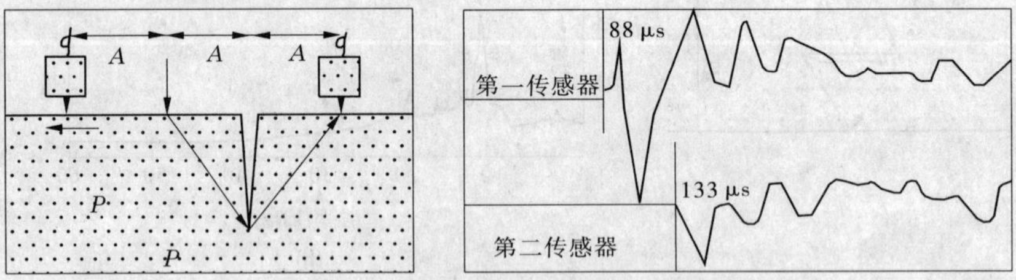

图 5-38　确定干净表面裂缝的深度

三、声发射技术

(一)声发射的基本概念

在工程材料受力过程中，由于内部存在不同性质的缺陷或微观构造不均匀性产生局部应力集中，造成不稳定的应力分布。不稳定的高能状态向稳定的低能状态转化是通过材料的塑性变形、裂缝产生与扩展直至失稳断裂而完成的。在应力松弛过程中释放的应变能,一部分以应力波的形式发射和传播,即称为声发射(Acoustic Emission)。

声发射是材料内部在发生形变或断裂而自发产生的应力波。它是一种常见的物理现象。例如弯曲树枝伴有“噼啪”响声,预示着树枝内部状态的变化和折断的先兆;在弯曲锡片时,由于孪生变形,可以听见“锡鸣”;钢、铁、铝和铜等,受力时由于微观滑移产生塑性变形,有较弱强度的声发射;金属材料的断裂韧性试验,裂缝产生、稳定扩展进入失稳扩展的全过程,均有声发射;材料从高温冷却的过程,内部结构从不稳定向稳定状态的转变,释放多余的能量也有声发射;至于复合材料、陶瓷、岩石、混凝土等不均质材料,受力则具有较高能量级的声发射。总之,材料受力普遍具有声发射的特征,它为声发射技术的应用开拓了广阔的前景。

材料声发射的特征和强弱程度,携带着材料组织结构变化的动态信息。它是材料性能的研究、监测和预报构件运转过程的形变、疲劳、失稳等危险信息动态检测的有效手段。但声发射的信号一般比较微弱,频率又高,通常人耳不能直接听见,需要借助灵敏的电子仪器才能检测出来。用仪器检测、分析声发射信号,以及利用声发射信号推断声发射源和材料性能的技术,称为声发射技术。

由于物体发射出来的每一个信号携带着反映物体内部的组织构造、缺陷性质和状态变化的信息,而声发射检测的基本原理就是采用外部条件(如力、热、电、磁等)的作用而诱导物体发声。声发射检测系统担负接收和放大这些信号,并加以处理、分析,进一步推断材料性质和状态的变化。

(二)声发射技术的特点

(1)声发射是在材料或构件状态、缺陷发生变化时产生的,它是一种动态的无损检测方法。它可以适时地反映状态或缺陷的动态信息,实行监测和危险报警。

(2)被检测对象(如缺陷)能动地参加检测的过程。这种声发射是物体内部的缺陷在外力作用下能动地发射声波,探测者根据所发射的声波特点以及诱发声波的外部条件,能够推知声源的位置,了解缺陷的现状和缺陷形成的历史,以及将在实际使用条件下可能发展的趋势。

(3)由于材料的塑性变形、裂缝扩展等不可逆性质,所以声发射也有不可逆性,即试件作重复的加荷实验,只有载荷超过前次的最大荷载才产生声发射,这一现象称为声发射的不可逆效应,也叫做凯瑟(Kaiser)效应。显然,这个现象与材料的塑性变形和破坏有密切的关系。因此,要进行声发射检测,必须知道材料的受力历史,即应在构件第一次受力时进行检测。

(4)选择合适的“频率窗口”,提高信噪比,是检测技术的关键。试验表明,各种材料声发射的频率范围很宽,每个发射脉冲包含着一个频率谱,中心频率的声发射信号最强。此外,声发射检测是在不同的环境噪音下进行。因此,声发射检测既要尽量避开强噪音的干扰,又要选择在声发射信号比较强的频段进行,以提高信噪比,减少背景噪声。

(5)声发射检测几乎不受材料的限制,不需要移动换能器,操作方便,灵敏度高。

声发射信号具有两种基本类型。用示波器观察经放大后的传感器输出,可以看到一种发射次数很多的连续波形,称为连续型声发射。连续型声发射信号的幅度低,仪器测试系统的放大倍数要很高才能观察到。当脆性材料或带裂纹的金属材料在裂纹的不连续扩展时,可以看到幅度高的单个应力波脉冲,这就是突发型声发射。与连续型声发射相比,突发型声发射发生的次数少、幅度大,发生的部位限制在某个区域,脉冲的形状各不相同。图 5-39 示出了这两种类型的声发射信号。

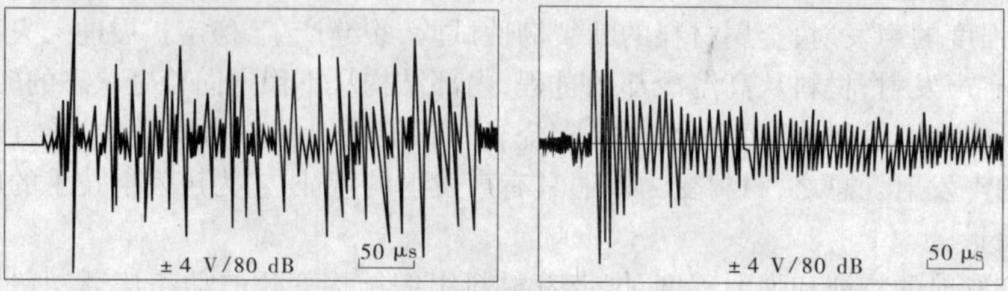

(a)连续型　　(b)突发型

图 5-39　两种声发射信号

(三)声发射信号的表征参数

1. 声发射信号的波形

图 5-40 表示谐振式换能器所测得的声发射信号波形,横坐标为时间,纵坐标为换能器输出经放大后的电压。当声发射应力波到达换能器时,激发换能器输出电信号,换能器达到谐振状态获得最大的输出幅度 V_P 需要一段上升时间,在图 5-40 中以 t_r 表示,这个时间大约为几十至几百毫微秒。换能器达到输出最大幅度后,在下一个声发射事件到达之前,由于阻尼逐渐衰减,使输出的信号幅度逐渐减小,衰减快慢与换能器特性有关,通常几微秒至几百微秒。接着,换能器可能接收到反射波或其他型波,使输出信号增大,在信号的时域波形上出现一个小峰。

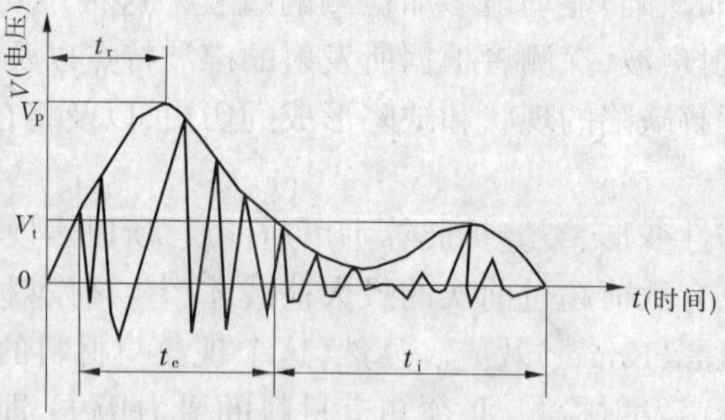

图 5-40　声发射信号的波形

换能器每振荡一次输出一个脉冲称为“振铃”。将振铃脉冲的峰值连成包络线,包络线围成一个大的信号称为声发射“事件”。

在声发射检测中,为了排除噪声和剔除不必要的信号,设置门槛电压 V_t。只有当换能器的输出大于门槛电压时才有效,低于门槛电压的信号均被剔除。在时域图形上,从包络线越过 V_t 的一点开始至包络线降到 V_t 的时间称为事件宽度,记为 t_e。在信号处理中,为了防止同一事件的反射信号作为另一个事件处理,设置了试件间隔 t_i,在该时间内出现的信号,仪器不予处理。$t_e + t_i$ 称为事件时间或事件持续时间。

2. 声发射的测量参数

1)事件计数

按图 5-40 所示的声发射事件个数的计数处理,是在事件持续时间内计一次数,如在事件持续时间内到达了另一个越过门槛的事件,则当作同一个事件的反射信号处理,不计入计数内。

事件记数,可以计单位时间的事件数目,称为事件计数率,也可以计从试验开始到某一阶段(如试验结果)的事件总数,称为事件总计数。事件总计数对时间的微分即为事件计数率。事件计数方法着重声发射事件出现的数目和频度,而不注重事件的幅度。它相当于裂纹扩展一次产生一个声发射事件,因而事件计数可以表达裂纹扩展的步进次数。在纤维增强复合材料中,当纤维的体积所占的分数低时,每根纤维断裂一次计一个声发射事件,因此事件计数可以表达纤维断裂的数量。

2)振铃计数

振铃计数是计振铃脉冲直过门槛的次数。图 5-41 表示超过门槛 V_t 的振铃数为 3。以单位时间计振铃数,称为振铃计数率;还可以计某一特定时间的总的振铃计数,如计 1、10、100 个事件中的振铃数。

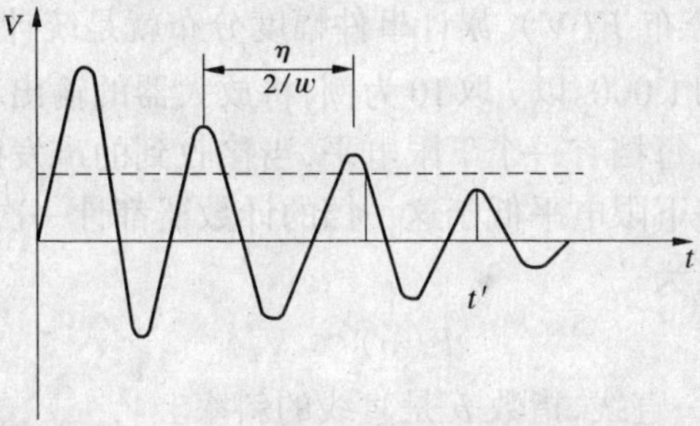

图 5-41 声发射振铃信号阻尼正弦波

振铃计数与换能器的特性、门槛电压的选择、系统增益等因素有关。

一个声发射事件的振铃信号看成阻尼正弦波

$$V = V_P^{e^{-\beta t}} \sin\omega t \tag{5-57}$$

式中 V——瞬时电压;

ω——角频率;

β——衰减系数;

t——时间;

t'——信号振铃下降到门槛电压 V_t 所需要的时间。

如果 t' 比振荡周期$(2\pi)/\omega$ 长得多,则振铃计数 N 为

$$N = \frac{\omega t'}{2\pi} \tag{5-58}$$

在实际的声发射测试中,ω、β、V_t 是一定的,振铃计数反映了信号的幅度 V_P 和材料

受力持续过程释放的应变能 ΔE 的大小。如果将门槛固定，则振铃计数可以表示为

$$N = D\lg V_P \tag{5-59}$$

断裂韧性试件塑性变形的声发射实验，证实了振铃计数与事件幅度成对数关系。

3）能量

振铃计数法使用较多，但这种计数法随信号频率而变；计数只简单地考虑了信号的幅度；计数与重要的物理量之间没有直接的联系。因此，提出了能量测量的方法。

一个瞬变信号的能量定义为

$$E = \frac{1}{R}\int_0^{\infty} V^2(t)\mathrm{d}t \tag{5-60}$$

式中 R—— 电压测量线路的输入阻抗；

$V(t)$—— 与时间有关的电压。

根据这一定义，将声发射信号的幅度平方，然后进行包络检波，求出包络检波后的包络线所围的面积，从信号的时域波形上看，事件包络的面积即作为信号所包含能量的量度。

4）幅度和幅度分布

从瞬变信号的能量定义可知，振荡质点所具有的能量与质点振荡幅度的平方成正比，因此可以用声发射信号的幅度大小来度量声发射信号的能量。所谓幅度分布，是指按声发射信号峰值的大小分别进行事件计数。表示的方法有两种：

(1) 累计事件幅度分布 $F(V)$。累计事件幅度分布就是统计信号峰值高于 V_i 的事件数。i 通常取 5、10、100 和 1 000。以 i 取 10 为例，将放大器的输出动态范围按线性或对数的规律分 10 等分即 10 挡，每挡有一个下限电平，当接收到的声发射事件的峰值幅度大于某一挡的下限电平时，所有下限电平低于这一挡的计数器都计一次数。可见 $F(V)$ 是 V_i 的函数，由试验指出其关系为

$$F(v) \propto V_i^{-b} \tag{5-61}$$

此式取对数绘成图形是一直线，指数 b 是直线的斜率。

(2) 微分事件幅度分布 $f(V)$。微分事件幅度分布是指各挡分别对事件进行计数，即幅度位于 V_i 到 V_{i+1} 之间的声发射事件数。它以 X 轴为幅度挡、Y 轴为各挡的事件计数的直方图表示。

通常声发射参数测量中，有关声发射信号的计数分析记录的事件、振铃计数声发射率和振铃总计数，如图 5-42 所示。

(四)影响材料声发射特性的因素

声发射技术主要应用于材料研究、工艺过程的质量控制和评价构件的结构完整性三个方面。这些应用均以材料的声发射特性研究为基础。不同材料声发射特性差异很大，即使对同一材料，影响声发射的因素也十分复杂，如组织结构、试件形状、加载方式、受载历史、温度、环境气氛等差异，就有不同的声发射特性。同一试件的条件相同，由于试件中的声发射源不同，也表现出不同的声发射特性。

影响声发射信号强度的因素在表 5-26 中作了相对的比较。

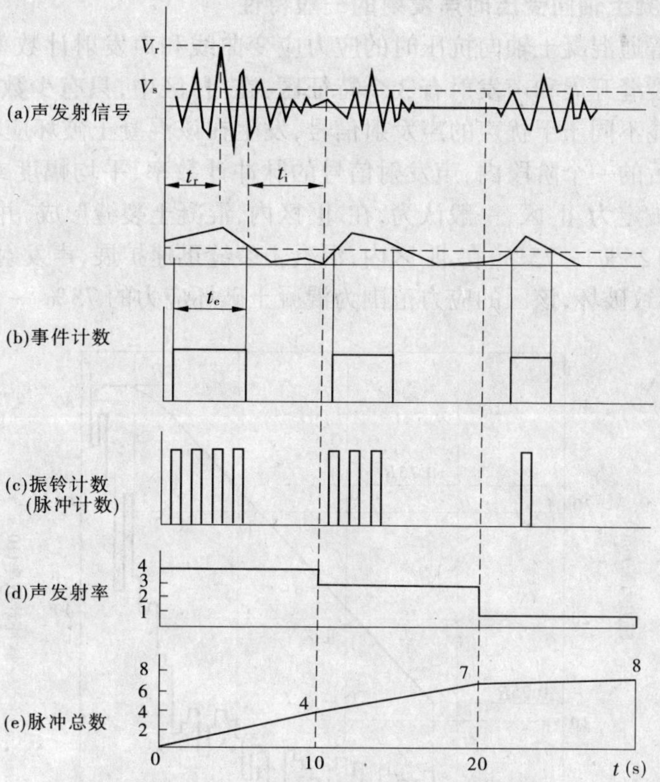

图 5-42　声发射信号的计数分析

表 5-26　影响声发射信号强度的因素

产生高幅值信号的因素	产生低幅值信号的因素
高强度材料	低强度材料
高应变速率	低应变速率
各向异性	各向同性
不均匀材料	均匀材料
厚断面	薄断面
孪生材料	非孪生材料
解理型断裂	剪切型断裂
低温	高温
有缺陷的材料	无缺陷的材料
马氏体相变	扩散型相变
裂纹扩展	范性变形
铸造结构	锻造结构
粗晶粒	细晶粒
复合材料的纤维断裂	复合材料的树脂断裂
辐射过的材料	未辐射过的材料

(五)普通混凝土轴向受压时声发射的一般特性

图 5-43 为普通混凝土轴向抗压时的应力应变曲线和声发射计数率直方图之间的关系。从图中可见裂缝开展和声发射有 3 个特征区:在 Ⅰ 区中,只有少数声发射事件,信号幅度也较低,明显不同于干扰声的声发射信号,发生在该混凝土破坏应力的 15% ~ 25% 的范围内;在此后的一个阶段内,声发射信号的脉冲计数率、平均幅度或事件计数率均无显著增长,该区被定为 Ⅱ 区,一般认为,在 Ⅱ 区内,混凝土裂缝形成,并稳态地扩展,其范围为破坏荷载的 25% ~ 75%;在 Ⅲ 区内,混凝土裂缝迅速扩展,声发射计数率急剧增大,说明裂缝失稳导致破坏,该区的应力范围为混凝土破坏应力的 75% ~ 90%。

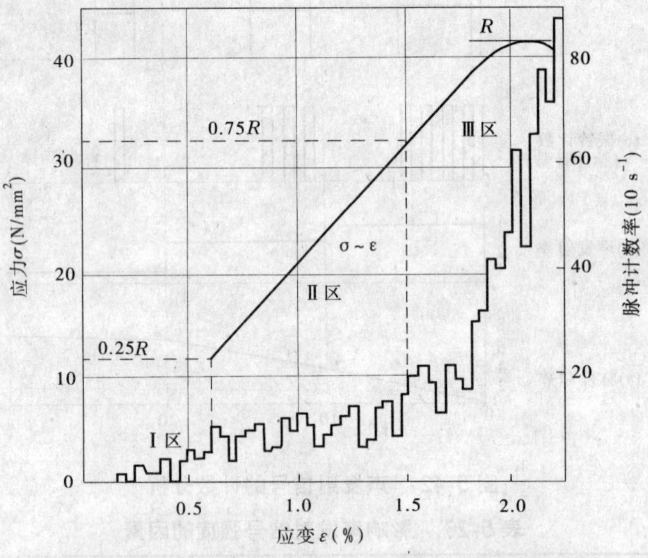

图 5-43　普通混凝土轴向应力作用下的声发射特性

以上分析说明,分析声发射既可得出混凝土内部结构破坏的发展过程,又可得出破坏的方式。但一般计数法,如脉冲计数率、脉冲总数、事件计数率或事件总数等,主要反映了结构破坏的过程,而对破坏方式即使每次声发射的强烈程度是不敏感的。如果需要更确切地了解破坏方式和损伤程度,则应对声发射信号进行能量分析(或脉冲面积分析)、幅度或幅度分布分析、频谱分析等。在大多数情况下,采用脉冲总数、脉冲面积(或能量)、脉冲幅度等 3 种分析,就能较好地反映结构破坏的过程和方式。

(六)混凝土声发射的凯塞效应

当材料被加荷时,有声发射信号发生,若卸去荷载后第二次再加荷,则在卸荷点以前不再有发射信号,只有当荷载超过第一次加载的最大荷载(即卸荷点)后,才有声发射出现,这种现象称为声发射的不可逆效应。由于它是凯塞(J. Kaiser)首先发现的,所以又称为凯塞效应。

混凝土的凯塞效应,基本上决定于加荷以后的恢复时间和先加荷载所达到的应力水平。图 5-44 表明了先加载应力水平的影响。图 5-44(a) 示出了预先加荷到极限应力的 36%,然后卸荷,再加荷至破坏的普通混凝土试件脉冲总数。从图 5-44 中可见,在第二次加荷时,在卸荷点以前显然没有声发射信号产生。图 5-44(b) 示出了同样的混凝土试件,预先加荷至极限荷载的 76% 后卸荷,然后再加载至破坏的普通混凝土试件脉冲总数。在这种情况下,在卸荷点以前很短的范围内已有声发射发生。据前所述,当相对应力达到应力水平的的 76% 时,混凝土中裂缝的形成有两种不同的状态,该应力水平值与从 Ⅱ 区转到 Ⅲ 区的值相吻合(见图 5-43)。

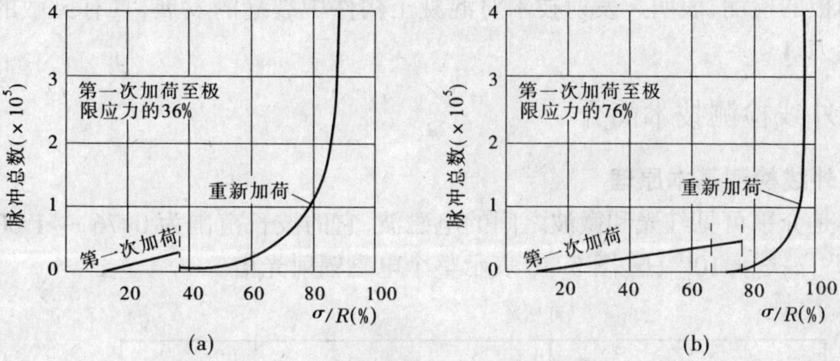

图 5-44　普通混凝土声发射的凯塞效应

对二次加荷间隔时间较长情况的研究表明,凯塞效应随着恢复时间周期的延长而减弱,这是由于硬化水泥浆粘塑性的作用造成的。这种恢复现象与第一次加荷的应力水平无关,恢复过程使脉冲总数和脉冲面积总数重新上升。恢复期长短的影响自 28 d 后减轻。

总之,原则上混凝土的声发射凯塞效应与恢复期(即卸荷至第二次加荷的时间)的长短有关,而且还与第一次加荷时所达到的应力水平有关,随着第一次加荷时应力水平的提高,凯塞效应越来越不显著。

此外,在热应力作用下,混凝土的声发射现象也存在凯塞效应。图 5-45 示出了一例普通混凝土热应力凯塞效应。

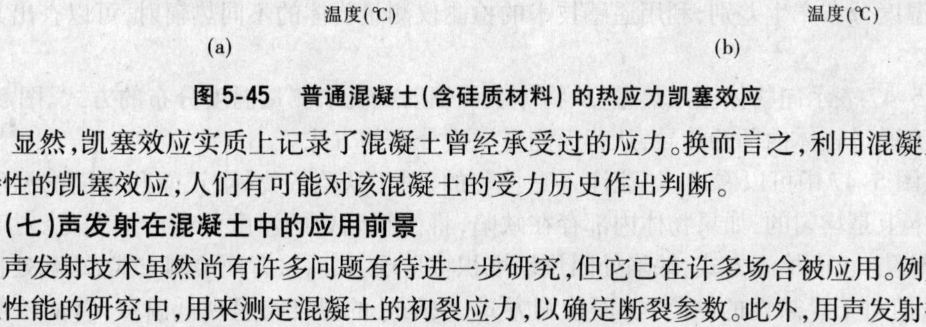

图 5-45　普通混凝土(含硅质材料)的热应力凯塞效应

显然,凯塞效应实质上记录了混凝土曾经承受过的应力。换而言之,利用混凝土声发射特性的凯塞效应,人们有可能对该混凝土的受力历史作出判断。

(七)声发射在混凝土中的应用前景

声发射技术虽然尚有许多问题有待进一步研究,但它已在许多场合被应用。例如在混凝土性能的研究中,用来测定混凝土的初裂应力,以确定断裂参数。此外,用声发射技术分析混凝土的破坏过程,以确定各种不同混凝土在整个受力过程中的力学行为,这些都是其他试验方法所无法胜任的。

声发射技术在工程监测中的应用也越来越受到人们的重视。例如用于正在运行中的核电站结构性、安全性监视，通过预先布置的传感器，对可能发生的损伤进行检测、定位、分析和监视，以便及时发现问题，并确定其在规定运行年限内对结构安全的影响程度。在市政工程、桥梁、房屋建筑等工程中，声发射技术也开始受到重视，目前已成功地应用于混凝土框架和板的检测，表明声发射技术对混凝土构件中裂缝的发展，具有灵敏的识别、定位和分析能力。

四、红外线检测技术简介

(一)红外线检测基本原理

红外线是介乎可见红光和微波之间的电磁波，它的波长范围为 0.76 ~ 1 000 μm，频率为 4×10^{14} ~ 3×10^{11} Hz。图 5-46 表示整个电磁辐射光谱。

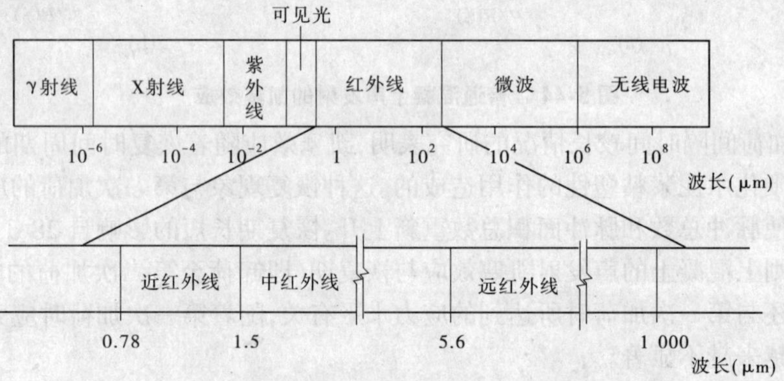

图 5-46　电磁辐射光谱

从光谱图上看出，可见光仅占很小一部分，而红外线则占很大一部分，科学研究把 0.76 ~ 2 μm 的波称为近红外区；2 ~ 20 μm 称为中红外区；20 μm 以上称为远红外区。实际应用中，人们已把 3 ~ 5 μm 称为中红外区，8 ~ 14 μm 称为远红外区。

在自然界中，任何高于绝对温度零度（-273 ℃）的物体都是红外辐射源，由于红外线是辐射波，被测物具有辐射的现象，所以红外无损检测是测量通过物体的热量和热流来鉴定该物体质量的一种方法。当物体内部存在裂缝和缺陷时，它将改变物体的热传导，使物体表面温度分布产生差别，利用遥感技术的检测仪测量物体的不同热辐射，可以查出其缺陷位置。

图 5-47 表示向物体注入热量，从物体表面辐射状况来测量温度分布的方式。图 5-48 表示热流通过物体内部的传导，从背面测量温度分布的方式。

从图 5-47 中可以看出，热流注入是均匀的，对于缺陷的物体，正面和背面的温度场分布基本上是均匀的；如果物体内部存在缺陷，将使缺陷处的温度分布产生变化。对于隔热性的缺陷，正面检测方式，缺陷处因热量堆积将呈现“热点”，背面检测方式，缺陷处将呈低温点；而对于导热性的缺陷，正面检测方式，缺陷处的温度将呈现低温点，背面检测方式，缺陷处的温度将呈现“热点”。因此，采用热红外测试技术，可较形象地检测出材料的内部缺陷和均匀性。

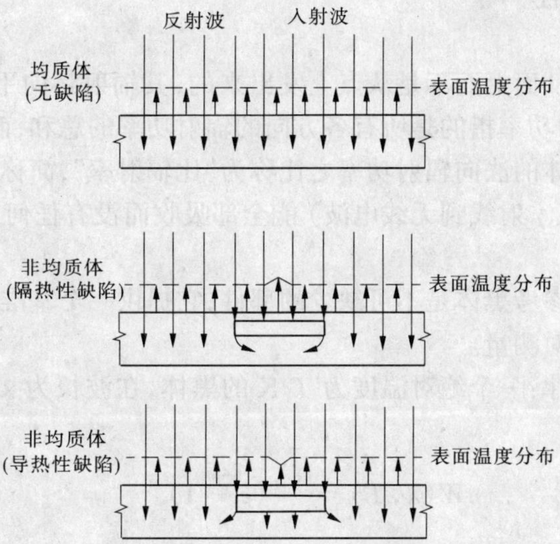

图 5-47　从物体表面测量温度分布

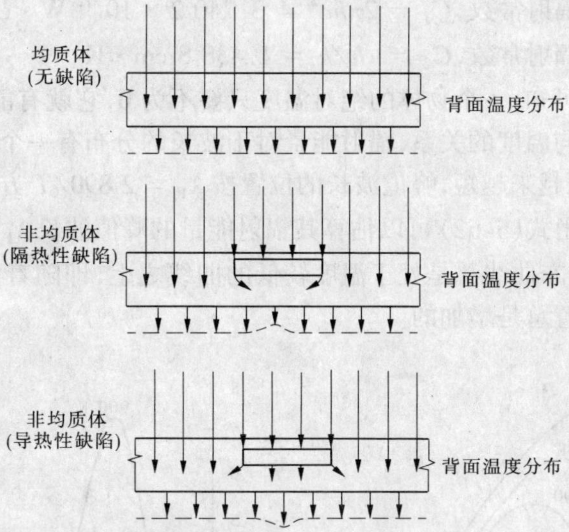

图 5-48　从背面测量温度分布

前一种检测方式,常用于检查壁板、夹层结构的胶结质量,检测复合材料脱粘缺陷和面砖粘贴的质量等;后一种检测方式可用于房屋门窗、冷库、管道保温隔热性质的检查等。

红外检测技术具有如下特点:

(1)探测器焦距 20 cm 至无穷远,适用于非接触大面积的遥测。

(2)探测器只响应红外线,故白天、黑夜均可以工作。

(3)红外热像仪温度分辨率高达 0.1 ~ 0.02 ℃,探测变化温度的精度高。

(4)测温范围 − 50 ~ 2 000 ℃,应用领域宽。

(5)摄像速度 1 ~ 30 帧 /s,可作静、动态目标温度变化的探测。

(二) 红外线辐射特性

1. 辐射率

物体的热辐射总是从面上而不是从点上发出来的，其辐射将向平面之上的半球体各个方向发射出去，辐射的功率指的是所有各方向的辐射功率的总和，而一个物体的法向辐射功率与同样温度的黑体的法向辐射功率之比称为“比辐射率”，简称为辐射率。所谓黑体是对于所有波入射光(从 γ 射线到无线电波）能全部吸收而没有任何反射，即吸收系数为 1，反射系数为 0。

热像仪光学系统的参考黑体是不可缺少的部件，它提供一个基准辐射能量，使热像仪据此能够进行温度的绝对测量。

根据普朗克辐射定律：一个绝对温度为 T K 的黑体，在波长为 λ 的单位波长内所幅射的能量功率密度为

$$W(\lambda, T) = \frac{C_1}{\lambda^5}\left(e^{\frac{C_2}{\lambda T}} - 1\right)^{-1} \tag{5-62}$$

式中　λ—— 波长，μm；

T—— 黑体绝对温度，K；

C_1—— 第一辐射常数，$C_1 = 2\pi hc^2 = 3.740\,2 \times 10^{-12}$ W · cm²；

C_2—— 第二辐射常数，$C_2 = ch/k = 1.438\,8$ cm · K。

根据普朗克定律可知，一个物体的绝对温度只要不为 0，它就有能量辐射。图 5-49 表明黑体波长辐射能量与温度的关系，辐射能量对于波长的分布有一个峰值，随着温度的升高，峰值所对应的波长越来越短，峰值波长的位置按 $\lambda_P = 2\,890/T$ 方向移动。处于室温的物体($T \approx 3\,000$ K)，由式(5-62)可以估算其辐射能量的峰值波长 $\lambda_P \approx 10$ μm。从图 5-49 中可见，温度较高的分布曲线总是处于温度较低的曲线之上，即随着温度升高，物体辐射的能量在任何波长位置总是增加的。

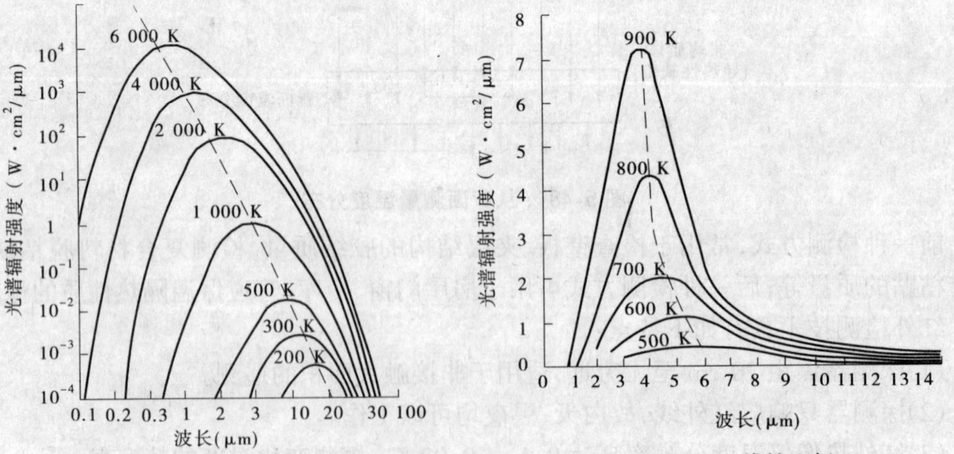

(a)对数坐标　　(b)线性坐标

图 5-49　黑体波长辐射能量与温度的关系

为了解释温度和辐射能量之间的关系，斯蒂芬 - 玻尔茨曼对波长从 0 至无穷大，对

式(5-62)进行积分,得出黑体在某一温度 T 时所辐射的总能量,表明前面曲线包络下单位面积的红外线能量。

$$W = \int_{\lambda=0}^{\lambda=\infty} W_\lambda \mathrm{d}\lambda = 2\pi^5 K^4 T^4 / 15 C^3 h^3 = \sigma T^4 \tag{5-63}$$

式中　σ—— 斯蒂芬 - 玻尔茨曼常数,$5.673 \times 10^{-12}\ \mathrm{W/cm^2}$;

λ—— 波长,μm;

T—— 黑体的绝对温度,K。

式(5-63)可阐述红外线能量和黑体温度之间的关系,物体辐射的总能量随着温度 4 次幂的非线性关系而迅速增加,对辐射信号进行线性化,则根据所测得的能量就能计算出温度值。

物体的温度越高,发射的辐射功率就越大,在绝对黑体中,任何物体在 520～540 K 的辐射波长达到暗红色的可见光,温度再高,颜色由暗红变亮,6 000 K的太阳光辐射波长为 0.55 μm,呈白色。

2. 红外线辐射的传递

当红外线到达一个物体时,将有一部分红外线从物体表面反射,一部分波被物体吸收,一部分透过物体,三者之间的关系为

$$\alpha + \beta + T = 1 \tag{5-64}$$

式中　α——吸收系数(发射率);

β——反射系数;

T——透射系数。

如果物体不透射红外线,即 $T=0$,则有 $\alpha+\beta=1$,理论上可证明一个物体的吸收系数和它的发射率 ε 是相等的,即 $\alpha=\varepsilon$,故对于不透射红外线的物体

$$\varepsilon + \beta = 1 \tag{5-65}$$

对于黑体,$\varepsilon=1$,$\beta=0$,即吸收全部入射能量,但我们周围的物体一般都可用“灰体”来模拟,即吸收系数 $\varepsilon<1$,反射系数 $\beta\neq0$。一个物体的辐射率 ε 大小决定于材料和表面状况,它直接决定了物体辐射能量的大小,即使温度相同的物体,由于 ε 不同,所辐射的能量大小也是不相同的。若要温度值测得正确,辐射率必须接近 1 或加以修正,纠正辐射率意味着通过计算把被测的辐射率接近 1。参考基尔霍夫定律,减小反射率和透射率比例,可形成黑体。例如对任何被测物体打一个恒温封闭的小洞,或涂上黑漆使辐射率 ε 为 1。

此外,测量仪器所接收到的红外线,包括大部分来自目标自身的红外线,以及周围物体辐射来的红外线,只有把物体表面辐射率和周围物体辐射的影响同时考虑,才能获得准确的温度测量结果。

3. 红外线的大气运输

处于大气中物体辐射的红外线,从理论计算和大气吸收实验证明,红外线通过大气中的微粒、尘埃、雾、烟等,将发生散射,其能量受到衰减,衰减程度与粒子的浓度、大小有关。但在 3～5 μm 和 8～14 μm 波段,大气对红外线吸收比较小,可认为是透明的,称之为红外的“大气窗口”,见图 5-50。

根据理论分析,双原子分子转动振动能级,正处在红外线波段,因而这些分子对红外

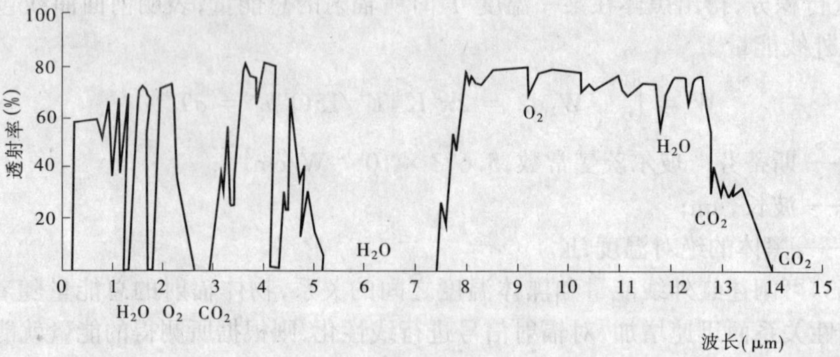

图 5-50　红外线的“大气窗口”

线产生很强的吸收，大气中的水汽、CO_2、CO 和 O_2 都属于双原子分子，它们是大气对红外线吸收的主要成分，且形成吸水带，如水汽吸收带在 2.7 μm、3.2 μm、6.3 μm，CO_2 在 2.7 μm、4.3 μm、1.5 μm，O_2 在 4.8 μm、9.5 μm、14.2 μm，N_2O 在 4.7 μm、7.8 μm，CO 在 4.8 μm。

因而，在使用热像仪时，要尽量避免目标与热像仪之间水汽、烟、尘等的影响，即设法使这种气氛对测量所选用的红外线波段没有吸收或吸收很小，使测量更为准确。国外进口几种热像仪性能见表 5-27。

(三)红外线检测技术的应用

红外检测技术已广泛用于电力设备、电路安全运转检查，石化管道泄漏、冶金炉衬损伤、宇航胶结材料质量的检测和山体滑坡的预报检测。在建筑工程质量检测中，已经在以下几个方面得到了应用：

(1)建筑外墙剥离的检测。新旧建筑墙体砂浆粉刷层剥离，将导致渗漏，大面积脱落，可能酿成重大事故，墙身缺陷和损伤的存在，便降低了热传导性，太阳照射后的热辐射和传导，使缺陷、损伤处的温度分布与质量完好的面层的温度分布产生明显差异，经红外成像高精度的温度分辨，能直观检出缺陷和损伤的所在。

(2)玻璃幕墙、门窗保温绝热性及防渗漏的检测。冬夏季节室内外温差较大，内外热传导给红外检查门窗气密保温和渗透性提供了良好的条件，对构造的漏热、密封性不良，红外热像仪能形象快速显示出来，检测工作对提高建筑保温绝热性，为节能和装配质量评估提供科学的依据。

(3)装饰面砖粘贴质量和安全的检查。由于施工质量和风雨冲刷，外墙面砖脱落时有发生，伤人将造成严重的社会问题，国外很重视专项检测，国内已引起关注。对大面积非接触墙面的安全质量检测，红外遥感检测技术是很适用的，它可以根据阳光照射墙面的辐射能量，由红外热像仪采集和显示表面温度分布的变化，检出面砖粘贴质量问题和局部脱粘的部位，以防患于未然。

(4)墙面、屋面渗漏检查。屋面防水层失效和墙面微裂，造成雨水渗漏，红外检测技术可以检出面层不连续性或水分渗入隐匿部位。从室内热扩期，阳光被吸收和传导均可以暴露渗漏部位与周边温度分布的差异，采用红外技术加以检测。专项检测在美国、日本均

表 5-27　国外进口几种热像仪性能表

名　称	性　能						
	TH3101MR	TH3102MR	TH3140MR	TH5140	Probeye7300	Probeye3300	Inframetrics600
测温范围	−50～2 000 ℃	−50～2 000 ℃	−10～2 000 ℃	−10～2 000 ℃	−20～2 000 ℃	−20～1 500 ℃	−20～400 ℃
温度分辨率	0.08 ℃(30 ℃) 0.02 ℃(S/N 方式)	0.08 ℃(30 ℃) 0.02 ℃(S/N 方式)	0.2 ℃(30 ℃) 0.05 ℃(S/N 方式)	0.1℃(30 ℃) 0.30 ℃(100 ℃)	0.1 ℃	0.1 ℃	0.1 ℃
视场范围	30°×28.5°	30°×28.5°	30°×28.5°	21.5°×21.5°	27°×20°	15°×10°	20°×15°
像元素	334×239	344×239	261×239	255×233	214×140	120×100	256×200
响应波长	8～13 mm	8～13 mm	3～5.3 mm	3～5.3 mm	3～5 mm	3～5 mm	8～14 mm
帧频	1.25 帧/s	1.25 帧/s	1.25 帧/s	1.67 帧/s	30 帧/s	30 帧/s	30 帧/s
探测器	HrCdTe	HrCdTe	HrCdTe	HrCdTe	30 元 InSb	10 元 InSb	HgCdTe
致冷方式	液氮冷却	搅拌冷却	热电冷却	热电冷却	热电冷却	氩气冷却	液氮冷却
质量	3 kg	3.4 kg	3 kg	2.5 kg	3 kg	2.7 kg	
处理器							
显示模式	彩色电视	彩色电视	彩色电视	彩色电视	彩色电视	彩色电视	彩色电视
温度计算	自动	自动	自动	自动	自动	自动	自动
图像处理	带微机处理	带微机处理	带微机处理	带微机处理	带微机处理	带微机处理	带微机处理
计算机接口	GP-IB	GP-IB	GP-IB	GP-IB	RS-232C	RS-232C	RS-232C
质量	3.8 kg	3.8 kg	3.8 kg	—	5 kg	17.8 kg	

得到成功的应用。

五、雷达波检测技术简介

(一)雷达波检测特点

雷达波(或微波)是频率为300 MHz～300 GHz的电磁波,真空中其相应的波为1 m～1 mm,处于远红外线至无线电短波之间的电磁波谱。当波长远小于物体尺寸时,微波的导体和几何光学相似,即在各向同性均匀介质中具有直线传播、反射折射的性质。当波长接近物体尺寸时,微波又有近于声学的特点。

雷达波检测技术就是以微波作为传递信息的媒介,根据微波特性和传播对材料、结构和产品的性质、缺陷进行非破损检测与诊断的新技术。微波对衰减大的非金属材料具有较强的穿透能力,不穿透导电性好的材料。

市政建设中可采用雷达波技术查明地下管线(如水管、煤气管等)的分布,探测浅层的地层结构,用于高速公路、机场跑道、铁路路基、桥梁、隧道及大坝等混凝土工程的质量验收和日常维修,探测混凝土结构中的孔洞、剥离层和裂缝等缺陷损伤的位置和范围,这类探测深度可达3～10 m,有较高的分辨率。

雷达波检测的技术特点如下:

(1)对混凝土有很强的穿透能力,可测较大深度。

(2)可实现非接触探测,可作实时检测,探测速度快。

(3)可以减小波长和增大频率宽度,实现高分辨力的探测。

(4)微波有极化特性,可确定缺陷的形状。

雷达发射器和接收器通过天线发射雷达波和接收反射波,反射波的速度和强度与探测介质的介电常数 ε 有关。

当前,IRIS型路面雷达探测的速度≥80 km/h,作50～100次/s扫描,连续4 h工作可检测路面320 km,采样速率达40 kHz,可实时直接数字化存盘,能作实时检测数据、分析程序彩色剖面图、三维厚度剖面、波形、剥离图等显示,可作高速行驶下非破损、非接触、不受气候气温限制的探测。

(二)雷达波检测技术的基本原理

图5-51表示雷达波探测混凝土内部(如钢筋位置、孔洞缺陷等)的原理。

雷达天线向混凝土中发射电磁波,由于混凝土、钢筋、孔洞的介电常数不同,使微波在不同介质的界面处发生反射,并由混凝土表面的天线接收,根据发射电磁波至反射波返回的时间差(见图5-52)与混凝土中微波传播的速度来确定反射体距表面的距离,达到检出混凝土内部的钢筋、缺陷位置的深度的目的。

电磁波在混凝土中的传播速度 v 为

$$v=\frac{C}{\sqrt{\varepsilon_r}} \tag{5-66}$$

式中　C——真空中电磁波的速度,3×10^8 m/s;

ε_r——混凝土的介电常数,通常为6～10。

根据电磁波发射至反射波返回的时间差 T,便可计算反射界面距表面深度 D 为

$$D = \frac{1}{2} vT \tag{5-67}$$

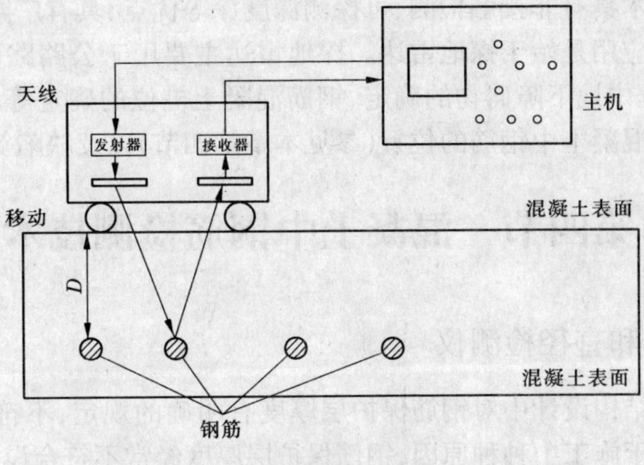

图 5-51　雷达波测试原理示意图

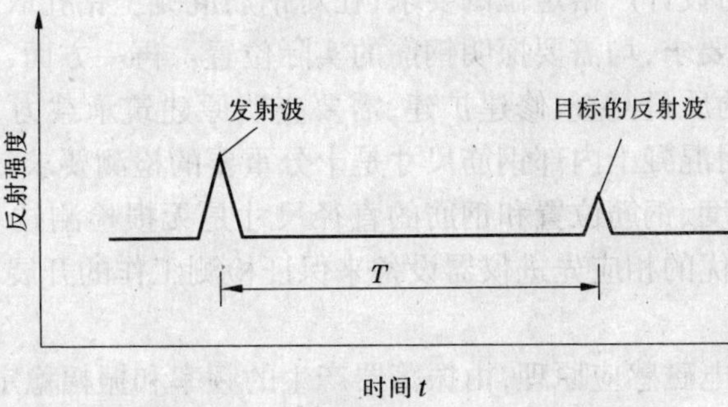

图 5-52　反射波到达的时间

根据上述原理，可用雷达仪探测混凝土中钢筋位置、保护层厚度以及空洞、疏松、裂缝等缺陷的位置、深度和范围。

关于缺陷损伤鉴别，原理上也有依据缺陷边界两侧介电常数的差异导致微波反射和散射，引起反射波或透射波幅度和相位的变化，据此非破损地确定缺陷的位置、范围和取向。

雷达反射波和透射波的幅度变化与微波的极化特性有关，在平行极化时（电场分量在λ射平面内），当入射角 θ_1 等于布儒斯特角 θ_B 时

$$\theta_1 = \theta_B = \sin^{-1}\sqrt{\frac{\varepsilon_2}{\varepsilon_1 + \varepsilon_2}} \tag{5-68}$$

式中　ε_1、ε_2——介质的介电常数。

入射折微波则产生全透中射，而没有反射，使用这个重要特性，可减少微波在探测表面（混凝土、地层）的能量损失。

电磁波在地质中传播有两个"频率窗口"，传播能量损失较小，即 10 kHz 以下的低频窗（用于深地层的探测）和几十兆赫以上的高频窗（用于浅地层或混凝土的探测）。

雷达波最大探测距离与地层的电子特性密切相关，理论上最大可达 30 m，考虑各种

因素引起的散射,实际上地层中 10 m 以内的目标可能探测到。

(三)雷达波检测技术的应用

雷达波检测技术具有非接触检测、可探测深度深等优点,具有广阔的应用前景。雷达波最早在工程上的应用是始于探地雷达。探地雷达主要用于公路路面测厚及测缺、工程地质勘查、市政工程中地下障碍物的确定、钢筋混凝土桩位的确定等。在混凝土结构中,雷达波可用于探测混凝土中钢筋的位置(参见本章第四节)以及缺陷等。

第四节　混凝土中钢筋检测技术

一、钢筋位置和直径检测仪

在钢筋混凝土结构设计中对钢筋保护层厚度有明确的规定,不符合规范要求将影响结构的耐久性。由于施工中种种原因,钢筋保护层厚度经常不符合设计的要求,质量控制中就要求对结构物的钢筋保护层厚度进行无损检测。另一方面,由于施工疏忽,钢筋位置往往产生移位,不符合受力设计严格定位的要求;在对钢筋混凝土钻孔取芯或安装设备钻孔时需要避开主筋位置等要求,均需要探明钢筋的实际位置。再一方面,为了校核所用的主筋直径尺寸,或旧建筑的质量复查、修建扩建,需要查明原建筑承载力、抗震度等,在缺乏施工图纸的情况下,查明混凝土内部钢筋尺寸是十分重要的检测要求。综上所述,钢筋混凝土中钢筋的保护层厚度、钢筋位置和钢筋的直径尺寸是无损检测技术中一项重要的内容,需要有精度高、功能优的相应先进仪器设备来保证检测工作的开展。

(一)仪器工作原理

如图 5-53 所示,根据电磁感应原理,由振荡器产生的频率和振幅稳定的交流信号,送入传感器的激磁线圈,则在线圈周围产生交变磁场,引起电磁感应测量线圈的信号输出。当没有铁磁物质进入磁场中时,由于测量线圈的对称性,测量线圈的输出最小;如有铁磁物质(钢筋)靠近传感器,输出信号就会增大,传感器的电压输出是钢筋直径和保护层厚度的函数,利用测量线圈输出电压的差动性,经信号处理、放大和模数转换,按使用者的输入要求显示所测的结果。

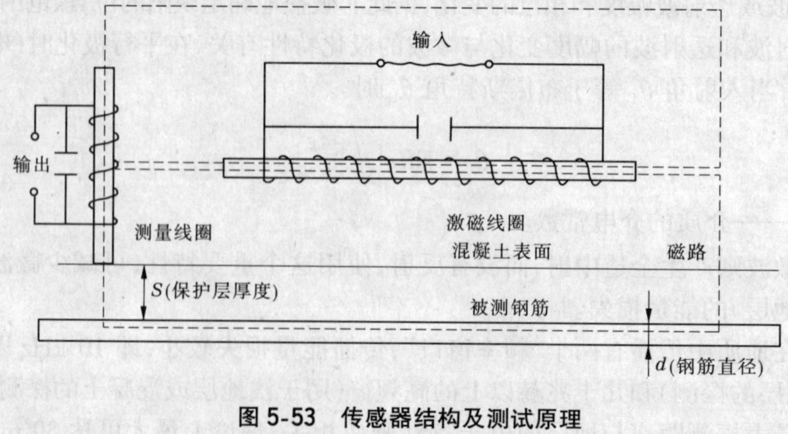

图 5-53　传感器结构及测试原理

(二)钢筋位置检测仪

国内外几种钢筋位置检测仪的主要特性如表 5-28 所示。

表 5-28 钢筋位置检测仪的主要特性

型号	HBY-84A	GBH-1	JamesHR	profometer4	Kolectrie Micro Covermeter	CM52	CM9	James Datascan
测量深度(mm) 直径误差(mm)	5～60 ±3(-15～45 ℃)	10～20 ±3(0～40 ℃)	250±3 ϕ10～36 ±3 mm	300±1 (-10～60 ℃) 直径测量精度 ±1	200～360 (0～45 ℃) ±(2～5)	100±1	100～200 5～50(21种型号) 直径	300±2
测读方式	模拟式	模拟式	模拟式	数显	数显	数显	数显	数显
供电	干电池		充电连续工作 8 h	电池工作 60 h	碱性电池或充电	充电	充电	充电
质量(kg)			1.6	2	0.5	<2	1.5	1.36
生产单位	济南无线电三厂	四航局科研所	美国 James 公司	瑞士	英国	英国	英国	美国 James 公司

二、钢筋锈蚀的检测

结构混凝土中钢筋的锈蚀使钢筋截面缩小,锈蚀的体积增大产生混凝土胀裂、剥落,降低钢筋与混凝土的粘着力等结构破坏现象,它直接影响结构的安全度和耐久性。通常对已建的结构进行结构鉴定和可靠性诊断时,必须对钢筋锈蚀状况进行检测。

混凝土是碱性材料(pH 值介于 10～13),浇筑质量良好的混凝土中钢筋受到周围混凝土的碱性成分的保护而处于钝化状态,使钢筋免受锈蚀。由于混凝土质量差和工作环境恶劣等原因,如结构混凝土产生裂缝,以致氧气、水分或有害物侵入,或因水泥化学成分与空气中二氧化碳结合发生碳化,使保护层碱度下降,均能破坏钝化状态,使钢筋遭到锈蚀。

混凝土中钢筋锈蚀是一个电化学的过程,锈蚀使钢筋表面存在正、负电位区域,混凝土便成为电介质,即钢筋与周围的混凝土形成一个半电池,钢筋是电极,混凝土及水分相当于电介质,在阳极区发生反应

$$Fe \longrightarrow Fe^{2+}, + 2e^- \tag{5-69}$$

离子运动到阴极区与氧、水作用

$$\frac{1}{2}O_2 + H_2O + 2e^- \longrightarrow 2OH^- \tag{5-70}$$

产生的 OH^- 与 Fe^{2+} 发生反应,并与 O_2 结合产生锈蚀

$$Fe^{2+} + 2OH^- \longrightarrow Fe_2O_3 \cdot XH_2O \tag{5-71}$$

钢筋因锈蚀而在表面出现电位差，检测时采用铜—硫酸铜作为参考电极的半电池探头——半电池检测法，以钢筋表面层上某一点的电位与安置在表面上的铜—硫酸铜参考电极的电位作比较进行测定。

检测电路如图 5-54 所示，实际是用导线把钢筋与一只毫伏表连接，再把表的另一端与铜—硫酸铜或银—氯化银参考电极连接，参考电极的头部装有木塞和海绵，保证良好的接地。电表上的读数与所测位置处的钢筋电位有关，按照刻度盘读出大量数值后就可以确定钢筋表面正极区和负极区，从而确定钢筋上锈蚀的部位。

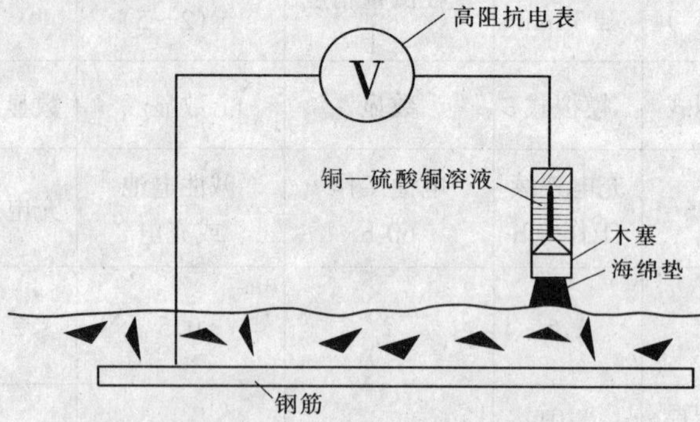

图 5-54　半电池检测仪电路连接

利用钢筋锈蚀程度与测量电位间建立的关系，判断钢筋锈蚀的可能性及锈蚀程度，国内外的差别钢筋锈蚀状况如表 5-29、表 5-30 所示。

表 5-29　国内公路桥梁钢筋锈蚀状况的判别标准

钢筋对参考电极自然电位(mV)	钢筋状态
0～100	未锈蚀
-100～-200	发生锈蚀概率＞10%，可能有锈斑
-200～-300	可能有坑蚀
-300～-400	锈蚀概率＜90%，全面锈蚀
-400 以上(绝对值)	肯定严重锈蚀

表 5-30　美国 ASTM876—83 钢筋腐蚀状态自然电位判别标准

自然电位(mV)	0～-200	-200～-300	低于-350
判别	钝化状态	50%腐蚀可能	95%腐蚀可能

三、雷达波检测混凝土楼板中钢筋分布

(一)基本原理

在本章第三节中已谈及，由于钢筋混凝土中孔洞、钢筋等内含物的介电常数与混凝土

不一致，导致入射雷达波反射，根据发射波和反射波返回的时间差和雷达波在混凝土中的传播速度，可以确定反射体与表面的距离，从而检测出其深度。

由于金属的电导率比混凝土大许多，几乎为无穷大，因此对雷达波的透过率几乎为零，使得雷达波强烈反射，所以说雷达波十分适合于钢筋检测。

钢筋混凝土现浇楼板目前已逐渐取代预制空心板，为建筑工程特别是民用住宅所普遍采用。作为受弯构件，楼板中的钢筋间距、深度、直径是决定楼板承载能力的重要因素。由于设计、施工或使用中的多种原因均可造成楼板开裂，导致质量问题，常常需要了解楼板的钢筋分布。采用雷达仪进行楼板钢筋检测，与传统的电磁感应式钢筋探测相比，具有以下优点：

(1)传统钢筋探测器，必须用探头在钢筋附近住复移动定位并逐根作标记，速度慢；雷达仪采用天线进行连续扫描测试，一次测试可达数米，因而效率大大提高。

(2)可探测深度超过一般的电磁感应式钢筋探测仪，可达 200 mm，能满足大多数楼板的检测要求。

(3)雷达仪测试结果以所测部位的断面图像形式显示，直观、准确，而且图像可以存储、打印，便于事后整理、核对、存档。

(二)JEJ-60BF 雷达仪简介

JEJ-60BF 雷达仪为日本无线电公司(JRG)制造，目前国内多家单位已引进该仪器进行结构钢筋检测。该仪器采用 1 GHz 的脉冲调制波，根据电磁波在混凝土中的传播速度 v 和发射波至反射波返回的时间差 ΔT，可确定反射体距测试表面的距离 D，并可将测试结果在图像中显示出来。

1. 仪器主要功能

JEJ-60BF 雷达仪的全部数据处理过程均固化在其主机内部，其主要功能如下：

(1)雷达仪可以探测混凝土内部的木材、金属、孔洞、管道等不同介质，由于这些介质的电磁性能与混凝土不同，因此会反射入射雷达波，因而雷达可用于探测混凝土内的钢筋、预应力管线以及孔洞等。

(2)可以在现场获取连续的测定结果，并可以将结果在仪器晶显示屏上以被测处剖面形式显示出来，结果直观。

(3)可以同时记录资料编号。雷达仪内设时钟，可把测试时间及其他操作设定值(如资料编号、感度、深浅等)在屏幕上显示出来。

(4)可附加数据记录仪，将测试结果记录，以便需要时查看，还可配置打印机，将测试结果打印出来。

2. 雷达仪主要技术规格及适用范围

(1)测试深度：0.5～20 cm(金属物体直径≤6 mm)。

(2)间距分辨率：6 cm 深、直径 10 mm 的钢筋分辨率为 8 cm。

(3)一次连续测试距离：5 m。

(4)测定方向：钢筋与天线运行方向垂直。

当出现下述情况时，雷达仪不适用：

(1)混凝土表面有金属等反射电磁波的物质，测定其下部情况。

(2)配筋间距小于 100 mm 时。

(3)钢筋排列方向与天线运行方向一致时。

3. 雷达仪测试结果

JEJ-60BF 雷达仪外观如图 5-55 所示，测试结果有 A 模式和 B 模式两种。A 模式测定时显示屏上显示的是某一测点的雷达波反射波形，B 模式测定时显示的是天线移动过程中所扫描的混凝土内部剖面图，分别如图 5-56(a)、(b)所示。显示 B 模式更为直观。

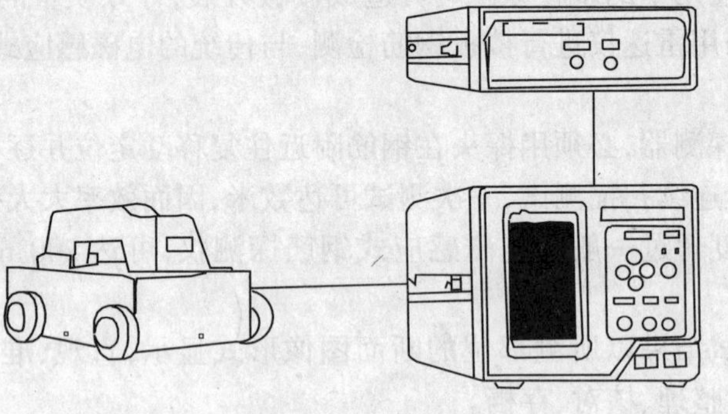

图 5-55　JEJ-60BF 雷达仪

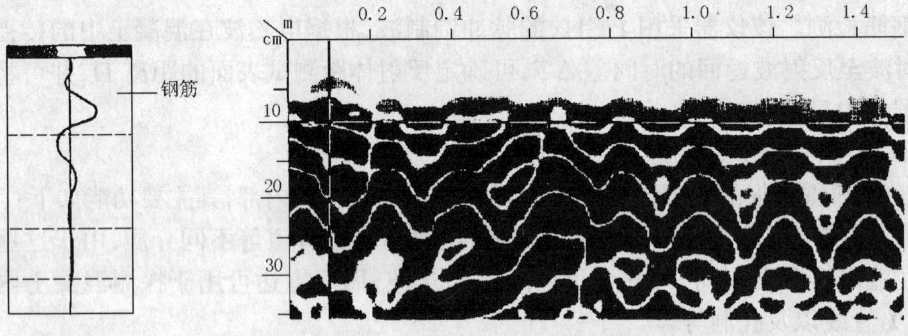

(a)A 模式　(b)B 模式

图 5-56　雷达仪测试结果

(三)检测方法

采用 JEJ-60BF 雷达仪在 B 模式下显示的是所扫描部位的断层图像。利用仪器所提供的数据处理方法，能将混凝土表面反射信号以及其他非钢筋反射信号完全滤掉，并以 X、Y 两个坐标分别反映钢筋水平位置和深度，典型的检测结果如图 5-57 所示，图中钢筋呈双曲线形状。

从图 5-57 的检测结果可得到钢筋间距和深度数值。其中钢筋深度值需要根据现场混凝土的介电常数进行修正。JEJ-60BF 提供了深度校正方法，共分 −3、−2、−1、0、+1、+2、+3 七级校正，各级所对应的混凝土相对介电常数值如表 5-31 所示。

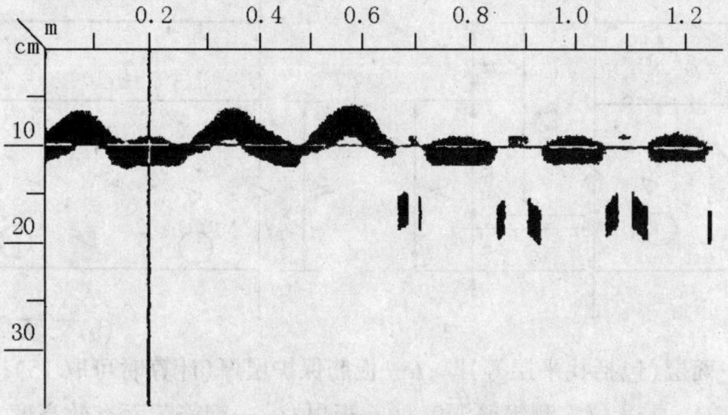

图 5-57　钢筋位置检测结果

表 5-31　雷达仪深度校正值与混凝土相对介电常数关系

深度校正值	−3	−2	−1	0	+1	+2	+3
混凝土相对介电常数	6.2	6.8	7.4	8.0	8.9	9.8	10.7

在不知道混凝土相对介电常数的情况下，JEJ-60BF 雷达仪提供了一种标定方法，即采用尺寸不小于 500 mm 见方的素混凝土试块进行标定，或者制作标定试块，在已知钢筋深度的情景下选定深度校正系数。有条件的时候，可在现场实测混凝土楼板上凿打出钢筋进行验证标定。经过修正后，雷达仪的深度测值与实际深度误差可在 5% 以内。表 5-32是某工程用雷达仪检测负弯矩钢筋深度与凿打后采用游标卡尺量测的结果对比。其量测深度为钢筋顶部至被测楼板表面(含饰面层)的距离。

表 5-32　钢筋深度检测结果对比

检测部位	实测钢筋深度(mm)	仪器读数(mm)	误差(%)
19 号楼二层板	62	61	−1.6
20 号楼三层板	50	51	+2.0
19 号楼四层板	38	36	−5.0

由于雷达仪可不受楼板表面面砖、水磨石、花岗岩等饰面层的影响，准确测得其钢筋位置，故采用雷达仪所测得的钢筋深度值 *DEP* 计算钢筋截面有效高度并推算板厚。其推算过程如下。

楼板钢筋中位置关系如图 5-58(a)、(b)所示。从图中可以看出：

对于板筋

$$h_0 = DEP - a + d/2 \tag{5-72}$$

$$h = DEP + d + b - a = h_0 + d/2 + b \tag{5-73}$$

对于支座

$$h_0 = h + a - DEP - d/2 \tag{5-74}$$

其中 a 值需通过凿打若干面层进行实测，钢筋直径 d 可按设计取值，b 值可在楼板

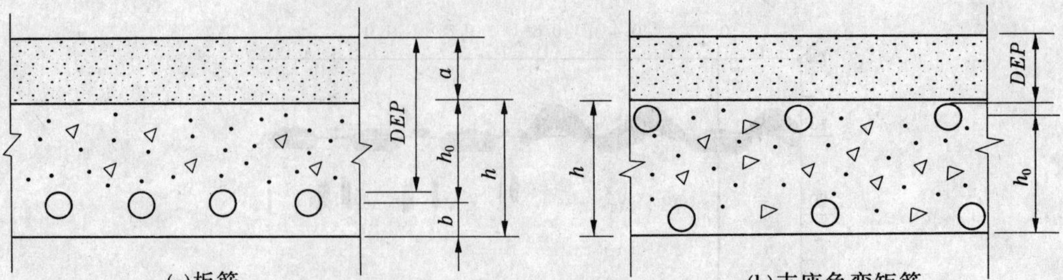

(a)板筋　　(b)支座负弯矩筋

a—面层(包括找平层等)厚;b—板筋保护层厚(计算时可取15);

DEP—雷达仪实测钢筋深度;h—板厚;h_0—钢筋截面有效高度

图 5-58　楼板钢筋位置关系　(单位:mm)

底部采用雷达仪实测,也可按设计保护层厚度取值(一般为15 mm)。可以在楼板地面垫一块钢板,使雷达波从钢板处强烈反射来测定板厚,如图 5-59 所示。

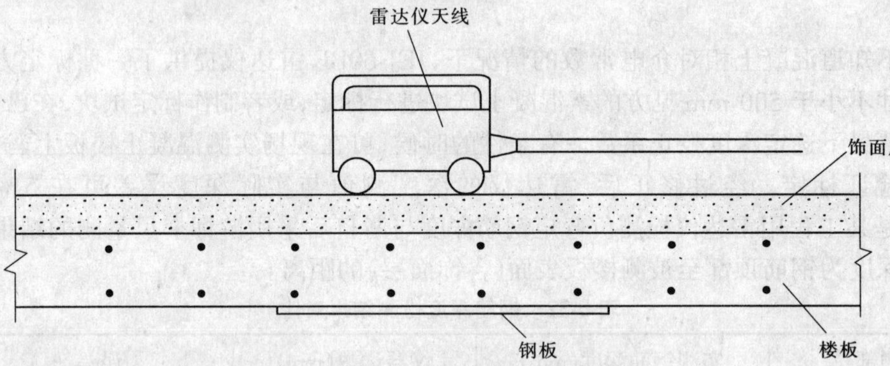

图 5-59　板底垫钢板测板厚示意图

(四)检测实例

福建省建筑科学研究院采用该方法检测了数十块开裂的楼板板厚,其中部分工程结合钻孔量测进行对比,结果见表 5-33。

表 5-33　雷达仪非破损检测板厚与钻孔实测结果对比

工程名称	检测部位	雷达仪检测结果(mm)					钻孔量测结果(mm)					
		1	2	3	4	平均	1	2	3	4	5	平均
武夷山某住宅	802	96	91	—	—	94	97	92	92	102	108	97
武夷山某住宅	802	83	80	—	—	82	83	81	95	78	95	86
南平某住宅	301	88	85	83	83	86	90	85	78	74	92	84

采用雷达仪,通过上述换算,无需对楼板钻孔,即可以最小的破损测定板厚,特别是在楼板已经铺地砖、花岗岩等装修装饰后仍可进行检测,楼板中的钢筋分布一清二楚,劣质工程无处遁形,对于裁定工程质量纠纷具有重要意义。

第五节　工程结构与构件的应力应变测量技术

一、应力应变测量的意义及用途

电阻应变测量技术是用电阻应变片测定构件的表面应变，再根据应力应变的关系式，确定构件表面应力状态的一种实验应力分析方法。它的基本原理是：将电阻应变片固定在被测的构件上，当构件变形时，电阻应变片的电阻值发生相应的变化，通过电阻应变仪将应变片电阻值的变化值测定出来，换算成应变值或输出与应变成正比的模拟电信号（电压或电流），用记录仪记录下来。

电阻应变仪测量技术是实验应力分析的重要方法之一，它的用途有以下几个方面：

(1)在结构设计过程中，可以测定模型的应力或变形，根据测定的结果来选择构件最合理的断面尺寸和结构形式。

(2)测定设备及构件的真实应力状态，找出最大应力的位置和数值，评定设备和构件的安全可靠性，提出设备及构件最大承载能力的依据。

(3)对破坏或失效的构件进行应力分析，提出改正措施，防止事态继续发展。

(4)可测量工作过程承载情况及影响载荷的各种运动参数（位移、加速度等）。

(5)以应力分析校核理论计算方法。对新结构、新材料、断面复杂的构件，由于缺乏准确的计算理论，故在计算时往往是借用近似的计算方式或进行简化计算。由于理论依据不够，计算可能不完全真实地反映实际情况，须通过应力分析，修改假定、公式，使理论不断完善。

电阻应变测量技术的优点：

(1)测量灵敏度和精度高。应变最小读数可达 1 个微应变，在小应变范围内，常温静态应变的测量可达到 1%的测量精度。

(2)应变片尺寸小，重量轻，安装方便，一般不会干扰构件的应力状态。

(3)应变片标距小，测量应变的范围广。应变片最小标距达 0.2 mm（电阻 120 Ω），粘贴的空间很小，能满足构件应力梯度较大的应变测量，几个应变片组成应变花可测量复杂应力状态下一点的主应力大小及方向，对于特殊的大应变花电阻，应变片可测到 23%的应变值。

(4)频率响应好。电阻应变片响应时间约 10^{-7} s，半导体应变计可达 10^{-11} s，即购件上应变的变化几乎立即传递给应变片，可测量从静态到数十万赫的动应变。

(5)采取一定措施，可以在高（低）温、高速旋转、高压液下、强磁场荷载等环境下进行测量。

(6)由于测量过程输出为电信号，因此便于实现自动化和数字化，并能进行远距离测量及无线电遥测。

(7)可制成各种传感器，测量拉力、压力、位移、加速度等力学量。

它的主要缺点是：

(1)一片电阻应变片只能测定构件表面上一点的某个方向的应变，且只能测定栅长范围内的平均应变。

(2)测量整个构件或结构的应力分布时,往往需要设置较多的测点,工作量大。

(3)测量系统用的仪器、导线较多,在现场测试中易受环境条件(如温度、电磁场等)的影响。

电阻应变测量技术有静态和动态之分,按应变仪的工作频率可分为:

(1)静态应变仪。工作频率为 0,用于测量静载荷下的应变,从测量仪表上直接读取试验数据。

(2)静动应变仪。工作频率为 0～200 Hz,用于测量静载荷或变化频率在 20 Hz 以下的应变。

(3)动态应变仪。工作频率为 0～1 500 Hz,用于测量变化频率 1 500 Hz 以下动载荷的应变信号。

(4)超动态应变仪。工作频率为 0～20 000 Hz。

动态应变仪的指示记录部分,较多采用电磁式光线示波器、笔记记录器,比较先进的用数字式、磁带记录器。

二、电阻应变片

(一)工作原理

电阻应变片,简称应变片,其工作原理是借试件的变形,引起粘贴在试件表面上的电阻应变片电阻值的变化,根据电阻值的变化率 $\Delta R/R$ 与试件的应变 $\Delta L/L$ 之间的关系,通过测量电阻应变片的电阻变化测量试件的应变。

电阻丝产生机械变形(轴向拉伸或压缩)后,长度、截面面积和电阻率都将发生变化,其电阻值也发生变化,如图 5-60 所示,其电阻值的变化见下式

$$\frac{\mathrm{d}R}{R} = [(1-2\mu) - c + 1 + 2\mu]e = K \cdot \varepsilon \tag{5-75}$$

式中 R——电阻丝电阻值;

μ——电阻丝泊松比;

c——电阻随体积的变化率;

ε——电阻比应变。

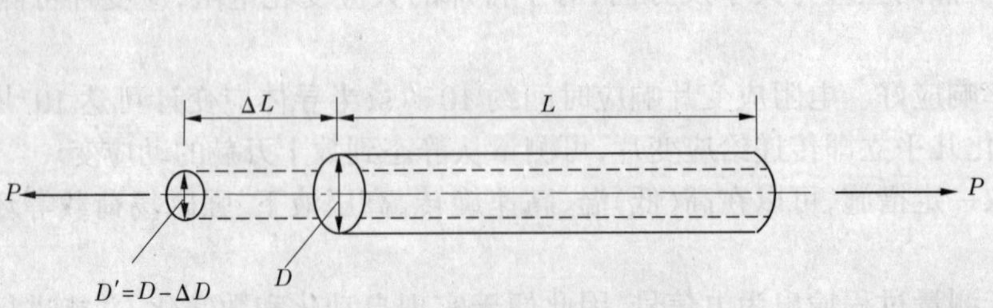

图 5-60 电阻丝受拉伸后几何尺寸的变化

式(5-75)说明了电阻丝的电阻变化率与应变成线形关系,这就是电阻应变片测量应变的理论基础。K 称为电阻应变片的灵敏度系数,从式(5-75)可知:K 值愈大,对于一定的应变,引起的电阻的变化愈大,测定灵敏度就愈高。

(二)电阻应变片的种类及构造

1. 电阻丝应变片

电阻丝应变片通常由电阻丝栅、基底、覆盖层、粘结胶剂和引出线等几部分组成,如图 5-61 所示。图中 l 为线栅长度,即应变片的标距;b 为线栅宽度。

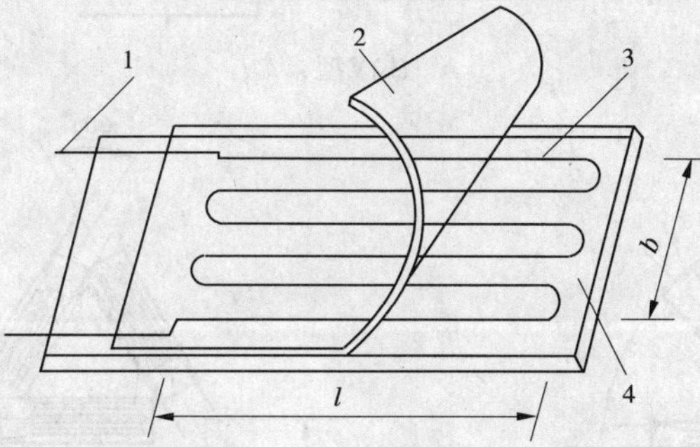

1—引出线;2—覆盖层;3—电阻丝栅;4—基底

图 5-61　电阻丝应变片的构造

电阻丝是用高电阻合金丝做成的,常用的几种电阻丝材料物理性能如表 5-34 所示。为了使应变片有足够的电阻值,故把一定长度的电阻丝做成栅状,它是应变片的传感元件,常用康铜、镍铬和镍铬铝合金丝,其直径一般为 0.02～0.05 mm。电阻丝式应变片的丝栅可制成 U 型(即圆头型)、V 型和 H 型(亦称短接式)等几种型式,如图 5-62(a)、(b)、(c) 所示。

表 5-34　常用的电阻丝材料物理性能

材料名称	成分		灵敏系数	电阻系数 p	电阻温度系数	线膨胀系数
	元素	(%)	K	$(\Omega\cdot mm^2/m)$	$(10^{-6}/℃)$	$(10^{-6}/℃)$
康铜	Cu Ni	57 43	2.0	0.49	−20～20	14.9
镍铬合金	Ni Cr	73 20	2.1～2.5	0.9～1.1	110～150	14.0
镍铬铝合金	Ni Cr Al Fe	73 20 3～4 余量	2.4	1.33	−10～10	13.3

U 型电阻丝应变片是常用的,栅宽口通常不超过 10 mm,转角半径 r 为 0.1～0.3 mm,栅距 $\delta>0.02$ mm,按其标距可分为小标距 $l=2\sim7$ mm($R=50\sim120\ \Omega$),中标距 $l=10\sim30$ mm($R=100\sim400\ \Omega$),大标距 $l>30$ mm($R>200\ \Omega$)等几种。栅宽过宽,横向尺寸会导致较大的测量误差,回线弯头部分感受横向的变形,即所谓"横向效应",使应变片的灵敏系数变小。

H 型平栅式电阻应变片(也即短接式应变片),是针对 U 型应变片具有"横向效应"的缺点而加以改进的一种应变片,即将圆头部分改为用较粗短的电阻极低的金属丝或箔带

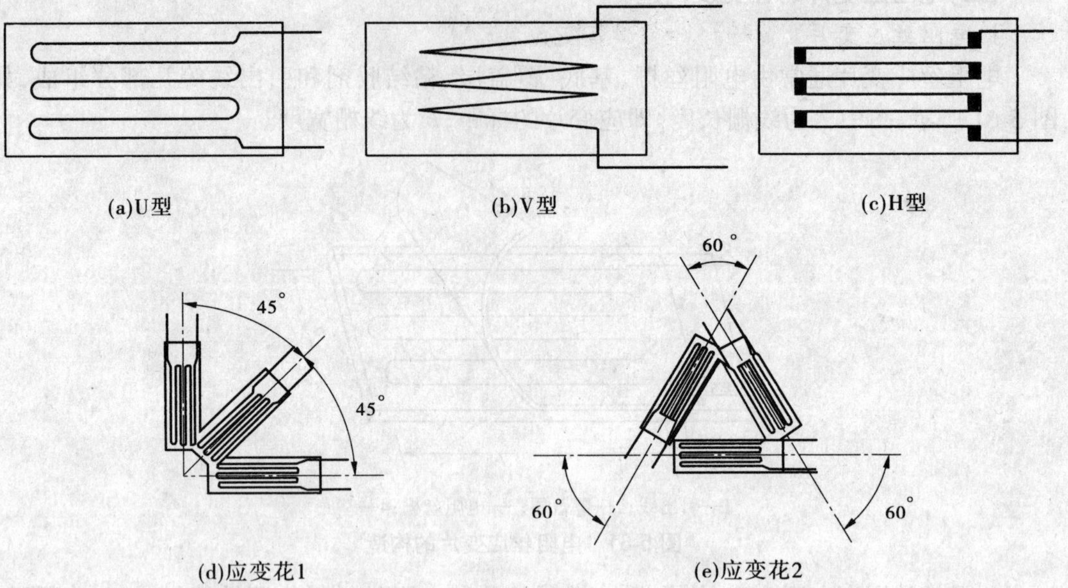

图 5-62　几种常见的电阻丝式应变片

代替，具有横向效应小的特点，适用于测量精度高的要求。

应变花是将三个应变片制成一个整体，各敏感栅的轴线彼此相交成一定的角度，常用的有直角三角形布置和等边三角形布置。适用于测定平面应力，使用方便，也简化了计算工作。

电阻丝式应变片的片基材质为纸基、纸基浸胶和胶基等几种。纸基应变片制造简单，价格便宜，易于粘贴，但耐热性和耐潮湿性差，多用在室内短期试验，在其他恶劣条件的环境中使用需采用有效的防护措施，使用温度限于 70 ℃以下。采用酚醛树脂、聚酯、树脂胶液浸渍处理或用胶膜作片基的应变片，使用温度可达 180 ℃，抗潮性能好，可长期使用，但粘贴时要牢固，防止翘曲。

2. 箔式电阻应变片

箔式电阻应变片的工作原理基本上和电阻丝式应变片相同。它的电阻敏感元件不是金属丝栅，而是通过光刻技术、腐蚀等工序制成的一种很薄的金属薄栅，即称箔式电阻应变片，如图 5-63 所示，金属箔的厚度在 0.003～0.010 mm 之间，片基和覆盖层均为胶膜，厚度在 0.03～0.05 mm 之间。

箔式应变片与电阻丝应变片比较有如下特点：

(1)金属箔栅薄，它所感受的应力状态与试件表面的应力状态更为接近，箔材和丝材同样截面面积时，箔材与粘接层的接触面积比丝材大，能更好地和试件共同工作。箔栅端部较宽，横向效应较小，提高了应变测量的精度。

(2)箔材表面积大，散热条件好，允许通过较大的电流，输出讯号强，提高了测量灵敏度。

(3)绝缘电阻高，要求大于 30 000 MΩ，空载零漂要求小于 2 $\mu\varepsilon$/h。

(4)箔式应变片的缺点：生产工艺复杂，引出线的焊点采用锡焊，不适用于高温环境下

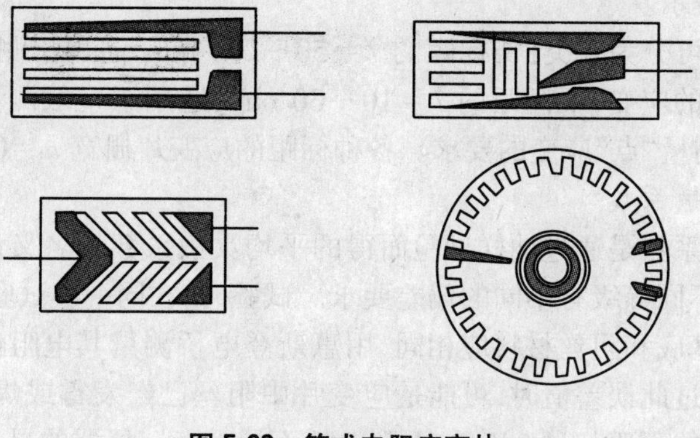

图 5-63　箔式电阻应变片

测量，价格较贵。

(三)半导体应变片

半导体应变片的构造如图 5-64 所示。其工作原理是：一块半导体的某一轴向受到一定作用力时，电阻率发生了一定的变化，这种变化能够反映应变大小的现象，称为压阻效应，是制造半导体应变片的理论根据。

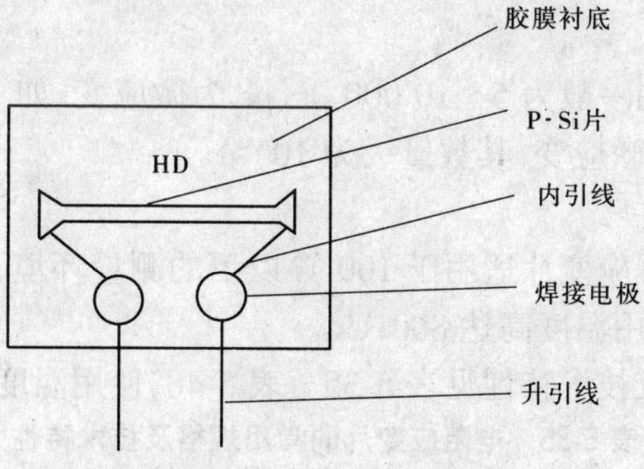

图 5-64　半导体应变片

半导体应变片的灵敏系数可表示为

$$K = \frac{\Delta R/R}{\varepsilon} = 1 + 2\mu + \pi l E \tag{5-76}$$

式中　K——半导体应变片的灵敏系数；

πl——压阻效应系数；

E——半导体的弹性模量。

半导体应变片的灵敏系数远大于一般电阻应变片灵敏系数，K 常达 100 以上。

锗或硅等半导体材料制成的半导体应变片具有灵敏系数大、机械滞后小、横向效应小、体积小等优点；但温度稳定差，且在大应变作用下灵敏系数的非线性较大。使用时根据测量内容、精度要求、试验环境并结合半导体应变片的特点(见表 5-40)而定。

1. 应变片的主要技术指标

1)几何尺寸

标距 l，是指电阻丝回线的长度；宽度 a，指几个回线总宽度。应变片的规格常以

$a\times l$ 和电阻值来表示。

应变片的标距可分为三类：长标距的 $l=50\sim200$ mm，适用于测量有粗骨料大粒径石子的混凝土构件的应变；中标距的 $l=10\sim30$ mm，适用于一般测试中；小标距的 $l=2\sim7$ mm，适用于测量“点”应变的要求。各种标距的应变片栅宽 $a=0.015\sim10$ mm。

2)应变片的灵敏系数

应变片的灵敏系数是通过抽样试验而得的平均灵敏系数的名义值，各片与平均名义值之间均有偏差，不同等级有不同的偏差要求。试验时，在同一次试验中务必选取同一灵敏系数的应变片，基底和阻丝材料应相同，用惠斯登电桥测量其电阻值，与名义电阻之差应小于±0.5%，超过此误差值时，可能是应变片中阻丝已经发霉或焊接点的问题。同一组应变片的阴值偏差不要超过0.5 Ω，否则电桥不易平衡。仪器的灵敏系数以2为基准，如果 K 值不等于2时，要调整仪器灵敏系数度盘与之相对应或修正测量数值，对于纸基的一般 $K=2\sim2.5$，半导体的 $K=100\sim140$。

3)应变片的电阻值

一般有60 Ω、120 Ω、240 Ω、350 Ω、500 Ω等，其中120 Ω最常用，纸基应变片 $R=50\sim200$ Ω，半导体应变片 R 可达1 000 Ω。

4)测量应变的范围

电阻应变片测量范围一般为5～10 000 $\mu\varepsilon$（$\mu\varepsilon$ 为微应变，如1 m长的试件，伸长量为1 μm，这个应变量即称为微应变，其数量级为 10^{-6}）。

5)测量的温度范围

纸基应变片和半导体应变片适用于100 ℃以下的测量环境，胶基应变片使用温度高达180 ℃，高温应变片使用温度高达800 ℃。

各类应变片的规格及技术特性见表5-35～表5-40，使用温度范围见表5-41。

表5-35 电阻应变片的常用规格及技术特性

敏感栅尺寸（宽度×基长）(mm×mm)	电阻值 (Ω)	灵敏系数 K	基底材料
2×2	120	2.4	纸基
2×3	120	2.0	JSF-2胶膜
2×5	120	2.0～2.3	纸基
2×10	120	2.0～2.3	纸基
3×4	120	2.0～2.3	纸基
3×15	120	2.0～2.3	纸基
3×17	120	2.0～2.3	纸基
3×20	120	2.0～2.3	纸基
5×40	120	2.0～2.3	纸基
5×100	120	2.0～2.3	纸基
5×150	120	2.0～2.3	纸基

表 5-36 绕线式电阻应变花

敏感栅尺寸(宽度×基长)(mm×mm)	基底尺寸(宽×长)(mm×mm)	电阻值(Ω)	灵敏系数 K	型式	基底材料
2×10	20×20	120	2.0		纸基
2×10	25×25	120	2.0		纸基
2×10	25×25	120	2.0		纸基

表 5-37 短接式电阻应变片

敏感栅尺寸(宽×长)(mm×mm)	电阻值(Ω)	灵敏系数 K	基底材料
2×5	120	2.8	JSF-2 胶膜
2×6	120	2.0~2.3	JSF-2 胶膜
2×8	120	2.0~2.3	JSF-2 胶膜
3×15	120	2.0	JSF-2 胶膜
4×12	120	2.0	JSF-2 胶膜

表 5-38 箔式电阻应变片

敏感栅尺寸(宽×长)(mm×mm)	电阻值(Ω)	灵敏系数 K	基底材料
1×1	120	2.0	1720 胶膜
2×1.5	120	2.0	1720 胶膜
2×3	120	2.0	1720 胶膜
3×5	120	2.0	1720 胶膜
5×6	120	2.0	1720 胶膜
5×8	120	2.0	1720 胶膜
10×12	120	2.0	1720 胶膜

表 5-39 箔式电阻应变片

敏感栅尺寸(宽×长)(mm×mm)	基底尺寸(宽×长)(mm×mm)	电阻值(Ω)	灵敏系数 K	基底材料
6×3	14×14	120	2.0	1720 胶膜
2×6	25×25	120	2.0	1720 胶膜
2×10	15×15	120	2.0	1720 胶膜

表 5-40　半导体应变片

型号	材料	硅片尺寸（宽×长×厚）(mm×mm×mm)	基底材料及基底尺寸(mm×mm)	电阻值(Ω)	灵敏系数 K	电阻温度特性(1/℃)	灵敏系数温度特性(1/℃)	极限工作温度(℃)	最大工作电流(mA)
P BD7-K	P-Si 单晶	0.4×7×0.04	JSF-2 胶膜 6×10	1 000±10%	160±5%	<0.4%		80	15
P BD6-350	P-Si 单晶	0.4×6×0.04	JSF-2 胶膜 6×10	350±10%	150±5%	<0.3%	<0.28%	80	15
P BD7-120	P-Si 单晶	0.4×7×0.04	JSF-2 胶膜 6×10	120±10%	130±5%	<0.12%	<0.15%	80	20
P BD7-120	P-Si 单晶	0.4×7×0.04	JSF-2 胶膜 6×10	60±10%	110±5%	<0.10%	<0.10%	80	20
	P-Si 单晶		无基底	120×240	95	0.01%～0.03%	<0.1%	−40 +50	25

表 5-41　电阻应变片使用温度范围

电阻应变片种类	电阻丝栅材料	基片材料	使用温度(℃)
纸基应变片	康铜	考贝纸	−50～80
胶基应变片	康铜	聚脂树脂渗透基	−50～70
胶基应变片	康铜	酚醛树脂渗透基	−50～180
高温应变片	卡玛尔合金	石棉	−50～400
高温应变片	镍	镍箔	−50～800

2. 应变片的选用

(1)按被测应力状况：如果被测的应力分布梯度较大或测量动应力，宜选用小标距的应变片；反之，应力分布梯度较小、静应力或应力随时间变化不大的可采用较大标距的应变片。测量单向应力或断面的主应力方向已知的应变，可采用普遍的应变片，如果测量主应力方向未知的平面应力，应采用应变花或用普遍的应变片的测点处沿三个方向贴片。

(2)根据测量的时间：需要长时间测试，要求应变片的温度稳定性高，可选用康铜丝胶基或箔式应变片。在测量动应力时，因时间暂短而灵敏度要求高，宜采用稳定性稍差些的镍铬丝应变片或半导体应变片。

(3)根据试件的材料性质：如果材料是均质的钢材，为了能真实地反映点应力，宜采用小标距的应变片。对于非均质的材料，如混凝土材料，宜选用长标距的应变片(比石子最大粒径大 2.5～3 倍)，在标距范围内以平均应变值补偿材料非均质的影响。

(4)根据被测试件所处的环境：常温下采用低廉的纸基应变片；在 60～100 ℃温度下测量，采用胶基应变片；在高温下测量，选用金属薄膜片基的高温应变片(见表 5-41)；在潮湿环境测试，选用胶基应变片，并做防水层；水下测试采用胶基应变片，并做好防水层。

应变片的命名规则、结构形状与符号如表 5-42、表 5-43 所示。

表 5-42　电阻应变片命名规则(ZBY117—82)

应变计种类	基底材料种类	使用温度范围(℃)	栅长	敏感栅结构形状	极限工作温度(℃)	可温度自补偿的材料线胀系数
B	J	120	6	CA	150	(11)
S—丝绕	Z—纸	60	02 10			$\times 10^{-6}$/℃
D—短接	H—环氧	(90)	05 12			9
B—箔式	F—酚醛	120(150)	1 15			11
T—特种用途	J—聚胺酯	200 (500)	2 20 3 30			16
A—半导体	X—缩醛	(250)	4 50	见表 5-43		23
	A—聚酰胺	350	5 100			27
	B—玻璃纤维	500 (650)	6 150 8 200			
	P—金属薄片	1 000				
	L—临时基底					
	Q—纸浸胶					

表 5-43　应变片敏感栅的结构形状与符号

序号	1	2	3	4	5	6	7	8
仪表字母	AA	BA	BB	BC	CA	CB	CD	CD
敏感栅形状	单轴	二轴 90°	二轴 90°	二轴 90°重叠	三轴 45°	三轴 45°重叠	三轴 60°	三轴 120°
		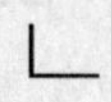	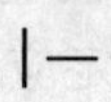		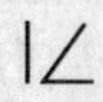			
序号	9	10	11	12	13	14	15	16
仪表字母	DA	DB	EA	EB	FB	FC	FD	GB
敏感栅形状	四轴 60°/90°	四轴 45°/90°	二轴四轴 45°	二轴四轴 90°	平行轴二栅	平行轴三栅	平行轴四栅	同轴二栅
	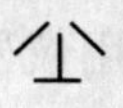	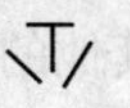			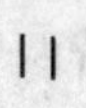		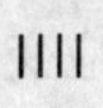	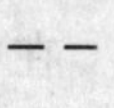
序号	17	18	19	20	21	22	23	24
仪表字母	GC	GD	HA	HB	HC	HD	JA	KA
敏感栅形状	同轴三栅	同轴四栅	二轴二栅 45°	二轴四栅 45°	二轴六栅 45°	二轴八栅 45°	螺线栅	圆膜栅

三、电阻应变的测量

工程测量中，由于试件变形引起应变的电阻值变化极为微小，电阻变化率 $\Delta R/R$ 一般不超过千分之几。从公式 $\Delta R/R=K\cdot\varepsilon$ 得知，如果采用 $R=120\ \Omega$，$K=2.0$ 的应变片测量某结构的应变（$E=2.0\times10^5$ MPa），当某点应力为 100 MPa 时，应变片的电阻值变化为 0.12 Ω。如果要求测量的精度为 1%，那么，测量电阻变化的应变仪刻度值则要求不大于 0.001 Ω。显然直接用指示仪表是很难测量这样微小的信号的，而电阻应变仪具有几万倍的放大功能，则可以检测这样微弱的信号，并能鉴别应变量受拉或受压极性的应变。

（一）应变仪的电桥工作原理

各类电阻应变仪都以电桥作为应变仪的输出机械。以图 5-65 表示应变仪中直流电压输出。电桥测量由应变引起电阻变化的微小信号。R_1、R_2、R_3、R_4 为四个桥臂，U 为供桥电压，U_{BD} 为电桥输出电压。在电阻应变仪中电桥是四个等阻值的桥臂构件（如四臂均为电阻应变片），即 $R_1=R_2=R_3=R_4$；或者是两个等臂电桥（如两臂为电阻应变片，两臂为精密电阻），即 $R_1=R_2$，$R_3=R_4$。

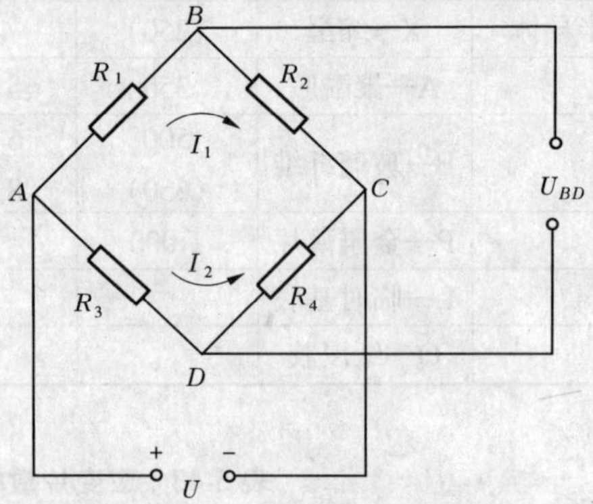

图 5-65　应变仪电桥工作原理

根据电桥特性，在上述两种情况下只要等式成立，电桥的输出电压 $U_{BD}=0$，这时电桥达到平衡。当任何一臂的电阻应变片因变形引起阻值变化时，电桥便失去平衡状态，即 $U_{BD}\neq0$。电阻应变仪的原理就是利用测定 U_{BD} 来测定应变的。

根据基尔霍夫定律

$$U_{BD}=U_{AB}-U_{AD}=\frac{R_1R_4-R_2R_3}{(R_1+R_2)(R_3+R_4)}\cdot U \tag{5-77}$$

显然，$R_1R_4=R_2R_3$，即当 $R_1/R_2=R_3/R_4$ 时，电桥输出端电压 $U_{BD}=0$，电桥处于平衡状态。

在电阻应变仪的测量桥中，若两臂分别接上电阻应变片，其他的两臂用仪器内的固定电阻，即构成半桥测量电路；四个桥臂全接上应变片，则构成全桥测量电路。

半桥测量单个桥臂工作时，应变与电桥输出电压的关系见图 5-66。

如果应变片 R_1 受应力作用后阻值的变化为 ΔR_1，电桥输出端电压为

$$U_{BD}=\frac{(R_1+\Delta R_1)R_4-R_2R_3}{(R_1+\Delta R_1+R_2)(R_3+R_4)} \tag{5-78}$$

在测试中，一般选用 $R_1=R_2=R_3=R_4=120\ \Omega$，且 $\Delta R_1\ll R_1$，则上式可写为

$$U_{BD}=\frac{\Delta R_1}{4R_1}\cdot U=\frac{U}{4}\cdot K\cdot\varepsilon \tag{5-79}$$

式中　K——应变片的灵敏系数；

ε——应变片的感受应变。

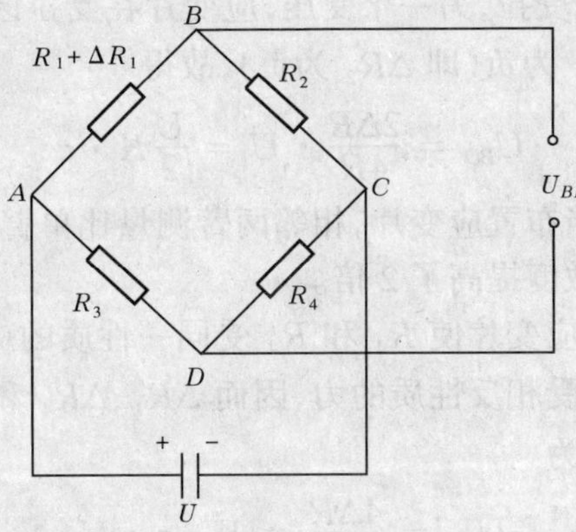

图 5-66　单臂工作的直流电桥

式(5-79)是电阻应变仪中最常用的基本关系，它表明等臂电桥输出电压与应变在一定的应变范围内近似为线性关系。

全桥测量四个桥臂同时工作时，应变与电桥输出电压的关系如图 5-67 所示，则输出电压 U_{BD} 为

$$U_{BD}=\frac{1}{4}U\cdot K\cdot(\varepsilon_1-\varepsilon_2-\varepsilon_3+\varepsilon_4) \tag{5-80}$$

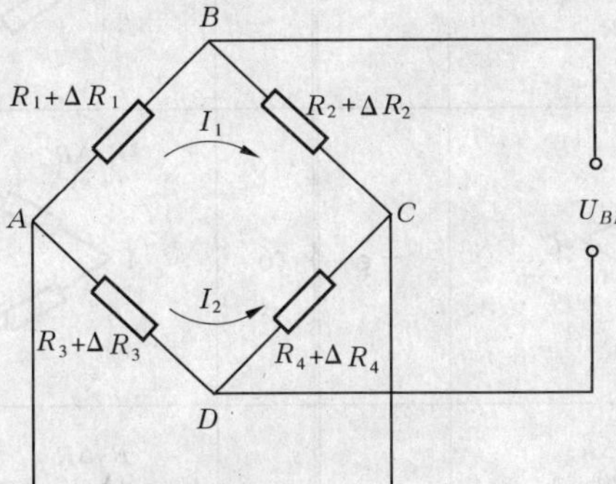

图 5-67　多臂工作的直流电桥

(二)桥臂特性与电桥组合方法

式(5-80)表明：相邻桥臂的应变极性相同(即同为拉应变或同为压应变)时，输出电压为两者之差；极性不同(即一为拉应变，一为压应变)时，输出电压为两者之和。两相对桥臂则相反，极性相同时输出电压为两者之和，极性不同时为两者之差。

于是，在实际测量中，为了提高电桥的灵敏度，常常用两片或四片电阻应变片同时工作，根据上述臂间极性的特点，将桥臂电阻应变片布置在受拉区或受压区，以增大输出电压，提高两电桥的灵敏度。

在半桥测量时，如果 R_1 和 R_2 两臂均为工作片，应变片的增量分别为 ΔR_1、ΔR_2，ΔR_1 和 ΔR_2 改变量大小相等，符号相反。例如在测量梁弯曲时，在中和轴上下对称布置应变片 R_1 和 R_2，由于一个受拉，另一个受压，应变片在受拉区的应变量 ε 为正（即 ΔR_1 为正），在受压区的应变量 ε 为负（即 ΔR_2 为负），故得

$$U_{BD}=\frac{2\Delta R}{4R}\cdot U=\frac{U}{2}K\cdot\varepsilon \tag{5-81}$$

可见，半桥测量时，适当布置应变片，相邻两臂测量比单臂测量时电桥的输出电压提高 2 倍，换言之，电桥的灵敏度提高了 2 倍。

在做全桥测量时，布置应变片使 R_1 和 R_4 受同一性质的应力（拉应力或压应力），而另外两个应变片 R_2 和 R_3 受相反性质的力，因而 ΔR_1、ΔR_4 和 ΔR_2、ΔR_3 数值相等而符号相反，于是电桥输出电压为

$$U_{BD}=\frac{4\Delta R}{4R}=K\cdot\varepsilon\cdot U \tag{5-82}$$

可见，全桥测量时电桥灵敏度比单臂应变片测量的电桥灵敏度提高了 4 倍。

等臂电桥在不同的桥臂上产生 $+\varepsilon$ 或 $-\varepsilon$ 的应变时，应变仪读数如表 5-44 所示。

表 5-44　应变仪读数

序号	桥臂产生应变的情况	应变仪读数	序号	桥臂产生应变的情况	应变仪读数
1	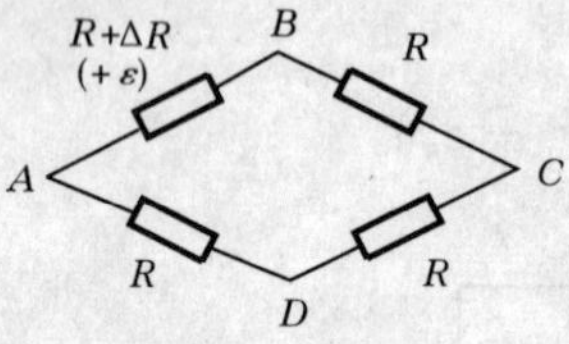	$+\varepsilon$	5	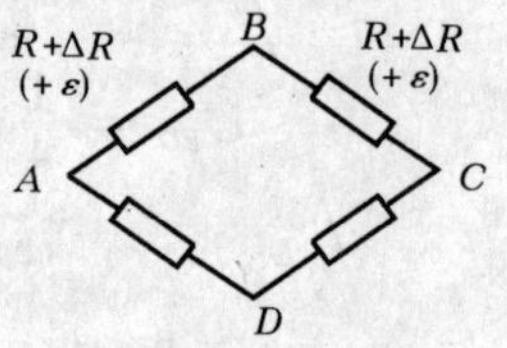	0
2	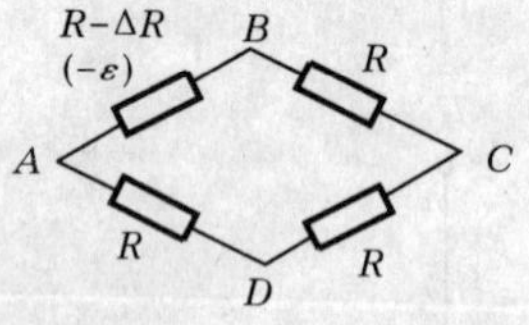	$-\varepsilon$	6	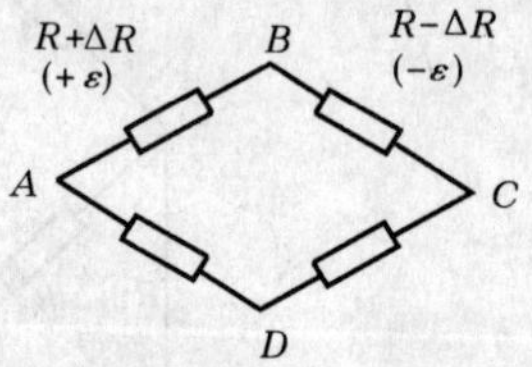	2ε
3	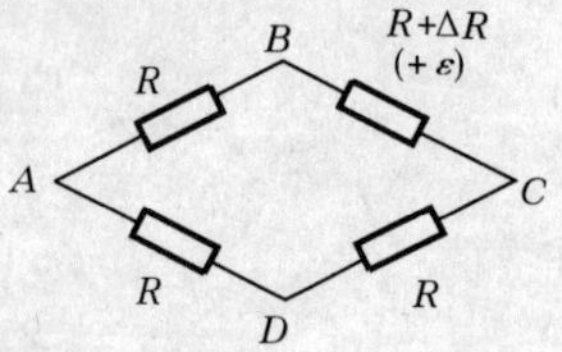	$-\varepsilon$	7	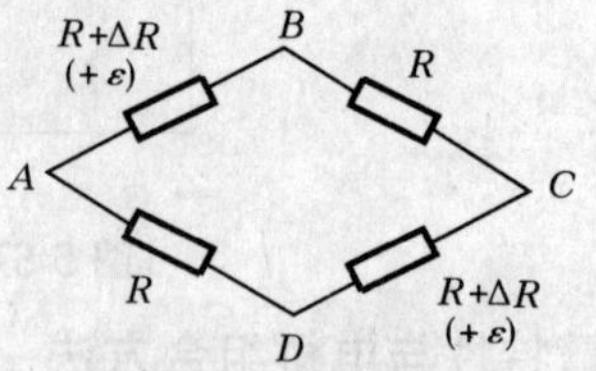	2ε
4	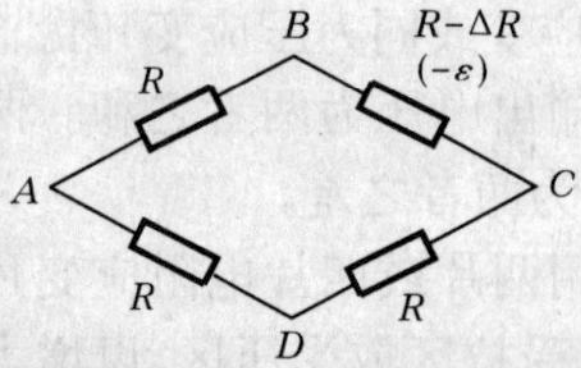	$+\varepsilon$	8	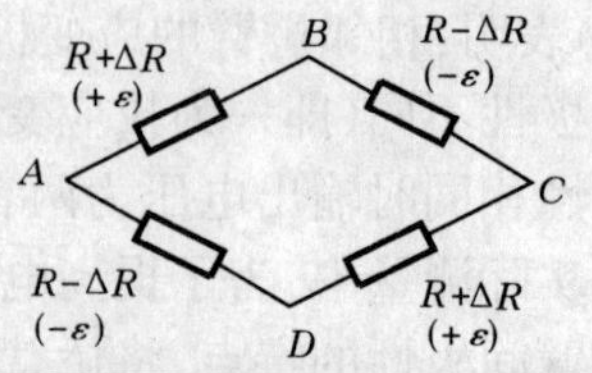	4ε

根据电桥特性,还可以消除温度的影响。在应变测量中,应变片的阻值除了受到应力作用发生变化外,还受到试件所处的环境温度的改变而发生 ΔR_1 的变化,这个增值将改变电桥的输出电压,严重影响测量的精度,因而在实际测试中必须加以消除。

同一类型的应变片,在同一环境温度变化的条件下,随温度改变其阻值是相同的。在实际测量中,应变片 R_1 为工作片,用相同类型的应变片 R_2 作为温度补偿片(处于相同温度变化的环境且不受应力的区域)。R_1 受到应力和环境温度的影响,随值增量为 $\Delta R_1 + \Delta R_t$,R_2 受环境温度影响,随值增量为 ΔR_1,按照式

$$U_{BD} = \frac{\Delta R_1 - \Delta R_2}{4R} \cdot U = \frac{\Delta R_1 + \Delta R_1 - \Delta R_1}{4R} \cdot U = \frac{\Delta R_1}{4R} \cdot U \qquad (5\text{-}83)$$

说明了电桥输出电压只与应变引起的电阻变化有关,而温度的影响按相邻桥臂的特性得到了消除,即应变片起了温度补偿的作用。同样,全桥测量时,根据式(5-83),各相邻的阻值变化符号相反,应变片间相互起了温度的补偿作用。

综上所述,根据试件受力的特点和电桥的特性,进行适当的布点和接桥,可达到提高电桥的灵敏度、测量精度和温度补偿的目的,而且还能从复杂的受力状态中测量单一外力作用产生的应变值,消除其他非测量的受力应变分量。例如,为了测定试件轴向拉(压)应变,需要排除试件偏心受力的弯曲应变,或要测定试件弯曲应变,而需要排除轴向拉(压)应变分量,这在应变测量中是经常采用的技巧。

常用的应变片接桥形式和特点如表 5-45 所示。

(三)测点布置的原则

利用电阻应变仪对试件或结构物进行应变的测量,应该说,测量的点位愈多愈能了解试件的应力和应变的情况,测点少了,提供的数据也少,但是,过多的测点,测量的工作量和数据处理的工作量将大大地增加。因此,要求在满足试验目的的前提下,测点宜少不宜多,以保证试验工作重点突出,集中精力提高试验工作效率和质量。若测点布置不正确或布置的方向没有恰到其处,就不能找出最大的应力点,也不能得到最大应力值。因此,测点布置主要是解决测量点位的选择及测量方向的确定的问题。这样,任何一个测点的布置不应该是盲目的,必须做到心中有数,应该根据试验目的和结构的特点有重点地布置测点,要求在布点之前,需要利用已知的力学知识和结构理论对试体进行分析判断和初步估计,然后合理布置点位和测量的方向,既提高试验的工作效率,又能获得必要的数据资料。

测量点位确定的原则:

(1)结构物或试件可能产生最大应力和最大挠度处必须布置测点。

例:对于等截面梁来说,最大应力的位置一般出现在最大弯矩截面上、最大剪力截面上或者弯矩和剪力均不是最大而是二者同时出现在较大数值的截面上,以及产生应力集中的地方,如孔穴的边缘、截面突然改变区域和集中载荷作用处,这些区域必须布置测点,如图 5-68 所示。

图 5-68(a)表示等截面的梁,要测定弯矩引起的最大应力,只需要在截面最外上下纤维处测量应变应力。由于挠度最大处的受力是纯弯曲的,没有剪应力存在,所以贴片测定单向应力。对于钢筋混凝土梁,为了求得截面上应力分布的规律和确定中和轴的位置,还需要增加一定数量的应变测点,一般情况下沿截面高度至少要布置五个测点,如果梁的截

面高度较大时,尚可沿截面高度增加测点数量。测点愈多,则中和轴定得愈准确,在截面上应力分布的规律也愈清楚。在受拉区混凝土开裂以后,该处截面上混凝土部分退出工作,中和轴的位置可能上升和变动,可从该处测点读数值的变化来观察。

表 5-45 常见的应变片接桥形式和特点

序号	电桥形式	应变片布置	测量项目和特点
1	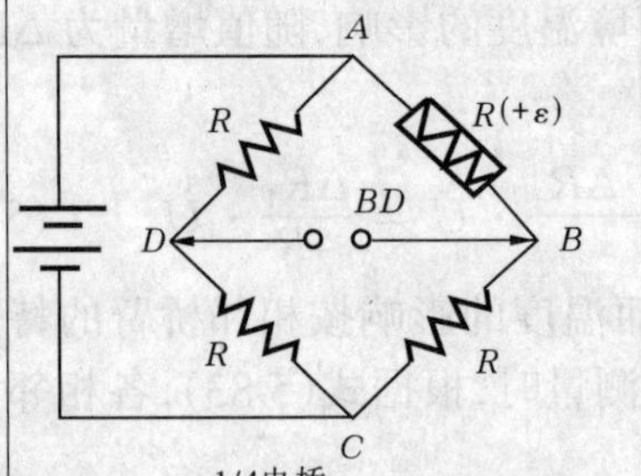 1/4电桥	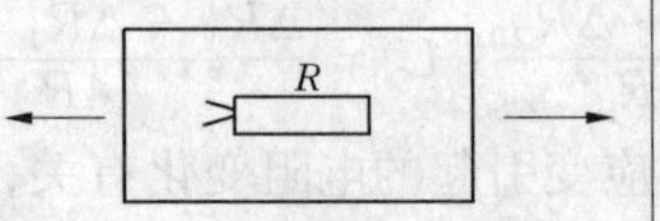	1. 测量沿应变片轴向的应变; 2. 需另外布置温度补偿片; 3. 实测的应变值即仪器应变读数值
2	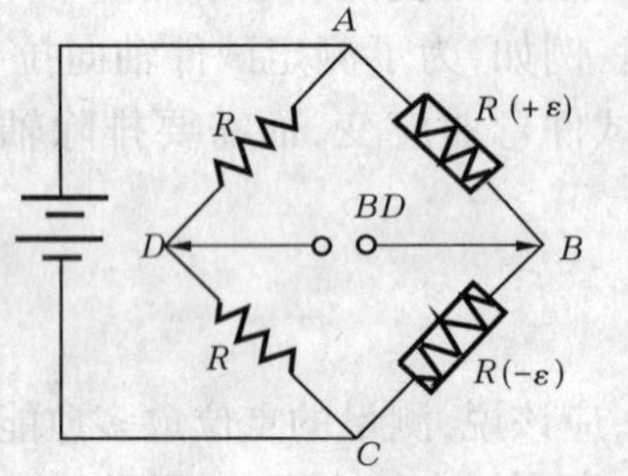 半桥(弯曲桥路)	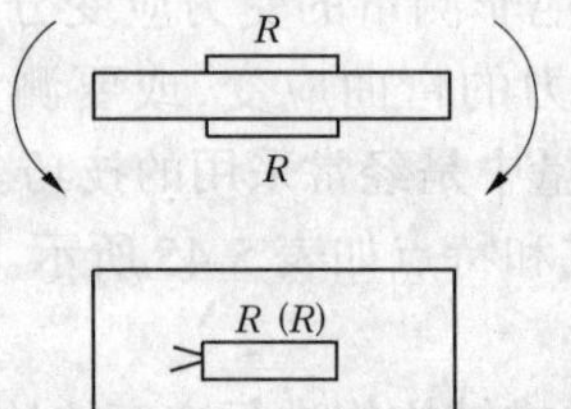	1. 测量构件截面的弯曲应变; 2. 温度影响由相邻桥臂工作片相互补偿; 3. 测得应变为两个应变的绝对值之和,当两个应变的绝对值相等时,测量灵敏度提高两倍,即 $\varepsilon_{真实}=\dfrac{\varepsilon_{读数}}{2}$
3	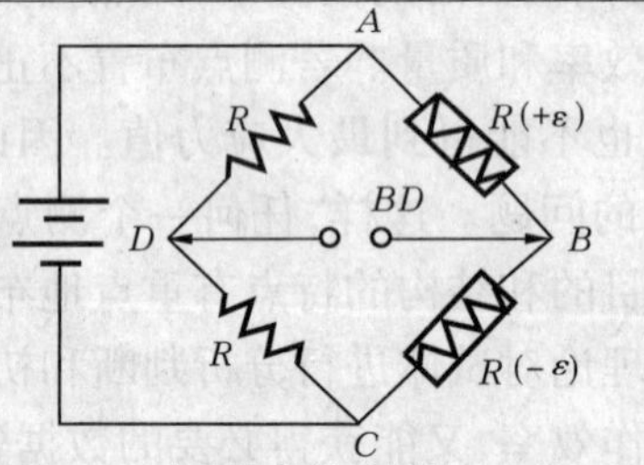 半电桥(泊松比桥路)	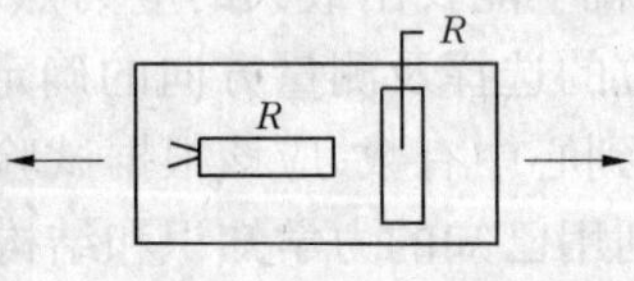	1. 测量沿应变片轴向的应变; 2. 温度补偿为工作片相互补偿; 3. 测量灵敏度提高$(1+\gamma)$倍,即$\varepsilon_{真实}=\dfrac{\varepsilon_{读数}}{1+\gamma}$

图 5-68(b)表示薄壁构件的布点,最危险点不是在最大正应力或最大剪应力处,而是在正应力和剪应力都不是最大,但是都相当大的地方,即薄壁与翼缘的交接处,通常在转接处必须布置测点,考虑断面具有对称轴。所以在一侧做全面周细布点,而另一侧仅做主要位置布点,还可以作为核对用。在正应力和剪应力同时存在的地方,应力测定系平面的,需测主应力、剪应力及主应力的方向,不能采用测定单向应力的布点方法。

图 5-68(c)表示梁的腹板上开孔,孔边的应力集中现象是比较严重的,应力梯度较大,严重影响结构的强度,因此孔边的应力测量必须十分注意,布置测点沿圆孔周边连续测定应变,求得孔边应力分布情况。布点时,将圆孔分为 4 个象限,在每个象限的周界上以

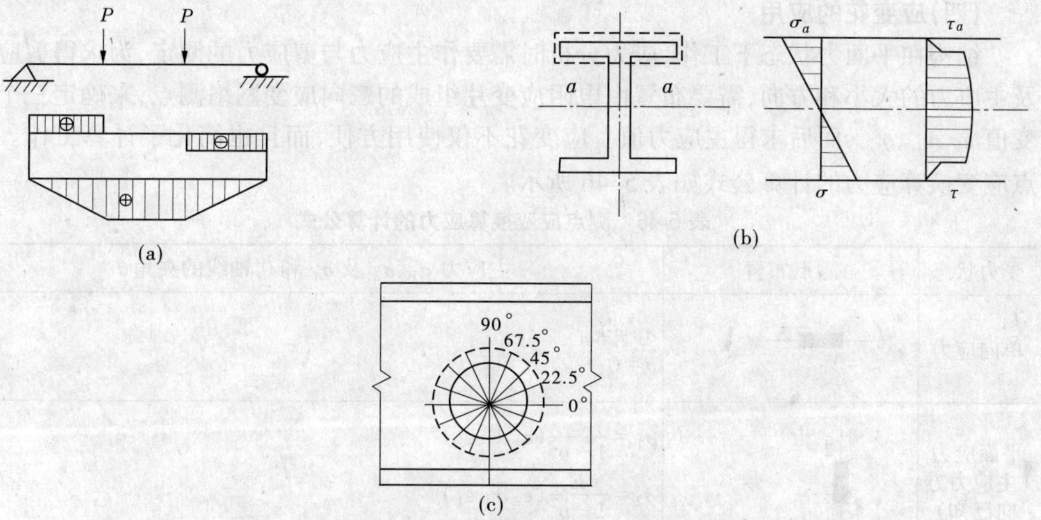

图 5-68　应变测量点位布置示意图

22.5°夹角连续均匀布置 5 个测点，如果能估计出最大应力在某一象限内，则其他区内的应变测点可减少到 3 点，因为孔边的主应力方向已知，故只需布置单向测点。

(2)为了验证现有理论的准确性。对于一个研究阶段的新结构，采用由粗到细逐步逼近的办法，先测定较少点的力学数据，进行初步分析后再补充适量的测点，再分析再补充，直到能足够了解结构性能为止。对于一个受力复杂或结构形状复杂的构件，有时只能利用现有理论估计一个危险区域。在这个范围内连续布置 3 点或 5 点进行测量，了解应力的趋势，如果这 5 点应力有转折，两头小中间大，说明最大应力在转折处，如果应力沿某一方向递增，则说明最大应力在递增方向，因此沿此方向增补测点，直至找到最大应力处为止。为设计研制提供第一手资料，补充现有理论的不足之处，建立新的计算理论。

(3)布置一定数量的校核测点。在测量工作中，可能会发生很多偶然因素而影响测量数据的可靠性（如应变片粘贴的质量，应变片与应变仪连接的好坏，应变仪工作的正常程度等），为了肯定测量数据的可靠性，需要布置一定数量的校核性测点。

校核测点可以布置在已知应力和变形的位置上，即这些位置上的应力是藉成熟的计算公式精确计算的，以计算值与实测值比较判断之。如果结构受力复杂，构件的应力不能精确计算，那么这些校核点可布置在边缘凸角处即零应力处。这样测得的数据如果接近计算应力或零应力，则说明测量系统工作是可靠的，测量的数据也属于可靠的，否则，是不可靠的，须检查系统，分析原因，找出问题之所在并加以排除。校核点除能验证测量结果的可靠程度之外，必要时在与测量点对称的区域布置校核点，以作为校核或将对称测点数据做正式的分析之用。

(4)测点布置对试验工作应该是方便和安全的。不便于观测读数的测点往往不能提供可靠的结果，为了测读方便，减少观测人员，测点的布置应适当地集中，以便统一管理若干测试仪器。不便于测读和安装仪器的部位，最好不设或少设测点，还应采用安全措施。动态测点不宜多，而静态测量可以通过调平衡箱转接增加测点，因此动态测点最好在静态测量的基础上选择布置。

(四)应变花的应用

结构在平面力状态下工作,应力分析时需要作主应力与剪应力的测定,为求得剪应力及主应力的大小和方向,需要布置由电阻应变片组成的三向应变网络测点,来确定三个应变值 ε_x、ε_g、γ_{xy},而后求得主应力值。应变花不仅使用方便,而且也简化了计算工作。测点应变换算应力的计算公式如表 5-46 所示。

表 5-46　测点应变换算应力的计算公式

受力状态	测点布置	主应力 σ_1、σ_2 及 σ_1 和 0°轴线的夹角 θ
单向应力		$\sigma_1 = E_{\varepsilon 1}$ $\theta = 0$
平面应力(主应力方向已知)	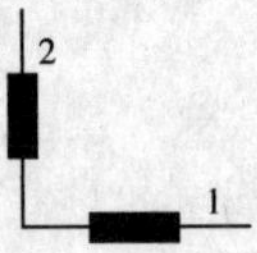	$\sigma_1 = \frac{E}{1-\upsilon^2}(\varepsilon_1 + \upsilon\varepsilon_2)$ $\sigma_2 = \frac{E}{1-\upsilon^2}(\varepsilon_2 + \upsilon\varepsilon_1)$ $\theta = 0$
平面应力(主应力方向未知)	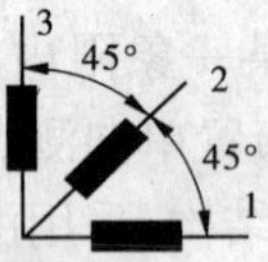	$\sigma_{2}^{1} = \frac{E}{2}\left[\frac{\varepsilon_1+\varepsilon_3}{1-\upsilon} \pm \frac{1}{1+\upsilon}\sqrt{2(\varepsilon_1-\varepsilon_2)^2+2(\varepsilon_2-\varepsilon_3)^2}\right]$ $\theta = \frac{1}{2}\arctan\left(\frac{2\varepsilon_2-\varepsilon_1-\varepsilon_3}{\varepsilon_1-\varepsilon_3}\right)$
	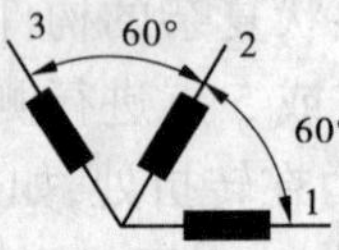	$\sigma_{2}^{1} = \frac{E}{3}\left[\frac{\varepsilon_1+\varepsilon_2+\varepsilon_3}{1-\upsilon} \pm \frac{1}{1+\upsilon}\sqrt{2(\varepsilon_1-\varepsilon_2)^2+2(\varepsilon_2-\varepsilon_3)^2+2(\varepsilon_3-\varepsilon_1)^2}\right]$ $\theta = \frac{1}{2}\arctan\left[\frac{\sqrt{3}(\varepsilon_2-\varepsilon_3)}{2\varepsilon_1-\varepsilon_2-\varepsilon_3}\right]$
	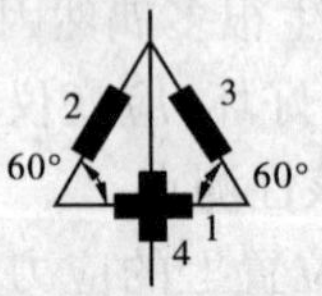	$\sigma_{2}^{1} = \frac{E}{3}\left[\frac{\varepsilon_1+\varepsilon_4}{1-\upsilon} \pm \frac{1}{1+\upsilon}\sqrt{(\varepsilon_1-\varepsilon_4)^2+\frac{4}{3}(\varepsilon_2-\varepsilon_3)^2}\right]$ $\theta = \frac{1}{2}\arctan^{-1}\left[\frac{2(\varepsilon_2-\varepsilon_3)}{\sqrt{3}(\varepsilon_1-\varepsilon_4)}\right]$ 校核公式:$\varepsilon_1 + 3\varepsilon_4 = 2(\varepsilon_2+\varepsilon_3)$
	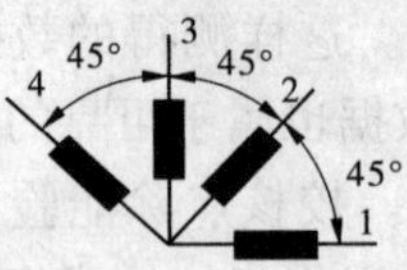	$\sigma_{2}^{1} = \frac{E}{3}\left[\frac{\varepsilon_1+\varepsilon_2+\varepsilon_3+\varepsilon_4}{2(1-\upsilon)} \pm \frac{1}{1+\upsilon}\sqrt{2(\varepsilon_1-\varepsilon_2)^2+2(\varepsilon_4-\varepsilon_2)^2}\right]$ $\theta = \frac{1}{2}\arctan^{-1}\left(\frac{\varepsilon_2-\varepsilon_4}{\varepsilon_1-\varepsilon_3}\right)$ 校核公式:$\varepsilon_1+\varepsilon_3 = \varepsilon_2+\varepsilon_4$
三向应力(主应力方向已知)	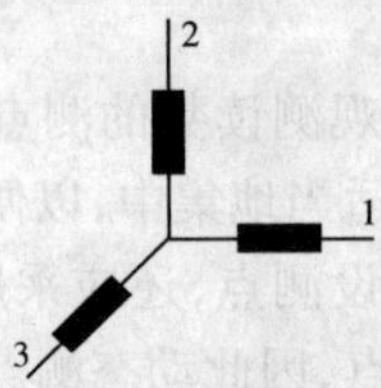	$\sigma_1 = \frac{E}{(1+\upsilon)(1-2\upsilon)}[(1-\upsilon)\varepsilon_1+\upsilon(\varepsilon_2+\varepsilon_3)]$ $\sigma_2 = \frac{E}{(1+\upsilon)(1-2\upsilon)}[(1-\upsilon)\varepsilon_2+\upsilon(\varepsilon_3+\varepsilon_1)]$ $\sigma_3 = \frac{E}{(1+\upsilon)(1-2\upsilon)}[(1-\upsilon)\varepsilon_3+\upsilon(\varepsilon_1+\varepsilon_2)]$

(五)电阻应变片的粘贴工艺

粘贴应变片是电阻应变测量的第一道工序。质地优良的应变片和粘贴剂,只有在正确的粘贴工艺基础上才能得到良好的效果。粘贴应变片的工作步骤包括电阻应变片的选择、试件表面的处理、画线、上胶贴片、绝缘检查、焊接导线及防潮措施等。

1.电阻应变片的选择与检查

在贴片前须用惠斯登电桥测量备用的每片的电阻值,严格地把不同片基和阻丝的材料按同一种分开,并将同一种灵敏系数和同一阻值的应变片放在一起,所测量电阻值与名义电阻值之差应小于±0.5%,如超过此误差值时,很可能是应电片中电阻丝开始发霉,焊接点的问题或有隐患,不能使用。所谓同一阻值,一般要求阻值正负值不超过±0.5 Ω,否则,用于测试中将导致应变仪电桥不平衡和测量的误差。灵敏系数 K 不一样,就不能消除温度的影响,也不便于调整仪器的灵敏系数刻度盘。

外观质量检查:用放大镜检查应变片的电阻丝或电阻栅排列是否平直、整齐均匀;片内有无气泡、霉点、锈蚀等缺陷;应变片的片基和覆盖层是否有破损;引出线(特别是引出线和线栅的焊接点处)是否有折断脱落的危险。另外,用万用电表检查有无短路或断路。

2.试件表面处理

要求应变片和试件牢固地结合在一起,必须平整试件表面:钢材试件表面的铁锈应用砂纸打掉,试件表面用酒精或丙酮清洗,如表面有油污及锈蚀,可先用汽油清洗,再用丙酮或酒精清洗,要求光洁度为Δ4～Δ6。为使应变片粘贴后足够牢固,在光洁的表面用00#砂纸轻轻打出与贴片轴线方向成45°的交叉斜纹。打磨后若不立即贴片,需用凡士林或黄油防锈。

混凝土试件表面在测点范围内不应有麻面、气孔、浮浆,如不符合要求,最好改变测点位置,或使用喷浆方法垫平,也可在混凝土表面上用环氧树脂做防潮底层,厚度为0.5～1.0 mm。配方为:环氧树脂100%,增塑剂一邻苯二甲酸二丁脂8%～10%,固化剂一乙二胺6%～8%。环氧树脂要求在配制后半小时内使用完,所用涂底待完全干燥后再用砂皮磨平表面。这种底层有时也用铝箔纸。

3.贴胶水的准备

常用的贴片胶水就是制片的胶水,要求成分接近。对胶水的要求:粘结力强,长期不老化,受潮不膨胀及软化、抗剪强度高,能正确传递变形,有良好的绝缘度,对电阻丝无腐蚀作用,其弹性模量应大于电阻丝的弹性模量。目前使用的胶水有如下几种:

(1)a氰基丙烯酯快干胶,俗称“501”、“502”胶。它在常温下吸收空气中的微量水分而固化,仅用手指加压0.5～1.0 min便能固结,粘贴后无需加热,使用简便,胶水粘结度高,电绝缘性能好,能抗一般的有机试剂(醇、醚、酮、酯、油等),使用温度为-10～+70 ℃,极限工作温度达100 ℃左右。对多种材料均具有良好的粘合性能,但对酚醛基底的应变片粘结力差,不能粘结聚乙烯、聚丙烯、聚四氯氟乙烯和有机硅,耐水性能差,抗酸碱的腐蚀能力差,易变质,储存期短,温度稍高更易变质。因此,一般要求置于0～5 ℃的环境,可保存一年以上,在室温20～25 ℃仅能存放3～6个月。

(2)丙酮赛璐璐胶,又称万能胶。它是将纯赛璐璐溶化在丙酮中。配方:6～8 g赛璐璐加100 g丙酮,再加入醋酸戊酯、乙醚和松香,可制成快干赛璐璐胶(其含量为赛璐璐

15%,丙酮 23%,醋酸戊酯 30%,乙醚 30%,松香 2%)。常用的为贴片后自然干燥 1.5 h,然后加热 7 h,加热温度为(40±2) ℃,再自然冷却 4 h。使用方便,干燥无需加压,制造容易,但易吸潮,影响工作稳定性,故不宜作长期测量使用。

(3)环氧树脂。对各种材料均有良好的粘结性能,粘结力强(抗拉、抗剪强度高),固化缩小,能耐蚀,有良好的防潮和电绝缘性能,但耐热性能差,韧性差,使用时需要加一定接触压力,适当加温进行固化。

(4)酚醛——聚乙烯醇缩丁醛胶。它有两种:JSF-2 和 JSF-4。成本低,并有良好的耐热、耐水、耐油和化学物质等性能。JSF-2 使用温度 100 ℃,可耐强酸,但聚合温度为 140～150 ℃;JSF-4 使用温度为 60 ℃,耐强酸,聚合温度为 100～110 ℃。使用时,试件和应变片涂上胶后,在室温中放置 20 min,再于 50～60 ℃温度下放 15 min,然后升温到 85～90 ℃,保持 1 h,使胶中的乙醇完全挥发掉,再将应变片贴在试件上,施加 5 kg/cm^2 的压力于140～150 ℃温度下保持 1 h。这种胶使用欠方便。

4. 粘贴应变片

1)画线

根据实验方案在试件上画出贴片位置,定出每个测点的纵向和横向中心线,目的是为了便于粘贴时对准。在电阻应变片两端延伸画出与丝栅平行的纵向中心线。

2)贴片

先在画好定位线并经过清洗的试件表面和应变片底层上均匀涂上一层胶水,待干燥后再复涂一层。静置稍等溶剂挥发一部分(避免产生气泡或固化的收缩),一手拿住应变片的引出线,并将它的一端逐渐贴近试件,稍动使胶均布,找准定位线相贴合,在片子上覆盖一张玻璃纸(用 502 胶水要覆盖聚乙烯薄膜),用手指或小橡皮棍压片,逐渐压向另一端,挤出多余胶水和气泡,挤压时要注意片子的位置和不损伤片子,并注意引出线不要和试件表面胶结在一起,用胶纸把引出线与试件隔开。

贴片时涂胶要均匀适量,胶过多,胶层不易干透,造成徐变层或影响变形的传递;过少了容易残留气泡,同样导致应变片不能很好地与试件共同工作,所以在粘贴的片子上最好施加一点压力,使片子不致翘起,保证粘贴质量。

5. 电阻应变片的干燥处理

应变片粘贴后必须使粘结剂充分干燥,以保证固化的胶剂能传递试件的变形,同时保证应变片的绝缘度,不致引起读数的漂移。

应变片干燥方法分为自然干燥和人工干燥两种。当温度大于 15 ℃,相对湿度低于 60%时,可用自然干燥,一般干燥时间为 24～40 h。当室温低于 15 ℃,相对湿度大于 60%时,必须用人工干燥,但在人工干燥前需经过 12 h 的自然干燥。人工干燥可用 250 W 的红外线灯光烘烤,其温度控制在 50 ℃以下,烘烤的时间随应变片的潮湿程度和气温湿度条件而变。人工干燥尚可用吹风机加热,由于吹风机热量比较集中,故烘干时间短,温度在40～50 ℃时只需要 1 h。人工干燥时必须注意热源离应变片不能太近,温度不宜过高,否则会引起应变片起壳,甚至使基底烘焦而损坏。

用 502 粘胶剂贴上,如室温在 20 ℃以上及相对湿度在 55%左右,一般可不用干燥而能获得较高的粘结强度。

6. 绝缘电阻的检查

应变片的干燥程度，通过检查应变片与试件之间绝缘电阻的指标来确定，如果测量的时间短，空气湿度在60%以下，绝缘电阻应在100 MΩ以上；如果测量时间长，空气相对湿度在60%以上时，绝缘电阻应在200 MΩ以上。湿度较高的地区，为了避免温度不稳定引起读数漂移，甚至要求绝缘电阻在1 kMΩ以上。

测量绝缘电阻的方法根据试件材料而异：

(1)钢试件绝缘电阻的检查是用兆欧表或用高灵敏度的万用电表测量试件与应变引出线间的绝缘电阻。测量端的测量电压应小于100 V。检查绝缘电阻不宜用兆欧表，因为可能会输出较高电压打穿应变片。

(2)对涂有防潮底层的混凝土试件，由于底层的环氧树脂与混凝土本身绝缘电阻很高，不能采用上述钢试件的方法。需用电阻应变仪来检查，即将应变片接入电阻应变仪，观察通电后3 min内的读数漂移值，如果漂移值小于5 $\mu\varepsilon$，则认为可以使用，即可进行焊接导线。

7. 应变片的导线连接和固定保护

应变片和仪器之间所用导线种类，若测点较少，导线长度不超过10 m的测量，可用一般的聚氯乙烯双芯多股平行铜导线，即一般的平行塑胶线。测点较多，导线长度在10～100 m之间或电磁干扰源较近时，要用多芯多股屏蔽导线，常用的有双芯或四芯屏蔽线。

测点的读数值不稳定，往往是因为导线焊接不良引起的，所以要求焊点清洁光滑，无假焊。在焊接之前，在引出线下面的试件上粘贴一层胶布或玻璃胶纸，将引出线与试件隔离，防止引出线与试件间短路。导线焊接前需用万用电表测量一次导线本身是否中断，并需要焊锡将导线端部多股铜丝焊合成一体，焊接时，两根引线要分开，接头不要过长，以防短路，导线焊接完再用万用表检查一遍是否通路。

8. 应变片的表面防潮处理

当环境湿度较大时(超过60%)或该试件需保护较长时间后重复进行试验时，应采取防潮措施，以保证应变片正常工作。应变片绝缘检查合格后应该立即敷设防潮层。

防潮剂常用松香石蜡，其配方为：石蜡45%，松香25%(粉末)，凡士林10%，黄油10%，机油10%。配制后加热至150 ℃保持20 min，待温度降低到60 ℃时再用。防潮层厚度一般在2 mm左右，对于有可能遇水的测点常用环氧树脂，其配方同混凝土试件上防潮底层一样。

为了更好地防潮，可在应变片上覆盖一层纱布或绝缘用的黄蜡布，用毛笔蘸上配制的松香石蜡顺应变片粘贴方向逐次涂刷，涂刷的面积比应变片四周宽5 mm左右，注意与试件的密合，将引出线及其与导线的焊点全部密封。

当测量时间长、防潮要求高时，常用合成树脂类防潮剂，例如环氧树脂、低分子量聚酰胺、聚氨基甲酸酯等。有时也用氯丁橡胶、聚硫橡胶、硅胶等有良好抗潮抗腐蚀能力的防潮层。

防潮处理后再用万用表测量每个应变片的电阻值，组桥接线无误即可按测点编号，测点导线的编号尽量与仪器分线箱序号一致，以便于查对。

(六)混凝土材料特性及其对应变测量的影响

由于混凝土材料具有非匀质、不密实、导热性不良以及易受环境温度、湿度影响等特性,因此它对电阻应变测试技术的要求较其他材料和一般现场测试要高。

混凝土非匀质性的问题是所含石子的应变较小,而水泥砂浆的应变则较大,局部应变间的差异非常显著。从标准棱柱体试件上测定并用以换算应力的混凝土弹性模量,反映了石子或砂浆平均应变与应力之间的关系,如果应变片测出的仅是石子或砂浆的应变,必将造成较大的误差。合理增大应变片的标距,既能准确地反映混凝土的平均应变,又能避免由于应力梯度大造成测点的应力失真。应变片标距 l 与混凝土最大粒径 d_{max} 之间如保持下述关系,效果较好。

对于中等骨料($d_{max}=2\sim4$ cm),$l\geqslant 2d_{max}$,所以 l 常选为 4 cm、8 cm、10 cm。当应力沿长度方向变化不大时,也可选用 15 cm。

对于细骨料混凝土,当 $d_{max}<2$ cm 时,为了更加准确地反映平均应变,常用 $l\geqslant 4d_{max}$,所以 l 不小于 8 cm 即满足要求。

对于大骨料混凝土(毛石混凝土基础等),由于骨料粒径过大,采用大标距应变片仍难测出平均应变,故不常采用电阻应变测量技术。

混凝土应变测量对于片型和片基材料一般无特殊要求,常用纸基丝式片和粘贴工艺简单的常温固化粘结剂。

混凝土不密实性问题是由于硬化过程中,多余水分将通过自身细小孔隙逐渐析出,3~5 个月后达到干燥,使混凝土内外存在大量孔隙,外界潮气和水分均能渗进混凝土内。由于某些粘结剂受潮,其绝缘和粘结能力下降或丧失,因而在混凝土表面粘贴或内部埋入应变片时,应变片与混凝土之间均要防水防潮。通常选用 6101 环氧树脂:乙二胺:邻苯二甲酸二丁酯 = 100:(6~8):(8~10)作为防潮层,气温高用上限,气温低用下限,或掺入少量水泥拌和成水泥环氧混合物,其厚度不应大于 0.3 mm。

对于内埋式应变计,也可选环氧树脂作为防水材料。作为应变计防水材料、衬托材料的环氧树脂也应与被测混凝土有尽可能接近的弹性模量和泊松比。

导热不良的问题是由于混凝土内石子和砂浆的导热性能远低于金属材料,加之大量空隙的存在,故其导热性能较差,传热散热过程很慢。当外界环境导致结构温度局部变化时,易于造成局部温差。目前应变片热输出分散度较大,当环境温度变化较大时,补偿片难以消除温差带来的影响。因此,应选择昼夜间温度变化不大的时段进行测试,以减少温度补偿不足的影响。

混凝土在持续荷载作用下,变形将随持续时间的延长而不断发展,即徐变。混凝土的徐变全部数值可能高出初始变形的几倍,一般需 2~4 年才能基本完成。最初半年的徐变量约占总值的 3/4,一年后可达 90%,徐变的 10%在以后的岁月内完成。此外,混凝土除随温度升降产生热胀冷缩的变形外,在结硬过程中还有干缩湿胀的性质。它在空气中结硬将发生“凝缩”和“干缩”的现象。在水中结硬时,体积将会膨胀。钢筋混凝土材料的收缩值相当于温度降低 15~20 ℃ 所引起的缩短;而素混凝土的收缩则相当于温度降低 20~45 ℃引起的缩短。这一变形过程大致需要两年左右。由湿胀干缩和“混缩”产生的变形称为自身变形。

钢筋混凝土结构测试过程(加载、卸载、读数等环节)历时很短,所以混凝土的徐变及自身变形对测试影响很小,可以忽略。但对隧道衬里、地下结构和挡土墙等在岩石压力下的长期应变观测，其影响则不能忽视。对于干缩湿胀的排除，类似温度补偿的方法，设置补偿应变计，利用桥臂加减特性自行抵消，通常与温度补偿计共用。

四、动态应变测量

目前在动应力分析中，越来越广泛地运用动态电阻应变仪，测定机器设备和建筑结构在动荷载作用下的动应变、动位移以及加速度等参数。

静态应变测量的基本原理和技术要求，一般均适用于动态应变测量。但是由于动态测量的条件和静态测量有所不同，对应变片、应变仪、记录器、讯号传递方式和测量方法都提出了进一步的要求，显示出与静态应变测量不同的特点。诸如：

(1)采用直读式交流电桥和记录器记录。因为动态应变的幅度随时间改变，且速度一般较快，不能用静态测量的"零"读式电桥，手动平衡读数，而用直读式交流电桥与记录器相匹配，记录图形或数字。

(2)对预调平衡要求较高。由于动态应变仪的供桥频率较高，应变片和引出线分布电容对桥路平衡的影响很大，所以在导线选择和布线时，要求比静态测量更加严格，即使采取了上述严格的布线措施，电桥的相位平衡也较困难，所以动态应变仪每一通道除有电阻平衡外，还设有电容平衡调节。测量时，必须对每个测点进行仔细调节，使平衡指示器指向"0"位，或尽可能靠近"0"位，并具有大体一致的平衡度。

(3)各点同时记录。由于动态应变的时间性很强，要求测量结构应变的瞬态变化过程，因此不能用转换测点的方法进行测量。一般是用结构相同、彼此独立的通道来传递和记录讯号，每一个测点占据一个通道，互不影响和干扰，从而同时记录多个测点的应变变化过程。

(4)采用定标求值。动态应变仪与记录器相匹配，记录下来的是被测结构的动应变波形。要知道应变的幅值、频率和周期等欲测量，必须测取一个标准波形与之比较，即采用定标求值。

下面，着重介绍动应变测量的特殊要求和作法，至于应变片安装、防水防潮和布线等一般原则，与静态应变测量大体相同。

(一)应变片安装和引线保护

在高速转动和振动的构件上进行动态应变测量时，应变片和引出线不仅要经受运动升温的考验，而且还要承受很大的惯性力和交变力的作用。因此对应变片和导线的选择、粘贴、连接和引线处理等各个环节，均应特别重视，否则会因应变片或导线破坏，使试验失败。

通常选用能耐 100 ℃以上温度的应变片和粘结力较强的粘结胶。贴片和烘烤处理均应严格遵守操作工艺，必要时还应焊接保护钢壳加以保护。选择导线时要求重量轻、电阻率低、柔软、弯折能力强、有较低而稳定性好的电阻温度系数，线径最好小于 0.5 mm。通常选用丝膝包多芯线。引线固定方法，应根据应变片和导线的工况来决定。在导线行进路线上，用砂纸把结构表面打毛，清洗干净后(同应变片粘结)用贴应变片的胶贴上一层拷贝纸，再把导线贴上，最后复贴 1～2 层拷贝纸把导线包裹起来，牢固地贴在结构表面上。这样处理的引线抗气流冲击的能力较强。另一办法是用点焊机焊接 0.05～0.1 mm 的不锈钢皮，把引线固定在器壁上。布线时，引线不能交叉，弯折处圆弧要大，不能留锐角。通过零部件连接处的间隙时,要留有松动的余地,以防结构运行时折断。引线和应变片连接时,要求焊点小而光滑,并留足抗疲劳破坏的弯头长度。对于某些动平衡较高的旋转件,还要考虑引线的对称性,以免破坏动平衡。对远距离长导线动应变测量,不能把细引线用得太长,否则不仅导线电阻太大,降低应变片的灵敏度,而且机械强度不够,容易拉断。所以在离开运动区后,应用强度较高、电阻较小、屏蔽性能较好的多芯电缆。

(二)记录器和振子选配

与动态应变仪配合的记录装置,大致有四种:磁电式光线示波器、电子示波器、笔式记录器和磁带记录器。目前用得最多的是磁电式光线示波器。它具有使用方便、正确可靠、记录频率幅值宽等优点,能满足一般机械和建筑结构动态应变测量的要求。

电动笔录式记录仪记录的信号频率较低,但操作方便,不需感光记录和暗室作业,因此广泛用于低频应变信号的记录。

在动态应变测量中,应根据振子和应变特性,按以下方法和步骤进行选配:

(1)估计被测应变的频率,决定选配的应变仪和合适的振子,使应变频率在振子允许工作频率范围内。

(2)根据选定应变仪的设计负载,选择内阻能与应变仪匹配的振子。如不匹配,可以在振子上串、并联电阻进行调整。

(3)根据应变幅值计算应变仪的输出电流,校核是否超过最大线性输出和振子的允许电流。为防止应变量估计出入过大发生烧坏振子的事故,所选振子允许电流最好为估计输出电流的2倍。

(4)根据输出电流、振子灵敏度和允许幅值,检查最大振幅是否超过线性输出和记录纸宽,是否满足测量精度要求。

(5)若选用电磁阻尼振子,还要考虑外阻要求。

例如,欲测一个经初步估计振幅为 $\pm 200\ \mu\varepsilon$、频率为 100 Hz 的动态应变,要求选配应变仪和振子。

(1)从说明书上可知 Y6D-2 型动态电阻应变仪的载波频率为 500 Hz,为应变频率的 50 倍,故选定 Y6D-2 动态应变仪进行测量,其设计负载为 20 Ω。

(2)查振子说明书可知 FC6-1200 型振子的允许电流为 5 mA,工作频率为 0～400 Hz,内阻为(20±4) Ω,满足测量应变频率和应变仪阻抗匹配要求。

(3)因 FC6-1200 型振子允许电流为 5 mA,Y6D-2 动态应变仪在负载为 20 Ω、“衰减”在“1”时的灵敏度为 $0.1\ \text{mA}/\mu\varepsilon$,线性输出电流为 10 mA。显然此时应变仪的输出电流为

$$200\ \mu\varepsilon \times 0.1\ \text{mA}/\mu\varepsilon = 20\ \text{mA}$$

超过应变仪线性输出电流 10 mA 和振子允许电流 5 mA,故改用“衰减”1/8。此时,输出电流为

$$200\ \mu\varepsilon \times 1/8 \times 0.1\ \text{mA}/\mu\varepsilon = 2.5\ \text{mA}$$

正好是振子允许电流的一半,而且在应变仪线性输出电流以内。

(4)因 FC6-1200 振子灵敏度为 11.5 mm/mA,因此 2.5 mA 输出电流在记录纸上的振幅宽度为

$$2.5\ \text{mA} \times 11.5\ \text{mm/mA} = 28.7\ \text{mm}$$

其应变分辨度为

$$28.7\ \mathrm{mm}/200\ \mu\varepsilon = 0.144\ \mathrm{mm}/\mu\varepsilon$$

最大幅值为 2×28.7 mm = 57.5 mm，波形幅度为 ±28.7 mm，未超过振子允许幅值 ±50 mm。而一般 SC-16 型光线示波器记录纸宽为 120 mm，故记录波形能满足测量精度要求，且不超过记录纸范围。所以，可选 Y6D-2 型动态应变仪和 FC6-1200 型振子，仪器衰减取 1/8。

如果没有此型号振子，是否可选 FCb-400 型振子，考虑到它是电磁阻层振子，所以在分析这个问题时，除考虑上述要求外，还要满足振子外阻的要求。现分析计算如下：

(1)由振子特性表可查出，FCb-400 型振子的内阻 R_n 为(50±10) Ω，要求外阻 R 为(20±10) Ω，工作频率为 0～200 Hz，灵敏度(光臂长 300 mm 时) 为 72 mm/mA，最大允许电流为 2 mA，线性幅值 ±100 mm。可见工作频率满足 100 Hz 的测量要求。

(2)因 Y6D-2 应变仪要求负载为 20 Ω，振子内阻为 50 Ω，需并联电阻 R_B。但并联后，因应变仪输出阻抗 R_i 为 20 Ω，故并联总电阻必须小于振子要求的外阻 20 Ω，所以应在振子上串接电阻 R_C，为满足应变仪阻抗匹配要求，则需

$$\frac{(R_n + R_C)R_B}{(R_n + R_C) + R_B} = R_i \tag{5-84}$$

为满足振子外阻要求，则需

$$R_C + \frac{R_i R_B}{R_i + R_B} = R \tag{5-85}$$

如两方面的要求均要同时满足，则只能联解方程式(5-84)、式(5-85)，求出需串、并联的电阻 R_C、R_B。代入式(5-84)查得的数据可算出：

R_C = 7.7 Ω，取 8 Ω；R_B = 32.4 Ω，取 32 Ω。

根据 R_C 和 R_B 可算出应变仪负载

$$R_y = \frac{(50 + 8) \times 32}{50 + 8 + 32} = 20.6(\Omega)$$

振子外阻

$$R = 8 + \frac{20 \times 32}{20 + 32} = 20.3(\Omega)$$

故满足应变仪阻抗匹配(20 Ω)和振子外阻(20 Ω)的要求。

(3)可导出流经振子的电流为

$$I_n = \frac{IR_B}{R_B + R_n + R_C} \tag{5-86}$$

如取应变仪“衰减”为 1/16，则输出总电流为

$$I = 200\ \mu\varepsilon \times 1/16 \times 0.1\ \mathrm{mA}/\mu\varepsilon = 1.25\ \mathrm{mA}$$

故
$$I_n = (1.25 \times 32)/(32 + 50 + 8) = 0.45(\mathrm{mA})$$

未超过 FC6-400 型振子允许最大电流 2 mA。

(4)据振子灵敏度 72 mm/mA 可算出记录纸上记出的信号幅值为

$$L = 0.45\ \mathrm{mA} \times 72\ \mathrm{mm/mA} = 32.4\ \mathrm{mm}$$

应变分辨度为 32.4 mm/200 $\mu\varepsilon$ = 0.16 mm/$\mu\varepsilon$，故能满足精度要求，且总幅值为 ±32.4 mm，未超过振子线性幅值(±100 mm)范围，而总幅度仅为 2×32.4 mm = 64.8 mm，也未超过 SC-16 型示波器纸宽(120 mm)。

由以上计算分析可知，选用 FCb-400 型振子时，需并联电阻 32 Ω，串联电阻 8 Ω，衰减选为"1/16"。

(三)标定曲线的测定

动态应变测量的结果是一个代表各测点应变的波形图，要知道其瞬时或最大应变值和频率，必须与已知振幅和频率的波形相比较，方能获得。通常把标准波形的获得方法称为标定。

1. 幅值标定和校正曲线的测取

幅值标定的任务是测定联系应变和记录器偏转距离的关系曲线，一般称为动应变校正曲线，它可从应变仪上的电标定装置获得。标定时，只需拨动"标定开关"，输进不同的应变讯号，便可从记录器上给出一个相应的标准方波，又称参考波，如图 5-69 所示。如果应变仪和记录器稳定，灵敏度不变，则可给出给定应变和标准振幅值(即记录器偏转距离)的关系曲线，即校正曲线。测量时，从录波图上查出应变波幅值，便可从校正曲线上找到相应的应变值。但是，由于影响输出的因素较多，所以一般均在测量时，随时标定和校正。

2. 频率标定

频率标定比较简单，只需将进标讯号输入记录器即可得到如图 5-69 下部所示的时标。测量时，只需要它和应变波比较，便可得到应变的频率和周期。

(四)测量方法和步骤

动态应变测量的方法与应变仪和记录器有密切的关系，应严格遵照说明书进行操作。但总的来说其方法大同小异，通常可按以下步骤进行。

1. 电桥盒连接

将应变片导线引至应变仪后，即可按测量要求在电桥盒上进行桥路连接(全桥或半桥)，经检查可靠后，方可将电桥盒插入应变仪。同时处理屏蔽和接地。

2. 仪器连接

按说明书要求，把桥路盒、电源供给器和记录器接入应变仪，并使各开关和旋钮置于要求位置，经检查无误后，方可接电源。

3. 平衡调节

打开电源，接通开关，让应变仪工作，检查"电源"、"桥源"等指示是否正常，如正常，则可开始平衡调节。

4. 标定

标定前，应根据估计被测应变的大小和精度要求，以及应变仪和记录器的技术特性，把"衰减"挡放到适当位置，使之在标定和测量时，输出电流在应变仪最大线性输出电流和振子允许最大电流的范围内，而记录纸上的标定参考波和应变波均能满足分析的精度要求，又不至于超过记录纸的容量。如被测应变的估计不准，可通过预备试验确定"衰减"挡的位置，给出标准应变的大小。预试时，先把"衰减"挡放在最大(衰减得多)值，然后逐渐减小，至应变输进后，记录器指示波形符合上述要求为止。同法可确定其标准应变的大小。

应变仪和记录器的测试过程中受各种外界因素的干扰，灵敏度将随之变化，故标定需在测量前后各进行一次，然后取二次的平均值作为标准应变。标定时，先将记录纸速放慢，用"标定"开关给出确立的标准正应变，录波后，又给出同样的负应变，再录波。最后可以从录波图上得到一个如图5-69所示的"标准"方波。

5.测量

标定后，先根据被测应变频率，接入时标讯号，并选好记录器纸速，再输进应变讯号进行录波。如应变是周期性的，上述测量和标定可重复进行，以兹比较。反之，如是瞬态和随机过程，一过即逝，则只能进行一次，故测定后应立即再标定一次以供参考。在标定和测量时，要注意测量和标定的"衰减"挡要相同，否则无比较价值。

6.动态应变参数测取

一次测量完后，得到图5-69所示的录波图。从中可以测取所测应变的参数。

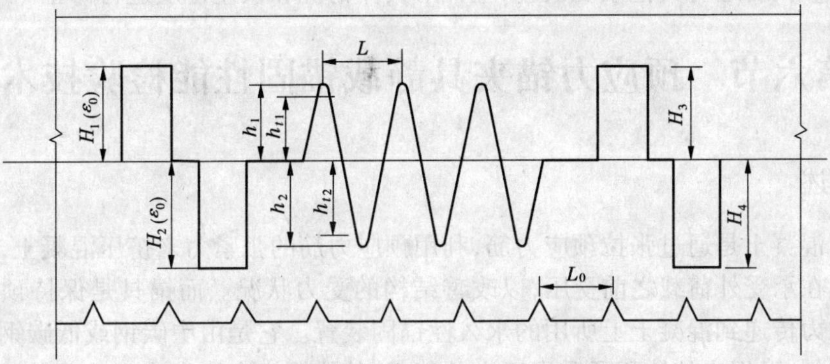

图5-69　动应变测量录波图

1）应变值

瞬时正应变

$$\varepsilon_{t+} = (\varepsilon_0 / \frac{H_1 + H_3}{2}) h_{t_1} \tag{5-87}$$

最大正应变

$$\varepsilon_{m+} = (\varepsilon_0 / \frac{H_1 + H_3}{2}) h_1 \tag{5-88}$$

瞬时负应变

$$\varepsilon_{t-} = (\varepsilon_0 / \frac{H_2 + H_4}{2}) h_{t_2} \tag{5-89}$$

最大负应变

$$\varepsilon_{m-} = (\varepsilon_0 / \frac{H_2 + H_4}{2}) h_2 \tag{5-90}$$

2）应变频率

$$f = \frac{l_0}{l} n \tag{5-91}$$

3）周期

$$T = 1/f \tag{5-92}$$

以上各式中，除图5-69中说明者外，ε_0为标准应变，n为时标讯号频率。

7. 示波

如有必要可把动应变讯号接入电子示波器,进行波形显示,从录波图上可以看出动态应变的波形、频率、振幅和相位差。

8. 动态应变测量修正

与静态测量结果一样,在动态应变测量中,由各种因素产生的系统误差,亦需进行修正。修正方法与静态应变修正相同,但应注意以下具体问题:

(1)由于应变的变化速度很快,零点漂移对测量结果影响极小,可不修正。

(2)动态应变仪灵敏系数是固定的,一般为“2.00”,只要应变片灵敏系数不是“2.00”,均要修正。

(3)测量时,若还有其他系统误差,应针对具体情况和误差性质进行修正。

第六节　预应力锚夹具静载锚固性能检验技术

一、简述

预应力混凝土是通过张拉预应力筋,利用预应力筋的张紧力来挤压混凝土,使预定部位的混凝土在承受外荷载之前受压,以改善结构的受力状况。而锚具是保持预应力筋的拉力并将拉力传递到混凝土上所用的永久性锚固装置。它是由中碳钢或低碳钢热处理后制成的组装件,以很小的体积承受了巨大的荷载,其使用应力经常达到千兆帕级。锚具性能若不符合要求,轻则造成预应力筋滑动回缩,从而降低结构的可靠性,重则使预应力混凝土构件失效,影响工程进度,甚至造成设备的损坏和人员的伤亡。所以,在预应力筋混凝土结构中,锚具是关键性的要害件,要求锚具绝对优质可靠,同时,由于锚具是一次性使用的消耗品,为降低工程造价,又要求锚具在“物美”的基础上“价廉”。

自 20 世纪 70 年代以来,国际预应力学会(FIP,现合并为国际混凝土协会 FIB)已多次制订、修改了有关锚具的建议,对锚具的性能要求越来越严。作为土建大国的我国,为与国际接轨,并统一锚具的质量标准,推动预应力混凝土技术的发展,在现行国际《预应力筋用锚具、夹具和连接器》(GB/T14370—2000)与国际《混凝土结构工程施工及验收规范》(GB50204—1992)中,都有对锚具进行质量检验的条文规定。

二、国内外主要预应力张拉锚固体系简介

(一)钢绞线锚固体系

我国预应力钢绞线锚固体系是在 20 世纪 80 年代中期研制成功的。是国内最早的中国建筑科学研究院 1986 年通过部级鉴定的 XM 型三片式钢绞线锚具,当时主要解决郑州黄河大桥 ϕ15 mm、强度 1 570 MPa 预应力钢绞线的锚固问题。由建设部下达的研究项目 QM 钢绞线锚固体系于 1987 年通过部级鉴定,共有四种系列产品,适用于 ϕ12 mm、ϕ12.7 mm、ϕ15.0 mm、ϕ15.24 mm、ϕ15.7 mm,强度为 1 860 MPa 的各种钢绞线。1990 年下半年,以柳州建筑机械总厂为主研制的两片式 OVM 型预应力锚具通过了省级鉴定,到 90 年代诸多单位分别研制成功 B&S 型锚具、YM 型锚具、XYM 型锚具、VLM 型锚具、

OVM 型锚具、KYM 型锚具等锚固体系。严格地说。从锚具、夹片传递给钢绞线的受力分析、齿形分析来看,锚固体系只有 OVM 型和 QW 型两大类,其他基本上是从这两大类锚固体系衍生而来的。

(二)钢丝束锚固体系

钢丝束锚固体系,主要是解决以高强钢丝束为预应力筋的张拉锚固问题。自 20 世纪 60 年代以来,在铁路、公路桥梁及一些建筑工程上应用,由于结构简单、价格低廉,至今还有应用。用于钢丝的锚具,主要有镦头锚、钢质锥形锚具(弗氏锚)及锥形螺杆锚;群锚、QM 锚、XM 锚等也能够锚固钢丝束,但根数必须是 7 的倍数。国内钢绞线生产能力很强,完全能满足国内各工程的需要,建议设计单位先用钢绞线,避免 7 根钢丝束中心丝回缩的隐患。

(三)粗钢筋锚固体系

目前在一些房屋建筑工程和道路桥梁工程中,采用冷拉Ⅱ、Ⅲ级钢筋及精轧螺纹钢筋为预应力筋,特别是精轧螺纹钢锚和连接器,主要适用于钢筋强度为 735/1 050 MPa 预应体系,目前在桥梁及建筑工程中应用,尤其是多用于预应力筋较短的桥梁中竖向筋的锚固和连接。

(四)钢筋束锚固体系

JM 锚具是我国 20 世纪 60 年代研制的一种新型钢筋束锚具,适用于锚固 ϕ12 mm 的光圆冷拉、热轧钢筋束、ϕ12 mm 的螺纹钢筋束,以及锚固强度为 1 570 MPa、直径为 15 mm 的钢绞线束。

(五)国外预应力锚固体系

法国弗莱西奈(Freyssinet)体系适合于钢丝、钢绞线锚固,其张拉为 294～12 753 kN;瑞士 B. B. P. V 体系适合于钢丝锚固;原联邦德国迪维达克(Dywidag)体系适合粗钢筋锚固,其采用 835/1 030 MPa 及 1 080/1 230 MPa 两种强度钢筋;瑞士洛辛格公司 VSL 体系适合于钢丝、钢绞线锚固,其张拉力 164～10 500 kN,其规格有 1～55 束钢绞线(ϕ15 mm、ϕ13 mm)、1～37 束钢绞线(ϕ18 mm)三个系列;美国 PresconW 型锚具、Stressteeh S/W 型锚具、Inryco WG 型锚具、Westrand 型锚具等锚固体系基本类似上述锚固体系。

三、检验用试验机

整套检验设备由承载反力架、电气控制系统、泵站液压系统及传感器检测系统组成(如图 5-70 所示),试验机根据系统的结构及其功能,可以将其划分为四大部分:

(1)承载反力架。提供加载反力装置。

(2)电气控制系统。根据传感器检测到的信号及加载动作要求,控制液压系统各组阀件的动作,最终实现对油缸的控制。

(3)泵站液压系统。在电气控制系统的控制下,向液压油缸提供液压动力。

(4)传感器检测系统。可以同时测量最大拉断力、最大拉断力时预应力筋弹塑性应变之和、锚具各零件之间及锚具零件与预应力筋之间的相对位移、锚具各零件变形情况等,并将检测信号反馈到电气控制系。

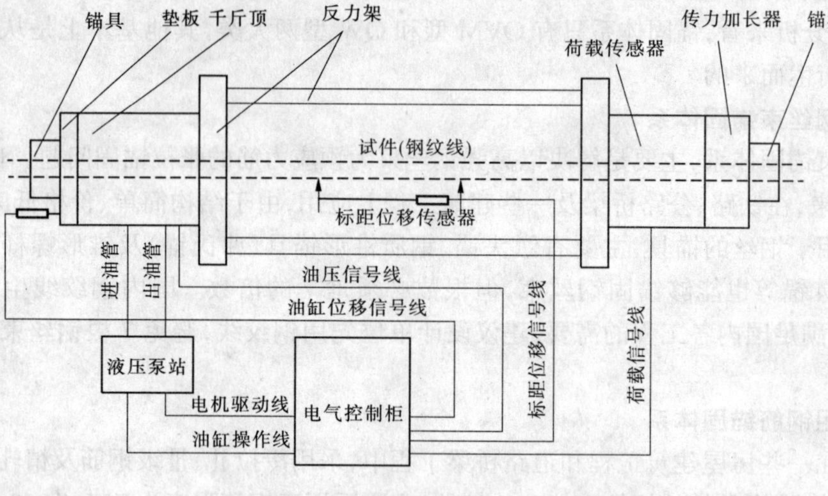

图 5-70　锚具静载锚固性能试验组装图

(一)承载反力架

承载反力架除了需要满足强度、刚度要求外,还需要满足组装件束中各预应力筋的受力长度要求。按 GB/T14370—2000 标准规定,组装件束中各预应力筋受力长度不得小于 3 m。实践证明,随预应力筋数增加,各筋受力不均匀性也增加;受力长度越短,同步工作越困难。为减少诸筋非同步工作的影响,筋的受力长度适当加大有好处。比如,十孔以下锚具,受力筋长度可取 3～5 m,十孔至数十孔的锚具可取 4～8 m。承载反力架结构如图 5-71 所示。

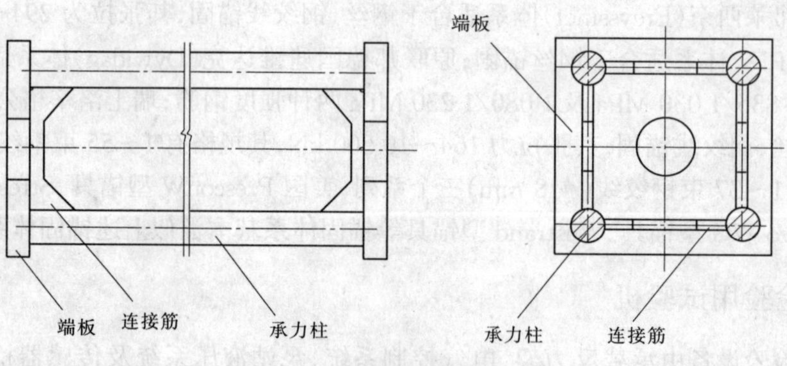

图 5-71　反力架结构图

(二)传感器检测系统

按 GB/T14370—2000 标准规定,检验用的测力系统的不确定度不得大于 2%;测量总应变用的量具,其标距的不确定度不得大于标距的 0.2%,指示应变的不确定度不得大于标距的 0.1%。

1. 测力装置

试验机械的结构为四柱双承力板架卧式结构,加载油缸装在机架端头,荷载传感器装在另一端头。传感器弹性体应采用空心筒式结构,适合预应力筋穿心测力要求。荷载传感器在试验机上,当进行多孔锚具试验时,有其特殊受力条件,即传感器一端与试验机承力板能全面接触,正确受力;而另一端与锚具接触,受力面积小,应力高而且变化多样,对传感器的正确使用(两端面全面接触、均匀受力)极为不利。为此,需要设计制造与传感器大小相当的传力加长器,经过这样的过渡,保证了试验机的线性精度,加长器的结构位置如图 5-72 所示。

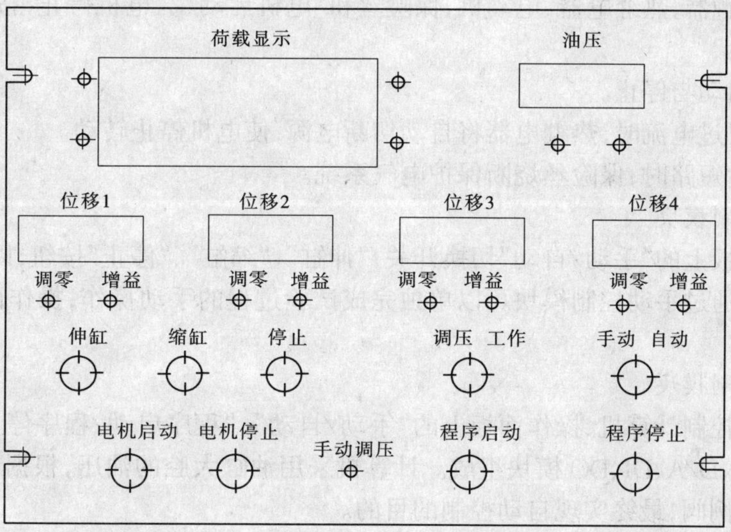

图 5-72　手动控制模块操作面板

2. 位移测试装置

试验机需要配备 4 个以上位移传感器测试通道,能够同时量测油缸活塞行程、线材标距变形量、锚具夹片和线材回缩量。

1)位移传感器的选用

小位移变形,量和 0～20 mm,精度≤0.5%FS,用于锚具夹片、线材回缩计量;

中位移变形,量和 0～100 mm,精度≤0.5%FS,用于线材标距变形计量;

大位移变形,量和 0～500 mm,精≤0.5%FS,用于油缸活塞行程计量。

2)标距变形测量夹具

为测量钢绞线标距变形,需要专门设计专用夹具。

3)小变形测量

测量锚具夹片、钢绞线回缩等小变形,由于测位空间小,采用夹具较困难,因此采用机械式百分表(包括杠杆百分表)或带百分表测头的位移传感器,安装时需要磁力表座。

(三)液压系统

1. 油缸执行机构

液压油缸为穿心式结构,预应力钢材从油缸中部穿过,两端用锚具锁紧。伸缸时,油泵大腔进油;缩缸时,油缸小腔进油。

2. 泵站液压系统

泵站液压系统的额定压力应满足试验加载力的要求,同时其工作流量应满足试验加载速度的要求。按照国家标准 GB/T14370—2000 的规定，预应力筋的加载速度宜为每分钟 100 MPa。

(四)电气控制系统

电气系统由电机控制模块、手动控制模块、计算机控制模块和传感检测模块组成。

1. 电机控制模块

由交流接触器、热继电器、电动机、保险丝和“电机启动”、“电机停止”按钮组成，可以实现如下功能：

(1)电机启动与停止。

(2)当电机过电流时，热继电器将自动切断电源，使电机停止转动。

(3)当发生短路时，保险丝烧断保护电气系统。

2. 手动控制模块

由操作面板上的“手动/自动”切换开关，“伸缸”、“缩缸”、“停止”按组，以及伸缸/缩缸继电器组成。通过手动控制模块可以单独完成试验过程的手动操作，操作面板如图 5-72 所示。

3. 自动控制模块

它由工业控制计算机、操作面板上的“手动/自动”、“程序启动/程序停止”按钮、控制硬件以及 A/D、D/A、DI、DO 模块组成。计算机采用油缸大腔的油压，根据试验要求输出电压来控制比例阀，最终实现自动控制的目的。

四、检验规程

(一)准备工作

1. 准备原始记录表

填写委托单位、送检日期及工程名称；试件样品名称、型号规格、送检数量及生产厂家；钢绞线规格、生产厂家及检验报告；描述试件状态。

2. 液压系统试运行

(1)核查液压系统的连接。

(2)检查油箱油位：油位应在油位标尺最低刻度以上。

(3)核查电机转向：俯视泵站，电机应顺时针转动。

(4)根据预应力筋的标准抗拉承载力，调节泵站溢流阀，设定液压系统的最大工作压力。

(5)空载运行加载油缸三次以上，以排出油缸内空气。

(6)检查在最大工作压力下，液压系统有无漏油现象。

3. 组装件安装

(1)选择与组装件规格配套的衬套。

(2)用干净的布擦拭锚固零件上影响锚固性能的物质，如金刚砂、石墨等(设计规定的除外)。

(3)逐根安装预应力筋，用专用张拉千斤顶对每根预应力筋施加预拉力，以消除锚固零件之间的间隙。

(4)固定位移传感器夹持器，安装位移传感器。

(5)核查组装件轴线是否对准反力架中心线,预应力筋有否扭转。

(6)测量预应力筋试验安装总长度、应变测量的初始标距。

(7)核查系统的连接,确实无误后给系统上电,并记录位移传感器、荷重传感器和油压传感器的初始读数。

(二)试验操作

(1)根据预应力筋标准抗拉极限承载力和根数,计算总标准抗拉极限承载力;按总标准抗拉极限承载力的20%、40%、60%和80%分级,并计算每级的加载力。

(2)操作步骤如下:

启动油泵

↓

伸缸,至预应力筋抗拉强度标准值的20%,暂停

↓

观测预应力筋与锚具、锚具各零件之间的相对位移,记录预应力筋伸长量

↓

继续伸缸,至钢绞线抗拉强度标准值的40%,暂停

↓

观测预应力筋与锚具、锚具各零件之间的相对位移,记录预应力筋伸长量

↓

继续伸缸,至钢绞线抗拉强度标准值的60%,暂停

↓

观测预应力筋与锚具、锚具各零件之间的相对位移,记录预应力筋伸长量

↓

继续伸缸,至钢绞线抗拉强度标准值的80%,停止

↓

观测预应力筋与锚具、锚具各零件之间的相对位移,记录预应力筋伸长量

↓

持荷1 h,观测预应力筋与锚具、锚具各零件之间的相对位移,记录预应力筋伸长量

↓

启动油泵,伸缸至破坏,停止

↓

观测预应力筋与锚具的相对位移,记录实测极限拉力 F_{apu}、预应力筋总伸长量、试件破坏部位与形式

↓

缩缸回位,油泵停止

(3)结束工作。①加载油缸,缩缸卸载,等油缸缩到底后,关闭电源;②用专用千斤顶对每根预应力筋进行退锚,拆除预应力筋;③拆除位移传感器及传感器连接线;④锁好电气操作柜,用防水塑料布盖好油泵,清理现场。

第六章 砌体结构工程检测

第一节 概 述

砌体结构在我国的民用建筑中占极大的比例，已建成的砌体结构的强度检测也出现了多种检验方法和评定标准。本章收集了国内多年来各地研究开发的一些检测方法，特别是《砌体工程现场检测技术标准》(GB/T50315)推荐的有关方法，供读者选用。

在本章所列检测方法中可分三类。第一类为直接测定砌体强度的方法，包括切割法、原位轴压法和扁顶法。以切割法最为准确，但砂浆强度很低时，不易切割出完整无损的试件；原位轴压法与扁顶法均受周边砌体的影响，虽经修正，但准确程度略差，扁顶法更受变形条件限制。第二类为测定砂浆强度的方法，此类方法根据其测定强度的不同分为两小类。其一为直接测定通缝抗剪强度的方法，包括原位单剪法、原位单砖双剪法和推出法；其二为间接测定砂浆抗压强度的方法，包括筒压法、砂浆片剪切法、回弹法、砂浆片点荷法、射钉法等。上述方法中前三种如仅需用于得出通缝抗剪强度，则尚可应用，其中原位单剪法排除了墙体轴向压力的影响，较为准确，但对墙体损伤较大，检测准备时间也较长。若以通缝抗剪强度去换算砂浆抗压强度，则由于砂浆抗剪强度的离散性很大，与抗压强度的相关性较差，用它反推砂浆抗压强度，必然带来较大的误差。在间接测定砂浆抗压强度的诸法中，目前以筒压法的误差较小一些。第三类为测定砖的抗压强度且评定其强度等级的方法，包括现场取样测定法和回弹法。两种方法均为现场取样，前者完全按砌墙砖试验方法进行试验，结果准确，后者检测则甚为麻烦，且结果准确性较前者差。

第二节 切割法

一、一般规定

(1)切割法是在墙体上切割出外形尺寸与标准砌体抗压试件尺寸相当的砌体，通过压力试验机进行抗压强度试验，并将试验抗压强度换算为标准砌体抗压强度的方法。

(2)本方法适用于测试块体材料为砖和中小型砌块的砌体抗压强度。

(3)测试部位应具有代表性，并符合下列规定：①同一设计强度等级砌筑单位为一个检测单元，每个检测单元应布置不少于三个测区，每个测区应不少于一个测点；②测试部位宜选在墙体中部距楼、地面 1 m 左右的高度处，切割砌体每侧的墙体宽度不应小于 1.0 m；③同一墙体上，测点不宜多于一个，多于一个时，切割砌体的水平净距不得小于 2.0 m；④测试部位严禁选在挑梁下、应力集中部位以及墙梁的墙体计算高度范围内。

二、测试设备

(1)加荷设备,宜采用电动油压试验机。当受条件限制时,可采用由试验台座、加荷架、千斤顶和测力计等组成的加荷系统。

(2)测量仪表的示值相对误差不应大于2%,试验机每年校验一次,千斤顶加荷系统应每半年校验一次。

三、试验步骤

(1)在选定的测点上开凿试块,应遵守以下规定:

①对于外形尺寸为240 mm×115 mm×53 mm的普通砖,其砌体抗压试验切割尺寸应尽量接近240 mm×370 mm×720 mm;非普通砖的砌体抗压试验切割尺寸稍作调整,但高度应按高厚比$\beta=3$确定;中小型砌块的砌体抗压试验切割厚度应为砌块厚度,宽度应为主规格块的长度,高度取三皮砌块,中间一皮应有竖向缝。

②用合适的切割工具如手提切割机或专用切割工具,先竖向切割出试件的两竖边,再用电钻清除试件上的水平灰缝。清除大部分下水平灰缝,采用适当方式支垫后,清除其余下灰缝。

③将试件取下,放在带吊钩的钢垫板上。钢垫板及钢压板厚度应不小于10 mm。放置试件前应做厚度为20 mm的1:3水泥砂浆找平层。

④操作中应尽量减少对试件的扰动。

⑤将试件顶部采用厚度为20 mm的1:3水泥砂浆找平,放上钢压板,用螺杆将钢垫板与钢压板上紧,并保持水平。待水泥砂浆凝结后运至试验室。

(2)试件抗压试验之前应做以下准备工作:

①在试件四个侧面上画出竖向中线。

②在试件高度的1/4、1/2和3/4处,分别测量试件的宽度与厚度,测量精度为1 mm,取平均值。试件高度以垫板顶面量至压板底面。

(3)将试件吊起清除垫板下杂物后置于试验机上,垫平对中。拆除上下压板间的螺杆。

(4)采用分级加荷的办法加荷。每级的荷载应为预估破坏荷载值的10%,并应在1~1.5 min内均匀加完;恒荷1~2 min后施加下一级荷载。施加荷载时不得冲击试件。加荷至破坏值的80%后应按原定加荷速度连续加荷,直至试件破坏。当试件裂缝急剧扩展和增多,试验机的测力指针明显回退时,应定为该试件丧失承载能力而达到破坏状态。其最大的荷载读数即为该试件的破坏荷载值。

(5)试验过程中,应观察与捕捉第一条受力的发丝裂缝,并记录初始荷载值。

四、数据分析

(1)砌体试件的抗压强度,应按下式计算

$$\sigma_{uij} = \varphi_{ij} N_{uij} / A_{ij} \qquad (6\text{-}1)$$

式中　σ_{uij}——第i个测区第j个测点砌体试件的抗压强度,MPa;

N_{uij}——第i个测区第j个测点砌体试件的破坏载荷,N;

A_{ij}——第 i 个测区第 j 个测点砌体试件的受压面积,mm^2;

φ_{ij}——第 i 个测区第 j 个测点砌体试件的尺寸修正系数。

其中

$$\varphi_{ij}=\frac{1}{0.72+\frac{20S_{ij}}{A_{ij}}} \tag{6-2}$$

式中 S_{ij}——第 i 个测区第 j 个测点试件的截面周长,mm。

(2)砌块砌体试件的高厚比 $\beta>3$ 时,其砌体试件抗压强度按下式计算

$$\sigma_{uij}=\varphi_{ij}N_{uij}/(\varphi_0 A_{ij}) \tag{6-3}$$

式中 φ_0——稳定系数,按现行国家标准《砌体结构设计规范》附录 D 的公式 D.0.1-3 计算。

(3)测区的砌体试件抗压强度平均值,应按下式计算

$$f_{mi}=\frac{1}{n_1}\sum_{j=1}^{n_1}f_{mij} \tag{6-4}$$

式中 f_{mi}——即 σ_{uij},测区的砌体抗压强度平均值,MPa;

n_1——测区的测点(试件)数。

(4)检测单元砌体抗压强度标准值按本章第十五节的方法确定。

五、适用范围及其他

(1)切割法适用于砂浆强度大于 1 MPa 的砌体检测。当砂浆强度低于 1 MPa 时,不易取出完整的试件或切割扰动对砌体强度的影响较大。

(2)测试结果除反映砂浆强度因素外,还直接反映砌体的砌筑质量。

(3)切割法检测方法与现行国标《砌体基本力学性能试验方法标准》相近,数据可信度较高。

(4)被测试墙体局部破损较大,试件切割、运输工作量较大。

第三节 原位轴压法测定砖砌体抗压强度

一、一般规定

(1)原位轴压法是在墙体上开凿两条水平槽孔,安放原位压力机,测试槽间砌体的抗压强度,并将抗压强度换算为标准砌体抗压强度的方法。

(2)本方法适用于测试 240 mm 厚普通砖墙体的砌体抗压。原位压力机由手泵、扁式千斤顶、反力平衡架等组成,其工作状态如图 6-1 所示。

(3)测试部位应具有代表性,并应符合下列规定:①同一设计强度等级砌筑单位为一个检测单元,每个检测单元应布置不少于 6 个测区,每个测区应布置不少于 1 个测点;②测试部位宜选在墙体中部距楼、地面 1 m 左右的高度处,槽间砌体每侧墙体宽度不应大于 1.5 m;③同一墙体上,测点不宜多于 1 个,且宜置于沿墙体长度的中间部位,多于 1 个

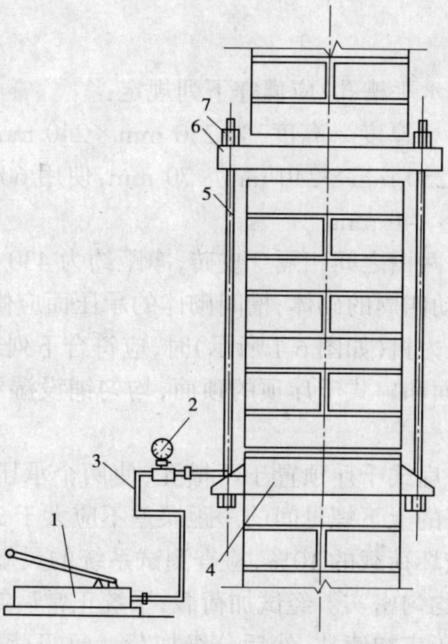

1—手泵;2—压力表;3—高压油管;
4—扁千斤顶;5—拉杆;6—反力板;7—螺母

图 6-1　原位压力机测试工作状况

时,其水平净距不得小于 2.0 m;④测试部位严禁选在挑梁下、应力集中部位以及墙梁的墙体计算高度范围内。

二、测试设备

(1)原位压力机主要技术指标应符合表 6-1 的要求。

表 6-1　原位压力机主要技术指标

项　目	单　位	指　标	
		450 型	600 型
额定压力	kN	400	500
极限压力	kN	450	600
最大行程	mm	15	15
极限行程	mm	20	20
示值相对误差	%	±3	±3

(2)原位压力机的压力值应按定度或校验确定,定度或校验有效期为半年。

三、试验步骤

(1)在选定的测点上开凿水平槽孔,应遵守下列规定:

①上水平槽的尺寸(长度×厚度×高度)为 250 mm×240 mm×70 mm;使用 450 型压力机时下水平槽的尺寸为 250 mm×240 mm×70 mm,使用 600 型压力机时下水平槽的尺寸为 250 mm×240 mm×140 mm。

②上下水平槽孔应对齐,两槽之间相隔 7 皮砖,净距约为 430 mm。

③开槽时应注意防止扰动四周的砌体;槽间砌体的承压面应修平整。

(2)在槽孔间安放原位压力机(如图 6-1 所示)时,应符合下列规定:

①分别在上槽内的下表面和扁式千斤顶的顶面,均匀铺设湿细砂垫层或石膏等其他材料,厚约 10 mm。

②将反力板置于上槽孔,扁式千斤顶置于下槽孔,使两个承压板上下对齐后,拧紧螺母并调整其平行度;四根钢杆的上下螺母间的净距误差不应大于 2 mm。

③试加荷载,约为预估破坏荷载的 10%,检查测试系统的灵敏性和可靠性,以及上下压板和砌体受压面接触是否均匀密实。经试加荷载,系统正常后卸荷,开始正式测试。

(3)正式测试时,记录油压表初读数,然后分级加荷。每级荷载宜为预估破坏荷载的 10%,并应在 1~1.5 min 内均匀加完,然后恒荷 1~2 min。加荷至预估破坏荷载的 80% 后,应按原定加荷速度连续加荷,直至槽间砌体破坏。当槽间砌体裂缝急剧扩展和增多,油压表的指针明显回退时,应定为槽间砌体达到极限状态。

(4)试验过程中,如发现上下压板与砌体因接触不良,使砌体呈局部受压或明显偏心受压状态时,应停止试验。此时应调整试验装置,重新试验,无法调整时应更换测点。

(5)试验过程中,应仔细观察槽间砌体裂缝的出现与开展情况。记录槽间砌体初裂和破坏时的油压表读数、测点位置、裂缝图等。

四、数据分析

(1)根据槽间砌体初裂和破坏时的油压表读数,分别减去油压表的初始读数,按原位压力机的校验结果,计算槽间砌体的开裂荷载和破坏荷载。

(2)槽间砌体试件的抗压强度,应按下式计算

$$\sigma_{uij} = N_{uij} / A_{ij} \tag{6-5}$$

式中 σ_{uij}——第 i 测区第 j 个测点槽间砌体试件的抗压强度,MPa;

N_{uij}——第 i 测区第 j 个测点槽间砌体试件的破坏荷载,N;

A_{ij}——第 i 测区第 j 个测点槽间砌体试件的受压面积,mm^2。

(3)槽间砌体试件抗压强度换算为标准试件的抗压强度,应按下列公式计算

$$f_{mij} = \sigma_{uij} / \xi_{1ij} \tag{6-6}$$

$$\xi_{1ij} = 1.36 + 0.54\sigma_{0ij} \tag{6-7}$$

式中 f_{mij}——第 i 测区第 j 个测点的试件抗压强度换算值,MPa;

ξ_{1ij}——原位轴压法的无量纲的强度换算系数;

σ_{0ij}——该测点的墙体工作压应力，MPa，可采用按墙体实际所承受的荷载标准值计算，有条件时宜采用实测应力值。

(4)测区的砌体试件抗压强度换算值的平均值，应按下式计算

$$f_{mi}=\frac{1}{n}\sum_{j=1}^{n_1}f_{mij} \tag{6-8}$$

式中　f_{mi}——测区的砌体试件抗压强度换算值的平均值；

n_1——测区的测点数。

(5)检测单元砌体抗压强度标准值按本章第十五节的方法确定。

五、适用范围及其他

(1)原位轴压法适用范围较广，既可用于砂浆强度较低、变形较大的砌体，又适用于砌体强度较高的砌体。

(2)测试结果除能反映砖和砂浆强度因素外，还直接反映砌体的砌筑质量。

(3)原位压力试验机是 1987 年由西安建筑科技大学研制的。

(4)试验设备自重较大，其中油缸式液压扁顶重约 25 kg。

第四节　扁顶法测定砖砌体抗压强度

一、一般规定

(1)扁顶液压顶法(简称扁顶法)是在砖墙的水平灰缝处安放扁式液压千斤顶(简称扁顶)，测得墙受压工作应力、砌体弹性模量和砌体抗压强度的方法。

(2)本方法适用于测试 240 mm 或 370 mm 厚砖墙的受压工作应力、砌体弹性模量和砌体抗压强度。其工作状态如图 6-2 所示。

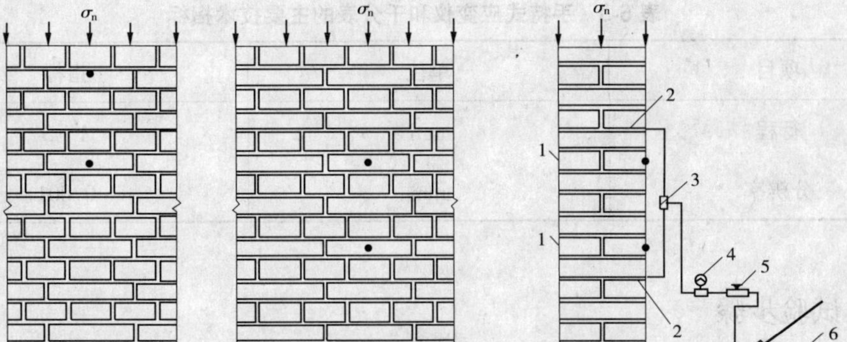

(a)测试受压工作应力　　(b)测试弹性模量、抗压强度

1—变形测量脚标(两对)；2—扁式液压千斤顶；3—三通接头；

4—压力表；5—溢流阀；6—手动油泵

图 6-2　扁顶法测试装置与变形测点布置

(3)测试部位应具有代表性,并符合下列规定:①同一设计强度等级砌筑单位为一个检测单元,每个检测单元应布置不少于6个测区,每个测区应布置不少于1个测点;②测试部位宜选在墙体中部距楼、地面1 m左右的高度处,槽间砌体每侧的墙体宽度不应小于1.5 m;③同一墙体上,测点不宜多于1个,且宜置于沿墙体长度的中间部位,多于1个时,槽间砌体的水平净距不得小于2.0 m;④测试部位严禁选在挑梁下、应力集中部位以及墙梁的墙体计算高度范围内。

二、测试设备

(1)扁顶由1 mm厚合金钢板焊接而成,总厚度为5~7 mm,大面尺寸分别为250 mm×250 mm、250 mm×380 mm、380 mm× 380 mm和380 mm×500 mm,对240 mm厚墙体可选用前两种扁顶,对370 mm厚墙体可选用后两种扁顶。

(2)扁顶的主要技术指标应符合表6-2的要求。

表6-2　扁顶的主要技术指标

项目	单位	指标
额定压力	kN	400
极限压力	kN	480
最大行程	mm	10
极限行程	mm	15
示值相对误差	%	±3

(3)每次使用前,应对扁顶的力值进行校验。

(4)手持式应变仪和千分表的主要技术指标应符合表6-3的要求。

表6-3　手持式应变仪和千分表的主要技术指标

项目	单位	指标
行程	mm	1~3
分辨率	mm	0.001

三、试验步骤

(1)实测墙体的受压工作应力,应符合下列要求:

①在选定的墙体上,标出水平槽的位置并粘贴两对变形测量的脚标。脚标应位于水平槽中部并跨越该槽,应粘贴牢靠,脚标之间的标距相隔四皮砖,约250 mm,如图6-2所示。试验前应记录标距值,精确至0.1 mm。

②使用手持应变仪或千分表在脚标上测量砌体变形的初读数,应测量3次,取其平均值。

③在选定的墙上开凿一条平槽，槽的尺寸应略大于扁顶尺寸。开凿时不应损伤测区部分的墙体及变形测量脚标。应清理平整槽四周，除去灰渣。

④使用手持式应变仪或千分表在脚标上测量开槽后砌体的变形，待读数稳定后方可进行下一步试验工作。

⑤在槽内安装扁顶，扁顶上下两面宜垫尺寸相同的钢垫板，再按图 6-2 的要求连接试验油路。

⑥试加荷载，约为预估破坏荷载的 10%，检查测试系统的灵敏性和牢固性，以及扁顶上下和砌体受压面接触是否均匀密实。经试加荷载，检测系统正常后卸荷，开始正式试验。

⑦正式试验时，应记录油压表初读数，然后分级加荷。每级荷载应为预估破坏荷载的 5%，并应在 1.5～2 min 内均匀加完，恒荷 1～2 min 后测读变形值。当变形值接近开槽前的读数时，应适当减小加荷级差，直至实测变形值达到开槽前的读数，然后卸荷。

(2)实测墙内砌体抗压强度或弹性模量，应符合下列要求：

①在完成墙体的受压工作应力测试后，开凿第二条水平槽，上下槽应互相平行、对齐。当选用 250 mm×250 mm 扁顶时，两槽之间相隔 7 皮砖，净距约 430 mm；当选用其他尺寸的扁顶时，两槽之间相隔 8 皮砖，约 490 mm。遇有灰缝不规则或砂浆强度较高而难以凿槽的情况，可以在槽孔处取出一皮砖，安装扁顶时应采用钢制楔形垫块调整其间隙。

②应按第(1)步第⑤条的要求在上下槽内安装扁顶。

③试加荷载，应符合第(1)步第⑥条的要求。

④试验时采用分级加荷方法，每级荷载宜为预估破坏荷载的 10%，并应在 1～1.5 min 内均匀加完，然后恒荷 1～2 min。加荷至预估破坏荷载的 80%后，应按原定加荷速度连续加荷，直至槽间砌体破坏。当槽间砌体裂缝急剧扩展和增加，油压表的指针明显回退时，应定为砌体达到极限状态。

当需要测定砌体受压弹性模量时，应在砌体两侧各粘贴一对变形测量脚标，脚标应位于槽间砌体的中部，脚标之间相隔 4 皮砖，约 250 mm，如图 6-2 所示。试验前应记录标距值，精确至 0.1 mm。按上述加荷方法进行试验，测记逐级荷载下的变形值。加荷的应力上限不宜大于槽间砌体极限抗压强度的 50%。

⑤当槽间砌体上部压应力小于 0.2 MPa 时，应加设反力平衡架，方可进行试验。

⑥试验过程中，应仔细观察并做好记录。记录内容应包括描绘测区布置图、墙体砌合方式、扁顶位置、脚标位置、轴向变形值、初裂荷载与极限荷载等。

(3)当仅需要测定砌体抗压强度时，应同时开凿两条水平槽，按第(2)条的要求进行试验。

四、数据分析

(1)根据试验结果，按现行国家标准《砌体基本力学性能试验方法标准》的方法，计算砌体在有侧向约束情况下的弹性模量；当换算为标准砌体的弹性模量时，计算结果应乘以换算系数 0.85。

墙体的受压工作应力，等于实测变形值达到开槽前的读数时所对应的应力值。

(2)槽间砌体试件的抗压强度，应按式(6-5)计算。

(3)槽间砌体抗压强度换算为标准砌体的抗压强度,应按下列公式计算

$$f_{mij} = \sigma_{uij} / \xi_{2ij} \tag{6-9}$$

$$\xi_{2ij} = 1.18 + 4\frac{\sigma_{0ij}}{\sigma_{uij}} - 4.18\left(\frac{\sigma_{0ij}}{\sigma_{uij}}\right)^2 \tag{6-10}$$

式中　ξ_{2ij}——扁顶法的强度换算系数;

σ_{0ij}——该测点的墙体工作压应力,MPa。

(4)测区的砌体试件抗压强度平均值应按式(6-8)计算。

(5)检测单元砌体抗压强度标准值按本章第十五节的方法确定。

五、适用范围及其他

(1)扁顶法适用于砂浆强度 $f_2 = 1 \sim 5$ MPa 普通砖的砌体检测。当砌体强度较高或砌体轴向变形较大时,不易测出抗压强度。

(2)测试结果除反映砖和砂浆强度因素外,还直接反映砌筑质量。

(3)扁顶法砌体承载力原位检测技术是 1985 年由湖南大学研制的。

(4)设备较轻便,但扁顶重复使用率不高。

第五节　推出法评定砌筑砂浆抗压强度

一、一般规定

(1)推出法是用推出仪从墙体上水平推出单块丁砖,测得水平推力及测出砖下的砂浆饱满度,以此评定砌筑砂浆抗压强度的方法。

(2)本方法适用于评定烧结普通砖和蒸压灰砂砖 240 mm 厚砌体的砌筑砂浆抗压强度,所测砂浆的强度等级为 M1～M15,其工作状态如图 6-3 所示。

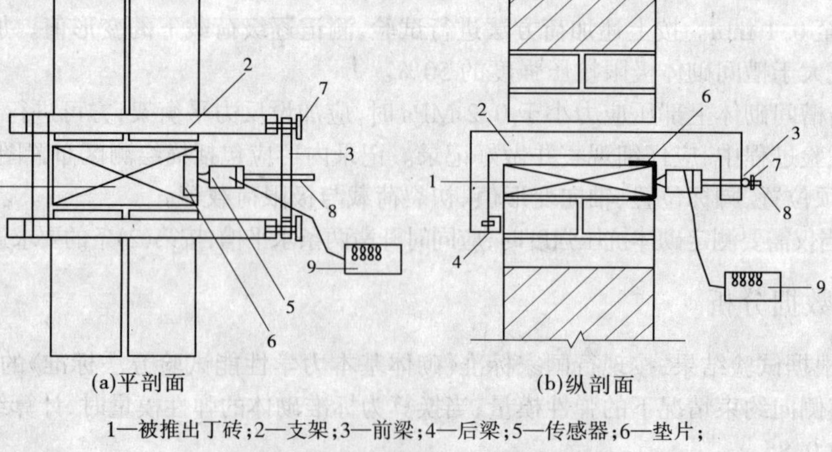

1—被推出丁砖;2—支架;3—前梁;4—后梁;5—传感器;6—垫片;

7—调平螺丝;8—传力螺杆;9—推出力峰值测定仪

图 6-3　推出法测试装置示意图

(3)选择测点应符合下列要求:①同一设计强度等级砌筑单位为一个检测单元,每个检测单元应布置不少于6个测区,每个测区应布置不少于5个测点;②测点宜均匀地布置在墙上,并应避开施工中的预留洞口;③被推丁砖的表面应平整,必要时可用砂轮清除表面的杂物并磨平;④被推丁砖下的水平灰缝厚度应为8~12 mm;⑤测试前,被推丁砖应编号,并详细记录墙体的外观情况。

二、测试设备

(1)推出仪的主要技术指标应符合表6-4的要求。

表6-4　推出仪的主要技术指标

项目	单位	指标
额定推力	kN	30
相对测量范围	%	20~80
最大行程	mm	80
示值相对误差	%	±3

(2)力值显示仪器(或仪器)应符合下列要求:①最小分辨率为0.05 kN,力值范围为0~30 kN;②具有测力峰值保持功能;③仪器读数显示稳定,在4 h内的读数漂移应小于0.05 kN。

(3)推出仪的力值,每年校验一次,其测力精度符合表6-4的规定。

三、试验步骤

(1)取出被测丁砖上部的两块顺砖(见图6-4),应按下列步骤进行:①使用冲击钻在图6-4所示 *A* 点打出40 mm宽的孔洞;②用锯条自 *A* 至 *B* 点锯开灰缝;③用锯条锯切被测砖两侧的竖向灰缝,直至下皮砖顶面;④开洞及清缝时,不得扰动被推丁砖。

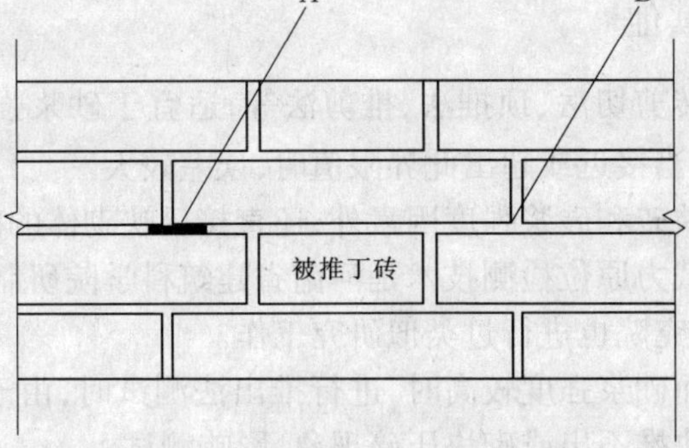

图6-4　推出法试验示意图

(2)安装推出仪(如图6-3所示),用尺测量前梁两端与墙面距离,使其误差小于3 mm,传感器的力作用点,在水平方向位于被推丁砖中间,铅垂方向距被推丁砖下表面之上 15 mm 处。

(3)旋转加荷螺杆加荷,加荷速度宜控制在 5 kN/min。当砖被推动,测力仪器读数下降时,即结束试验。记录推出力 N_{ij}。

(4)取下被推丁砖,用百格网测试砂浆饱满度 B_{ij}。

四、数据分析

(1)单个测区的推出力均值,应按下式计算

$$N_i = \xi_{3i} \frac{1}{n_1} \sum_{i=1}^{n_1} N_{ij} \tag{6-11}$$

式中 N_i——第 i 个测区的测点推出力均值,kN,精确至 0.01 kN;

N_{ij}——第 i 个测区第 j 的测点的推出力峰值,kN;

ξ_{3i}——推出法的砖品种修正系数,对烧结普通砖,取 1.00,对蒸压(养)灰砂砖,取 1.14。

(2)测区的砂浆饱满度均值,应按下式计算

$$B_i = \frac{1}{n_1} \sum_{j=1}^{n_1} B_{ij} \tag{6-12}$$

式中 B_i——第 i 个测区的砂浆饱满度均值,以小数计,取小数点后两位;

B_{ij}——第 i 个测区第 j 测点砖下的砂浆饱满度实测值,以小数计。

(3)测区的砂浆强度平均值,应按下列公式计算

$$f_{2i} = 0.30(N_i / \xi_{4i})^{1.19} \tag{6-13}$$

$$\xi_{4i} = 0.45B_i^2 + 0.9B_i \tag{6-14}$$

式中 f_{2i}❶——第 i 个测区的砂浆强度平均值,MPa;

ξ_{4i}——推出法的砂浆饱满度修正系数,以小数计。

(4)检测单元砂浆抗压强度标准值按本章第十五节的方法确定。

五、适用范围及其他

(1)推出法又称单砖剪切法、顶推法、推剪法等,适宜于砂浆强度 $f_2 = 1 \sim 15$ MPa 普通砖和灰砂砖的检测。当接近或超出此界限值时,误差较大。

(2)测试结果除反映砖和砂浆强度因素外,还直接反映砌体的砌筑质量。

(3)推出法砌体承载力原位检测技术是河南省建筑科学院研制的,编有河南省地方标准。江苏省建筑科学研究院也进行过类似研究工作。

(4)当砖强度较低而砂浆强度较高时,进行推出法测试时,由于砖块横向膨胀产生横向挤压力,可能出现砖块推不出或砌块压碎现象,影响测试。

(5)当测区的砂浆饱满度平均值小于 0.65 时,不宜使用本方法。

❶ 对蒸压(养)灰砂砖墙体,f_{2i} 相当于以蒸压(养)灰砖为底模的砂浆试块强度。

第六节　原位单剪法测定砌体抗剪强度

一、一般规定

(1)原位砌体通缝单剪法(简称原位单剪法)是指在砌体结构的适宜部位安装千斤顶,直接进行沿砌体通缝截面的单剪试验,确定砌体沿通缝截面抗剪强度的方法。

(2)测试部位宜选在窗洞口或其他洞口下2～3皮砖范围内,试件具体尺寸详见图6-5。

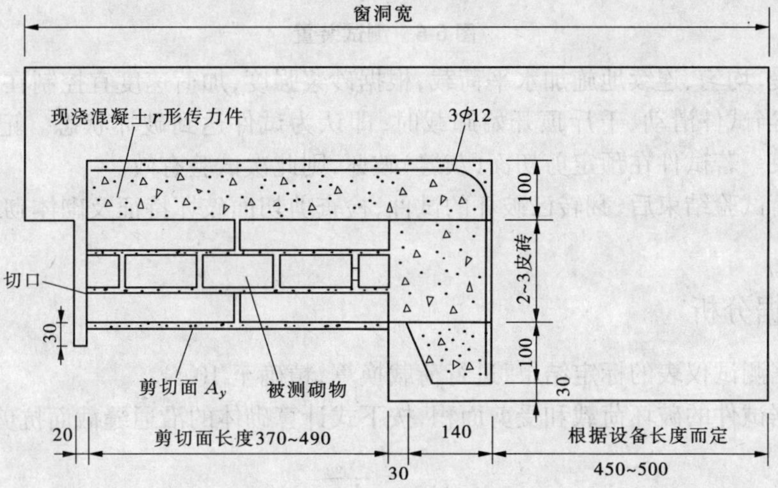

图6-5　试件大样　(单位:mm)

(3)试件的加工过程中,应避免扰动被测灰缝。

二、测试设备

(1)测试设备包括千斤顶或卧式液压千斤顶、荷载传感器及数字荷载表等。试件的预估破坏荷载值应在千斤顶、传感器最大测量值的20%～80%之间。

(2)检测前,应对荷载传感器及数字荷载表进行标定,其示值误差和示值差动性指标均不应大于3%。

三、试验步骤

(1)同一设计强度等级砌筑单位为一个检测单元,每个检测单元应布置不少于6个测区,每个测区应布置不少于1个测点。

(2)在选定的墙体上,按图6-5所示,使用手提切片砂轮或木工锯等振动较小的工具加工切口,现浇钢筋混凝土传力件。

(3)精确测量所测灰缝的受剪面尺寸,精确至1 mm。

(4)按图6-6的要求安装千斤顶及测试仪表。千斤顶的加载轴线与被测灰缝顶面应严格对齐。

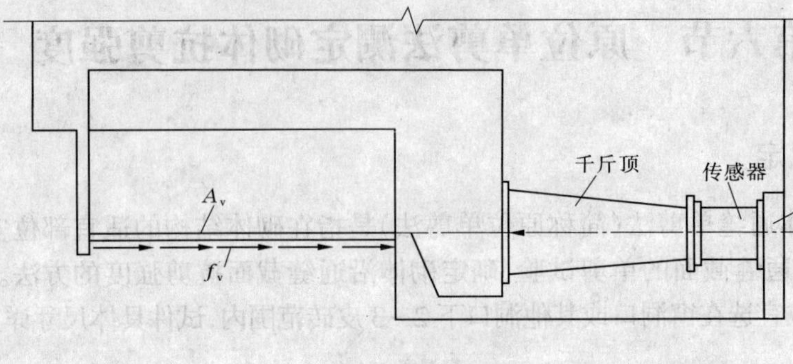

图 6-6　测试装置

(5)缓慢、均匀、连续地施加水平荷载，根据砂浆强度，加荷速度宜控制在 2～5 min 使试件破坏。当试件滑动、千斤顶开始卸载时，即认为试件达到破坏状态。记录破坏荷载值，试验结束。若试件在预定剪切面(灰缝)破坏，则此次试验有效。

(6)加荷试验结束后，翻转已破坏的试件，检查剪切面破坏特征及砌体砌筑质量，并详细记录。

四、数据分析

(1)根据测试仪表的标定结果，进行荷载换算，精确至 10 N。

(2)根据试件的破坏荷载和受剪面积，按下式计算砌体的沿通缝截面抗剪强度值

$$f_{vij} = \frac{N_{vij}}{A_{vij}} \tag{6-15}$$

式中　f_{vij}——第 i 个测区第 j 测点的砌体沿通缝截面抗剪强度，MPa；

N_{vij}——第 i 个测区第 j 个测点的抗剪破坏荷载，N；

A_{vij}——第 i 个测区第 j 个测点的受剪面积，mm^2。

(3)测区的砌体测点沿通缝截面抗剪强度平均值，应按下式计算

$$f_{vi} = \frac{1}{n_1}\sum_{j=1}^{n_1} f_{vij} \tag{6-16}$$

式中　f_{vi}——测区的砌体沿通缝截面抗剪强度平均值。

(4)检测单元砌体沿通缝截面抗剪强度标准值按本章第十五节的方法确定。

五、适用范围及其他

(1)原位单剪法适用于常用砂浆位数的砌体检测。

(2 测试结果除反映砂浆强度因素外，还直接反映砌体的砌筑质量。

(3)原位单剪法直观性较强。

(4)原位单剪法测试对墙体局部或产生较大的损伤，且试验准备工作周期较长。

第七节　原位单砖双剪法测定砖砌体通缝抗剪强度

一、一般规定

(1)原位单砖双剪法是对砌体的单块顺砖进行原位双剪试验,确定砌体沿通缝截面抗剪强度的方法。

(2)本方法适用于测定烧结普通砖砌体的抗剪强度,其工作状态如图 6-7 所示。

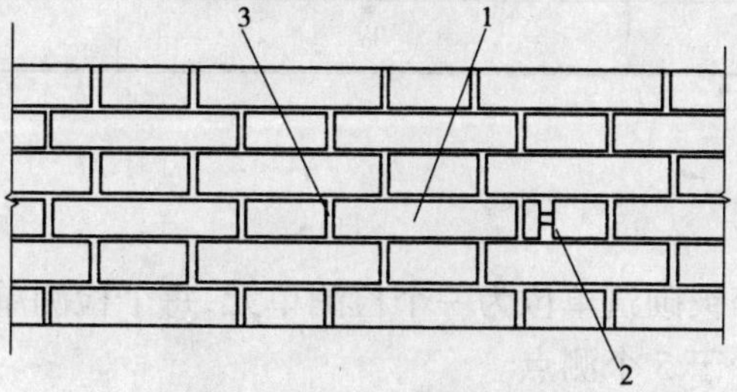

1—剪切试件;2—剪切仪主机;3—掏空的竖缝

图 6-7　原位单砖双剪试验工作原理示意图

(3)原位单砖双剪试验可在有上部垂直荷载产生的压应力 σ_0 作用下进行,也可采用释放上部压应力 σ_0 的试验方案,宜优先选用后者。

(4)测点在测区内的分布,应符合下列规定:①每个测区随机布置的 n_1 个测点,在墙体两面的数量宜接近或相等,以一块完整的顺砖和上下两条水平灰缝作为一个测点(试件)。②下列部位不应布设测点:门、窗洞口侧边;后补的施工洞口和经修补的砌体;独立砖柱和窗间墙。

二、测试设备

(1)本方法使用的测试设备为原位剪切仪,其成套设备如图 6-8 所示。

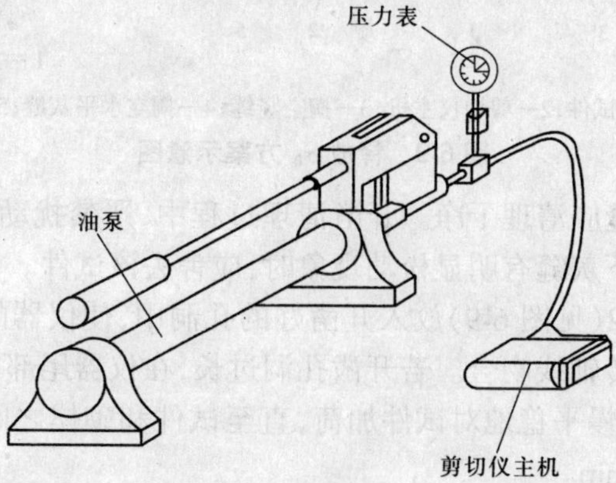

图 6-8　原位剪切仪示意图

(2)原位剪切仪的主要技术指标应符合表6-5的规定。

(3)原位剪切仪的力值,应每半年校验一次,其技术指标应符合表6-5的要求。

表6-5　原位剪切仪的主要技术指标

项目	单位	指标	
		75型	150型
额定负载	kN	75	150
相对测量范围	%	20～100	
最大行程	mm	≥20	
示值相对误差	%	≤±3	

三、试验步骤

(1)同一设计强度等级砌筑单位为一个检测单元,每个检测单元应布置不少于6个测区,每个测区应布置不少于5个测点。

(2)当采用上部压应力 σ_0 方案时,按图6-7的要求,将剪切试件1相邻一端的一块砖掏出,清除四周的灰缝,制备出安放剪切仪主机2的孔洞,截面尺寸不得小于115 mm×65 mm,孔洞应位于离砌体侧边的远端;掏空、清除剪切试件1另一端的竖缝3。

(3)当释放试件上部压应力 σ_0 时,应按图6-9所示,掏空水平灰缝4,掏空范围由剪切试件1的两端向上按45°角扩散,掏空长度应大于620 mm,深度应大于240 mm。

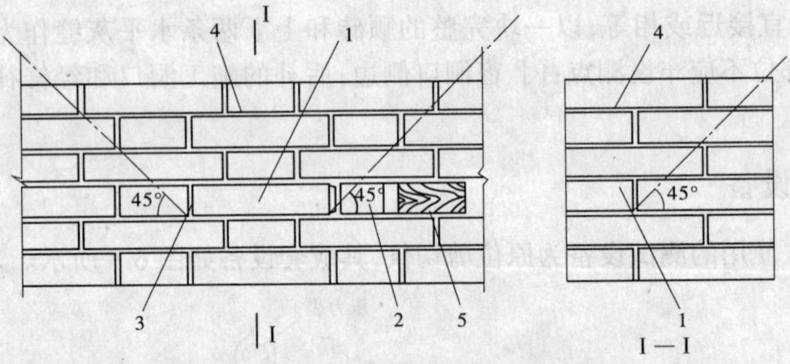

1—剪切试件;2—剪切仪主机;3—掏空竖缝;4—掏空水平灰缝;5—垫块

图6-9　释放 σ_0 方案示意图

(4)试件两端的灰缝应清理干净。开凿清理过程中,严禁扰动试件;如发现被推砖块有明显缺棱掉角或上、下灰缝有明显松动现象时,应舍去该试件。

(5)将剪切仪主机2(见图6-9)放入开凿好的孔洞中,使仪器的承压板与试件的砖块顶面重合,仪器轴线与砖轴线吻合。若开凿孔洞过长,在仪器尾部应另加垫块5。

(6)操作剪切仪,缓慢平稳地对试件加荷,直至试件和砌体之间发生相对位移。试件加荷的过程宜为1～3 min。

(7)记录试件破坏时剪切仪测力计的最大读数,精确至0.1个分度值。采用无量纲指标仪表的剪切仪时,应按剪切仪的校验结果换算成以N为单位的破坏荷载。

四、数据分析

(1)试件的砌体测点通缝抗剪强度,应按下式计算

$$f_{vij} = \frac{0.64N_{vij}}{2A_{vij}} - 0.7\sigma_{0ij} \tag{6-17}$$

式中　A_{vij}——第 i 个测区第 j 个测点单个受剪面的面积,mm^2。

(2)测区的砌体测点沿通缝截面抗剪强度平均值,应按式(6-16)计算。

(3)检测单元砌体沿通缝截面抗剪强度标准值按本章第十五节的方法确定。

五、使用范围及其他

(1)原位单砖双剪法适用于砂浆强度大于 5 MPa 的砌体检测。当砂浆强度低于 1 MPa 时,不易取出完整的试件或切割扰动对砌体强度的影响较大。

(2)测试结果除反映砂浆强度因素外,还直接反映砌体的砌筑质量。

(3)原位单砖双剪法是陕西省建筑科学研究院研究成功的检测方法。

(4)原位单砖双剪法直观性较强,设备较简单。

(5)被测试墙体局部破损。

第八节　筒压法评定砌筑砂浆抗压强度

一、一般规定

(1)筒压法是指从烧结普通砖砌体中,取一定数量并加工与烘干成符合一定级配要求的砂浆颗粒,装入承压筒中,施加一定的静压力(筒压荷载)后,测定其破损程度,以筒压值表示,据此评定砌筑抗压强度的方法。

(2)本方法适用于评定烧结普通砖砌体中,下列品种及强度范围的砌筑砂浆的抗压强度:①中、细砂配制的水泥砂浆,砂浆强度为 2.0～20 MPa;②中、细砂配制的水泥石灰混合砂浆,砂浆强度为 2.0～15 MPa;③特细砂配制的水泥石灰混合砂浆(以下简称特细砂混合砂浆),砂浆强度为 1.0～15 MPa;④中、细砂配制的水泥粉煤灰砂浆(以下简称粉煤灰砂浆),砂浆强度为 2.2～20 MPa;⑤石灰质石粉砂与中、细砂混合配制的水泥石灰混合砂浆和水泥砂浆(以下简称石粉砂浆),砂浆强度为 2.0～20 MPa。

(3)本方法不适用于评定遭受火灾、化学侵蚀等砌筑砂浆的强度。

二、测试设备

(1)本方法专用设备为承压筒,如图 6-10 所示,可用普通碳素钢或合金钢自行制作,也可用测定轻骨料筒压强度的承压筒代替。

(2)本方法所用的其他设备和仪器包括:50～100 kN 压力试验机或万能试验机;砂摇筛机;干燥箱;孔径为 5 mm、10 mm、15 mm 的标准砂石筛(包括筛盖和底盘);水泥跳桌;称量为 1 000 g、感量为 0.1 g 的托盘天平。

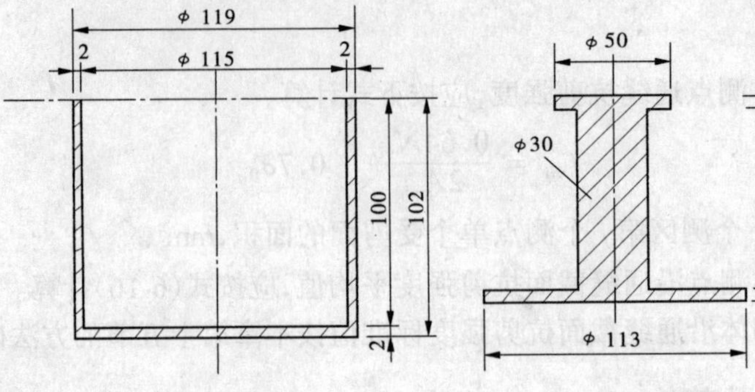

(a)承压筒剖面　　(b)承压盖剖面

图 6-10　承压筒构造　(单位:mm)

三、试验步骤

(1)同一设计强度等级砌筑单位为一个检测单元,每个检测单元应布置不少于 6 个测区,每个测区应布置不少于 1 个测点。

(2)在每一个测点,从距墙表面 20 mm 以内的水平灰缝中凿取砂浆约 4 000 g,砂浆片(块)的最小厚度不得小于 5 mm。各个测区的砂浆样品应分别放置并编号,不得混淆。

(3)使用手锤击碎样品,筛取 5~15 mm 粒级的砂浆颗粒约 3 000 g,在(105±5) ℃的温度下烘干至恒重,待冷却至室温后备用。

(4)每次取烘干样品略多于 1 000 g,置于孔径 5 mm、10 mm、15 mm 标准筛所组成的套筛中,机械摇筛 2 min 或手工摇筛 1.5 min。称取粒级 5~10 mm 和 10~15 mm 的砂浆颗粒各 250 g,混合均匀后即为一个试样。共制备三个试样。

(5)每个试样需分两次装入承压筒。每次约装 1/2,在水泥跳桌上跳震 5 次;第二次装料并跳震后,整平表面,安上承压盖。如无跳桌,也可参照砂、石紧密度的试验方法颠击密实。

(6)将装料的承压筒放在 50~100 kN 的压力试验机上试压,应于 20~40 s 内均匀加荷至规定的筒压荷载值后立即卸荷。不同品种砂浆的筒压荷载值分为:①水泥砂浆、石粉砂浆 20 kN;②水泥石灰混合砂浆、粉煤灰砂浆 10 kN;③特细砂混合砂浆为 5 kN。

(7)将施压后的试样倒入由孔径 5 mm 和 10 mm 标准筛组成的套筛中,装入摇筛机摇筛 2 min 或人工摇筛 1.5 min,筛至每隔 5 s 的筛出量基本相等。

(8)称量各筛筛余试样的重量(精确至 0.19 g),各筛的分计筛余量和底盘剩余量的总和,与筛分前的试样重量相比,相对差值不得超过试样重量的 0.5%,否则应重新进行试验。

四、数据分析

(1)标准试样的筒压比值,应按下式计算

$$T_{ij} = \frac{t_1 + t_2}{t_1 + t_2 + t_3} \tag{6-18}$$

式中　T_{ij}——第 i 个测区中第 j 个试样的筒压比,以小数计;

t_1、t_2、t_3——孔径 5 mm、10 mm 筛的分计筛余量和底盘中的剩余量。

(2)第 i 个测区的砂浆筒压比,应按下式计算

$$T_i = \frac{1}{3}(T_{i1} + T_{i2} + T_{i3}) \tag{6-19}$$

式中　T_i——第 i 个测区的砂浆筒压比平均值,以小数计,精确至 0.01;

T_{i1}、T_{i2}、T_{i3}——第 i 个测区三个标准砂浆试样的筒压值。

(3)根据筒压比,测区的砂浆强度平均值应按式(6-20-1)～式(6-20-5)计算。

水泥砂浆

$$f_{2i} = 34.58(T_i)^{2.06} \tag{6-20-1}$$

水泥石灰混合砂浆

$$f_{2i} = 6.1(T_i) + 11(T_i)^2 \tag{6-20-2}$$

特细砂混合砂浆

$$f_{2i} = 2.24 - 13.1(T_i) + 24.3(T_i)^2 \tag{6-20-3}$$

粉煤灰砂浆

$$f_{2i} = 2.52 - 9.4(T_i) + 32.8(T_i)^2 \tag{6-20-4}$$

石粉砂浆

$$f_{2i} = 2.7 - 13.9(T_i) + 44.9(T_i)^2 \tag{6-20-5}$$

(4)检测单元砌筑砂浆强度标准值按本章第十五节的方法确定。

五、适用范围及其他

(1)筒压法适用于常用砂浆强度的砌体检测。

(2)测试结果只反映砂浆强度因素。

(3)筒压法检测砂浆强度方法是由山西省第四建筑工程公司等单位研究成功的,并编制了山西省地方标准。

(4)被测试墙体局部破损。

第九节　砂浆片剪切法评定砌筑砂浆抗压强度

一、一般规定

(1)砂浆片剪切法是指从砌体水平灰缝中取出砂浆片,经加工,使用专用的砂浆测强仪测定其抗剪强度,换算为砌筑砂浆抗压强度的方法。

(2)本方法适用于评定烧结普通砖砌体中水泥砂浆、混合砂浆的抗压强度。

(3)从每个测点处,宜取出两个砂浆大片,一片用于检测,一片备用。

(4)当施工日志等资料能说明墙体在一天内连续砌筑的起止位置时,应记录试样灰缝之上的一次连续砌筑的压砖皮数;不能说明时,则不记录。

二、测试设备

(1)砂浆测强仪,采用液压系统施加试验荷载,示值系统为两块带有被动指针的压力表,其工作原理见图 6-11。

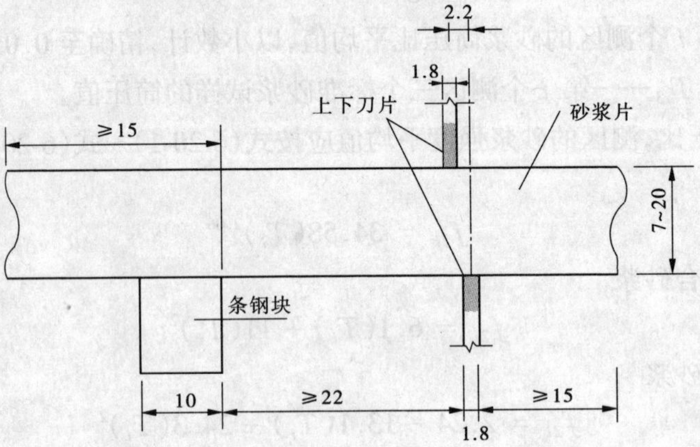

图 6-11　砂浆测强仪工作原理　(单位:mm)

(2)砂浆测强仪的主要技术指标应符合表 6-6 的要求。

表 6-6　砂浆测强仪主要技术指标

项　目		单　位	指　标
上下刀片刃口厚度		mm	1.8±0.02
上下刀片中心面间距		mm	2.2±0.05
试验荷载 N_v 范围		N	40～1 400
示值相对误差		%	≤3
刀片行程	上刀片	mm	≥30
	下刀片	mm	≥3
刀片刃口面平面度		mm	0.02
刀片刃口面棱角直线度		mm	0.02
刀片口硬度		HRC	55～58
整机质量		kg	≤20
整机体积		mm^3	≤(420×350×200)

(3)砂浆测强标定仪是砂浆测强仪的专用定度或校验仪器,其计量标准器为 200 N 与 1.5 kN 的三等标准测力计。

(4)砂浆测强标定仪的主要技术指标应符合表 6-7 的要求。

(5)砂浆测强仪的力值应按定度并经检验确定,校验有效期为半年。

表 6-7　砂浆测强标定仪主要技术指标

项　目	单　位	指　标
标定荷载 N_b 范围	N	40～1 400
示值相对误差	%	≤1
N_b 作用点偏离下刀片中心面距离	mm	±0.2

三、试验步骤

(1)制备砂浆片试件,应遵守下列规定:①同一设计强度等级砌筑单位为一个检测单元,每个检测单元应布置不少于 6 个测区,每个测区应布置不少于 5 个测点;②从测点处的单块砖上取下的原状砂浆大片,应编号,分别放入密封袋(如塑料袋)内;③同一个测区的砂浆片,应加工成尺寸接近的片状体,大面、条面均应平整,单个试件的各向尺寸宜为:厚度 7～15 mm,宽度 15～50 mm,长度按净距离不小于 22 mm 确定(见图 6-11);④试件加工完毕,应放入密封袋内。

(2)砂浆试件的含水率,应与砌体正常工作时的含水率基本一致。如试件呈冻结状态,必须缓慢升温解冻,并在与砌体含水率接近的条件下试验。

(3)砂浆试件的剪切试验,应遵守下列程序:①调平砂浆测强仪,使水准泡居中;②将砂浆试件置于砂浆测强仪内(见图 6-11),并用上刀片压紧;③开动小油泵顶升下刀片,对试件施加荷载,加荷速度按 0～0.16 MPa 压力(简称小表)表针每秒 1～2 格(2～4 N/s)控制,直至试件破坏或表针走至 150 格,试件未破坏时,关闭小表,改用 0～1 MPa 压力表,继续试验,加荷速度按每秒 1～1.5 格(10～15 N/s)控制,直至试件破坏。

(4)试件未沿刀片刃口破坏时,此次试验作废,应取备用试件补测。

(5)试件破坏后,应仔细记读压力表指针读数,估读至小数后一位,并换算成剪切荷载值。

(6)用游标卡尺或最小刻度为 0.5 mm 的钢板尺量测试件破坏断面尺寸,每个断面量测两次,分别取平均值。

四、数据分析

(1)砂浆试件的抗剪强度,应按下列公式计算

$$\tau_{ij} = \xi_{5ij}\frac{N_{vij}}{A_{ij}} \tag{6-21}$$

$$\xi_{5ij} = 1 - 0.01(n_{ij} - 1) \tag{6-22}$$

式中　τ_{ij}——第 i 个测区第 j 个砂浆试件的抗剪强度,MPa;

N_{vij}——试件的抗剪荷载值,N;

A_{ij}——试件破坏断面面积,mm^2;

ξ_{5ij}——施工时砌体的初始压力修正系数,当不能确定 n 值时,取 0.95;

n_{ij}——在一次连续砌筑的砌体中,试件所在水平灰缝之上的压砖皮数,n_{ij} 大于 19

时,取19。

(2)测区的测点砂浆抗剪强度平均值,应按下式计算

$$\tau_i = \frac{1}{n}\sum_{j=1}^{n_1}\tau_{ij} \qquad (6\text{-}23)$$

式中　τ_i——第 i 个测区的测点抗剪强度平均值,MPa。

(3)测区的砂浆抗压强度平均值,应按下式计算

$$f_{2i} = 7.17\tau_i \qquad (6\text{-}24)$$

(4)当测区的测点砂浆抗剪强度低于0.3 MPa时,应对式(6-24)的计算结果乘以表6-8的系数。

表6-8　低强砂浆的修正系数

τ_i(MPa)	≥0.30	0.25	0.20	≤0.15
系数	1.00	0.86	0.75	0.35

(5)检测单元砂浆抗压强度标准值按本章第十五节的方法确定。

五、适用范围及其他

(1)砂浆片剪切法适用于常用砂浆强度的砌体检测。

(2)测试结果只反映砂浆强度因素。

(3)本方法是由宁夏回族自治区建筑工程研究所研究成功的。

(4)被测试墙体局部破损。

第十节　回弹法评定砌筑砂浆抗压强度

一、一般规定

(1)回弹法是使用砂浆回弹仪检测砂浆表面硬度,根据回弹值和碳化深度评定砌筑砂浆抗压强度的方法。

(2)本方法适用于评定烧结普通砖砌体中砌筑砂浆的抗压强度,不适用于评定高温、长期浸水、冰冻、化学侵蚀、火灾等情况下的砂浆抗压强度。

(3)测位宜选在承重墙的可测面上,并避开门窗洞口及预埋铁件等附近的墙体。墙面上每个测位的面积宜大于0.3 m^2。

二、测试设备

(1)本方法采用的仪器为HT-20型砂浆回弹仪。

(2)HT-20型砂浆回弹仪的主要技术性能应符合表6-9的要求,其示值系统为指针直读式。

表 6-9　HT-20 型砂浆回弹仪技术性能指标

项　目	单　位	指　标
冲击动能	J	0.196
弹击锤冲程	mm	75
指针滑块的静摩擦力	N	0.5±0.1
弹击球面曲率半径	mm	25
在钢砧上率定平均回弹值	R	74±2
外形尺寸	mm	$\phi60\times280$
自　重	kg	≈1.0

(3)回弹仪除必须具有产品质量合格证外，还须经专业质量检验机构检验合格方可使用，其校检有效期为半年。

三、步骤试验

(1)同一设计强度等级砌筑单位为一个检测单元，每个检测单元应布置不少于 6 个测区，每个测区应布置不少于 5 个测位。

(2)测位处的粉刷层、勾缝砂浆、污物等应清除干净；弹击点处的砂浆表面，应仔细打磨平整，并除去浮灰。

(3)每个测位内均匀布置 12 个弹击点。选定弹击点应避开砖的边缘、气孔或松动的砂浆。相邻两弹击点的间距不应小于 20 mm。

(4)在每个弹击点上，使用回弹仪连续弹击 3 次，第 1、2 次不读数，仅记读第 3 次回弹值，精确至 1 个刻度。测试过程中，回弹仪应始终处于水平状态，其轴线应垂直于砂浆表面，且不得移位。

(5)在每一测位内，选择 1～3 处灰缝，用游标卡尺和 1% 的酚酞试剂测量砂浆碳化深度。读数精确至 0.5 mm。

四、数据分析

(1)从每个测位的 12 个回弹值中，分别剔除最大值、最小值，将余下的 10 个回弹值计算算术平均值，以 R 表示。

(2)每个测位的平均碳化深度，应取该测位各次测量的算术平均值，以 d 表示，精确至 0.5 mm。平均碳化深度大于 3.0 mm 时，取 3.0 mm。

(3)第 i 个测区第 j 个测位的砂浆强度换算值，应根据该测位的平均回弹值 R 和平均碳化深度值 d，分别按下列公式计算。

$d\leqslant1.0$ mm 时

$$f_{2ij} = 13.97\times10^{-5}R^{2.57} \tag{6-25-1}$$

$1.0\ \text{mm}<d<3.0\ \text{mm}$时

$$f_{2ij}=4.85\times10^{-5}R^{3.047} \tag{6-25-2}$$

$d\geqslant3.0\ \text{mm}$时

$$f_{2ij}=6.34\times10^{-5}R^{3.60} \tag{6-25-3}$$

式中　f_{2ij}——第 i 个测区第 j 个测位的砂浆强度值，MPa；

d——第 i 个测区第 j 个测位的平均碳化深度，mm；

R——第 i 个测区第 j 个测位的平均回弹值。

(4)测区的砂浆抗压强度平均值，应按下式计算

$$f_{2i}=\frac{1}{n}\sum_{j=1}^{n_1}f_{2ij} \tag{6-26}$$

五、适用范围及其他

(1)回弹法适用于砂浆强度 $f>2$ MPa 普通砖的砌体检测。当砂浆强度较低时，不易测出抗压强度。

(2)测试结果只反映砂浆强度。

(3)回弹法检测砂浆强度技术是由四川省建筑科学研究院等单位研究成功的，并编制了四川省地方标准。

(4)回弹仪有定型产品，性能稳定，操作简单。

第十一节　点荷载法评定砌筑砂浆抗压强度

一、一般规定

(1)点荷法是在砂浆片的大面上施加集中的点荷载至破坏，据此换算为砂浆抗压强度的方法。

(2)本方法适用于评定普通砖砌体中的砌筑砂浆抗压强度。

(3)从每个测点处，宜取出两个砂浆大片，一片用于检测，一片备用。

二、测试设备

(1)小吨位压力试验机(最小读数盘宜为 50 kN 以内)。

(2)自制加荷装置为试验机的附件，应符合下列要求：①加荷头内角为 60°的钢质圆锥体，锥底直径为 40 mm，锥体高度为 30 mm，如图 6-12 所示，其他尺寸可自定，加荷头需 2 个；②加荷头与试验机的连接方法可根据试验机的具体情况确定，宜将连接件与荷头设计为一个整体附件，在满足上款要求的前提下，也可制作其他专用加荷附件。

三、试验步骤

(1)同一设计强度等级砌筑单位为一个检测单元，每个检测单元应布置不少于 6 个测区，每个测区应布置不少于 5 个测点。

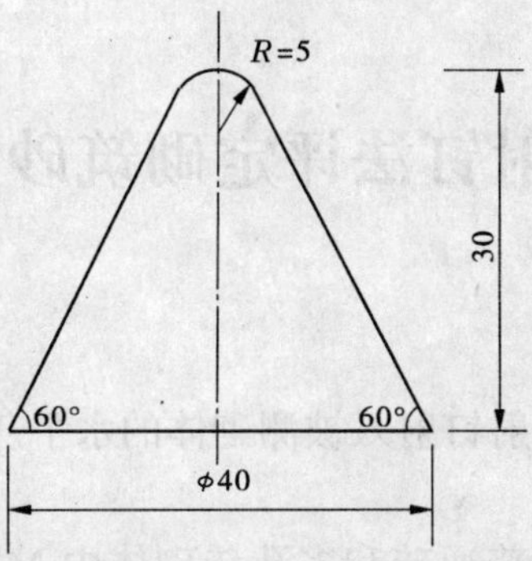

图 6-12　加荷头端部尺寸示意图　（单位:mm）

(2)制备试件,应遵照下列要求:①从每个测点处剥离出砂浆大片;②将砂浆片加工成(或选取)符合下列要求的试件:厚度 5～12 mm,预估作用半径为 15～25 mm,大面应平整,但其边缘不要求非常规则;③在砂浆试件上画出作用点,量测其厚度,精确至 0.1 mm。

(3)在小吨位压力试验机上安装加荷头,并将上、下两个加荷头对齐。

(4)将试件水平放置在下加荷头上,上、下加荷头对准预先画好的作用点,慢慢提起试验机的上压板,轻轻压上,然后缓慢均匀地施加荷载至试件破坏。试件可能破坏成数个小块。记录荷载值,精确至 0.1 kN。

(5)将破坏后的试件拼接成原样,量测荷载实际作用点中心到试件边缘的最短距离即作用半径,精确至 0.1 mm。

四、数据分析

(1)砂浆试件的抗压强度换算值,应按下列公式计算

$$f_{2ij} = (33.3\xi_{6ij}\xi_{7ij}N_{ij} - 1.1)^{1.09} \tag{6-27}$$

$$\xi_{6ij} = 1/(0.05\gamma_{ij} + 1) \tag{6-28}$$

$$\xi_{7ij} = 1/[0.03t_{ij}(0.1t_{ij} + 1) + 0.4] \tag{6-29}$$

式中　N_{ij}——点荷载值,kN;

ξ_{6ij}——荷载作用半径修正系数;

ξ_{7ij}——试件厚度修正系数;

γ_{ij}——作用半径,mm;

t_{ij}——试件厚度,mm。

(2)测区的砂浆抗压强度平均值,应按式(6-26)计算。

(3)检测单元砂浆强度标准值按本章第十五节的方法确定。

五、适用范围及其他

(1)点荷法适用于砂浆强度大于 2 MPa 的砌体检测。

(2)测试结果只反映砂浆强度因素。

(3)点荷法检测方法是由中国建筑科学研究院研究成功的。

(4)被测试墙体局部破损。

第十二节　射钉法评定砌筑砂浆抗压强度

一、一般规定

(1)射钉法是一种以动能将射钉射入被测砌体的水平灰缝中,依据成组射钉的射入量确定砂浆抗压强度的方法。

(2)本方法适用于评定烧结普通砖和多孔砖砌体中 M2.5～M15 水泥砂浆或混合砂浆的抗压强度。

(3)每个测区的测点,在墙体两面的数量宜各半。

二、测试设备

(1)测试设备包括射钉、射钉器、射钉弹和游标卡尺。

(2)射钉、射钉器和射钉弹动能的允许误差不应大于±5%。

(3)使用中的射钉、射钉器和射钉弹的计量性能可按相关的规定配套校验。其校验结果应符合下列各项指标的规定:①在标准靶上的平均射入量为 29.1 mm;②平均射入量的误差不大于±5%;③平均射入量的变异系数不大于 5%。

(4)射钉、射钉器的射钉弹每使用 1 000 发或半年,应作一次计量校验工作。

(5)经配套校验的射钉、射钉器和射钉弹,必须配套使用。

三、试验步骤

(1)同一设计强度等级砌筑单位为一个检测单元,每个检测单元应布置不少于 6 个测区,每个测区应布置不少于 5 个测点。

(2)在各测区的水平灰缝上,应按规程第 7.11.1.3 条的规定标出测点位置。测点处灰缝厚度不应小于 10 mm;在门窗洞口附近和经修补的砌体上不应布置测点。

(3)清除测点表面的覆盖层和疏松层,将砂浆表面修理平整。

(4)将射钉射入测点砂浆中,并量测射入量,其步骤如下:①应事先量测射钉的全长 l_1;②将测长后的射钉射入测点;③量测射钉外露部分的长度 l_2;④按下式计算射入量 l

$$l = l_1 - l_2 \tag{6-30}$$

式中,l、l_1、l_2 的测量和取值应精确至 0.1 mm。

(5)射入砂浆中的射钉,应垂直于砌筑面且无明显的歪斜和擦靠块材的现象,否则应舍去,再重新补测。

四、数据分析

(1)单个测区的射钉平均射入量,应按下式计算

$$l_{mi} = \frac{1}{n}\sum_{j=1}^{n_1} l_{ij} \tag{6-31}$$

式中　l_{mi}——第 i 个测区的射钉平均射入量，mm；

l_{ij}——第 i 个测区的第 j 个测点的射入量，mm。

(2)测区的砂浆抗压强度平均值，应按下式计算

$$f_{2i} = a l_{mi}^{-b} \tag{6-32}$$

式中　a、b——射钉常数，按表 6-10 取值。

表 6-10　射钉常数

砖品种	a	b
烧结普通砖	47 000	2.52
烧结多孔砖	50 000	2.40

(3)检测单元砂浆强度标准值按本章第十五节的方法确定。

五、适用范围及其他

(1)射钉法适用于混合砂浆强度 M2.5～M15 的烧结砖和多孔砖的砌体检测，其原理也适用于其他砌体的砂浆测强工作，但需专用测强曲线。

(2)测试结果只反映砂浆强度。

(3)射钉法检测砂浆强度方法是由陕西省建筑科学研究院研究成功的。

(4)定量确定砂浆强度宜与其他检测方法配合使用。

六、标准射入量的测定与校验方法

(1)凡遇有下列情况之一时，应进行标准射入量的测定或校验：①制定新的射钉测强方程时；②射钉 1 000 枚后；③射钉器、射钉弹和射钉的配套性发生变化后；④射钉器、射钉弹和射钉的计量性能产生疑问时。

(2)测定和校验使用的铅制标准靶，为直径约 100 mm、厚度不小于 60 mm 的铅制铸件，其材质应符合 GBP_bS_b10-0.2-0.5 的规定。

(3)射钉器、射钉弹和射钉应配套校验，配套使用。

(4)测定与校验方法：①从配套的同批购入的 1 000 发射钉弹和 1 000 枚射钉中，各抽 10 发(枚)作为测定与校验样品；②将抽出的样品(射钉弹和射钉)随机组合，用配套的射钉器将射钉射击入铅靶中，并用游标卡尺测定出每一枚射钉的射入量；③计算平均射入量及变异系数；④对校验性测试，应按下式计算射入量偏差

$$B = \frac{l - l_k}{l_k} \times 100\% \tag{6-33}$$

式中　B——射入量偏差；

l_k——射钉测强方程的标准射入量；

l——校验测得的平均射入量。

(5)所得校验结果符合本节“测试设备”中第(3)条规定时，判为合格，可在砂浆测强中

使用。

(6)所得校验结果不符合本节“测试设备”中第(3)条规定时，判为不合格，不应在砂浆测强中使用。

第十三节　现场取样测定烧结普通砖强度

一、一般规定

(1)本方法适用于在烧结普通砖砌筑的砌体结构墙体上抽取砖样测定其抗压强度。

(2)检验批以同一工厂生产的、同一强度等级的砖用在同一房屋不超过三层的墙体的为一批，每批随机抽取砖试样 10 块。

(3)每批砖试样宜在不同的墙段且不在同一皮上抽取。

二、测试设备

(1)本方法采用的仪器设备有：材料试验机、抗压试件制备平台、水平尺、钢直尺。

(2)试验机的示值相对误差不大于 ±1%，其下加压板应为球铰支座，预期最大破坏荷载应在量程的 20%～80%之间；试件制备平台必须平整水平，可用金属或其他材料制作；水平尺规格为 250～300 mm；钢直尺分度值为 1 mm。

(3)仪器设备须经计量检验机构检验合格后方可使用，检定有效期为一年。

三、试验步骤

(1)抽取砖样的部位应具有代表性，并应符合下列规定：①以一个检验批为一个检测单元，抽样方法应符合本节“一般规定”中的规定；②抽取砖样的部位严禁选在挑梁下、应力集中部位以及墙梁的墙体计算高度范围内。

(2)砖块抗压强度试验按照《砌墙砖试验方法》(GB/T2542—92)第 4.3 节的方法进行。

四、数据分析与强度等级的评定

(1)砖的抗压强度标准值按式(6-34)计算

$$f_k = R - 2.1 \times S \tag{6-34}$$

$$S = \sqrt{\frac{1}{9}\sum (R_1 - R)^2} \tag{6-35}$$

式中　f_k——强度标准值，MPa；

R——10 块砖样的抗压强度平均值，MPa；

S——10 块砖样的抗压强度标准差，MPa；

R_1——单块砖样抗压强度测定值。

(2)砖的强度等级按表 6-11 的要求评定。

表 6-11　砖的强度指标　　（单位：MPa）

强度等级	平均值 $R \geqslant$	标准值 $A \geqslant$
MU30	30.0	23.0
MU25	25.0	19.0
MU20	20.0	14.0
MU15	15.0	10.0
MU10	10.0	6.5
MU7.5	7.5	5.0

第十四节　回弹法测定烧结普通砖强度

一、一般规定

(1)本方法适用于生产、流通过程中及已用于墙体上的普通砖的强度。当评定结果有争议时,必须按 GB2542 和 GB5101 进行仲裁检验。

(2)当在墙体上抽取试样时,检验批以同一工厂生产的、同一强度等级的砖用在同一房屋上不超过三层的墙体为一批,每批随机抽取砖试样 10 块。每批砖试样宜在不同的墙段且不在同一皮上抽取。

(3)所抽砖样有下列情况之一者,应抽与其相邻的一块砖样替补之:①欠火砖、酥砖和螺旋纹砖;②外观质量不合格的砖;③因焦花而无法测够 10 个回弹值的砖样。

(4)遇到下列情况应在试验前予以处理:①如遇雨淋或水泡,应进行烘干处理;②砖样的表面应平整,否则应用砂轮磨平,用毛刷刷去粉尘。

二、测试设备

1. 设备装置

本方法采用评定普通砖强度等级的仪器:冲击能量为 0.735 J 的小型回弹仪和由砖墩和杠杆加压机构组成的测试装置。

2. 回弹仪的示值系统

回弹仪的示值系统为指针直接式,回弹仪的技术性能应符合表 6-12 的要求。

表 6-12　回弹仪技术性能指标

项　目	单　位	指　标
冲击动能	J	0.735
指针滑块的静摩擦力	N	0.5±0.1
弹击球面曲率半径	mm	25
在钢砧上率定平均回弹值	R	74±2

回弹仪率定试验，应在环境温度为(20±5)℃的条件下进行。率定时，钢砧应稳固地平放在刚度大的混凝土地坪上，回弹仪向下弹击若干次后，弹击杆分四次旋转，每次旋转约90°。弹击3～5次，取其中最后连续3次且读数稳定的回弹值进行平均，弹击杆每旋转一次的率定平均值均应符合表6-11的要求。

3.回弹仪的校验及保养

(1)回弹仪有下列情况之一时，应在钢砧上进行率定试验：①连续测试时，应在50块砖样测试完毕后率定一次；②测试过程中对回弹值有怀疑时，如果率定试验结果不符合表6-11的规定，则应对回弹仪进行常规保养后再行率定，如仍不合格应送专业单位校验。

(2)回弹仪有下列情况之一时，应送专业单位校验，校验合格的回弹仪应具合格证，其有效期为一年：①新回弹仪启用前；②超过有效期限；③累计弹击次数超过600块砖样；④主要零件之一经更换后；⑤遭受严重撞击或其他损害。

(3)保养。

①回弹仪有下列情况之一时，应进行常规保养：弹击次数超过150块砖样；率定试验不符合要求。

②常规保养应符合下列要求：使弹击锤锐钩后，取出机芯，然后卸下零部件，用清洗剂进行清洗；经清洗后的零部件，除中心导杆薄薄地抹上一层钟表油或其他无腐蚀性的轻油外，其他零部件均不得抹油；保养时，不得改变仪器的装配尺寸。

③回弹仪不用时，应清除表面污垢和尘土，然后将弹击杆压入仪器内，并使弹击锤与挂钩脱开后，锁住机芯，装入套筒，水平放置在干燥阴凉处。

4.回弹仪的使用规定

回弹仪除必须具有制造厂的批号、产品质量合格证外，还须经专业质量检验机构验定合格方可使用，其有效期为一年。

5.测试装置

(1)砖墩应保证搁置的凹角部位尺寸准确，三个面相互垂直和平整。

(2)杠杆应使重锤杠杆机构施加在砖样上的压力为(500±50) N，见图6-13。

三、试验步骤

1.回弹值测量位置

(1)每块砖样宜按图6-14所示的测点位置，在两个条面上各测5点回弹值。

(2)当砖样测点位置出现焦花、裂纹、粘底、凹坑及石灰爆裂点等不利情况时应避开，在其旁边另选择测点位置。

2.回弹值测量

(1)将10块砖样按顺序编号，将其中1～5块砖样先放置于砖墩凹角处，放置时应使每块砖样的条面和顶面紧贴砖墩，放上木垫板和杠杆，挂上重锤。

(2)在测试过程中，回弹仪和轴线应始终垂直于砖样条面，具体操作应符合下列要求：①将回弹仪的弹击杆顶住砖样表面，轻压仪器，使按钮松开，弹击杆徐徐伸出，使仪器处于使用状态；②测试时，应使回弹仪垂直对准砖样测试条面缓慢均匀施压，待弹击后，在刻度尺上读取回弹值，应读至整数，并参照有关的格式记录之；③每一测点只允许弹击一次。

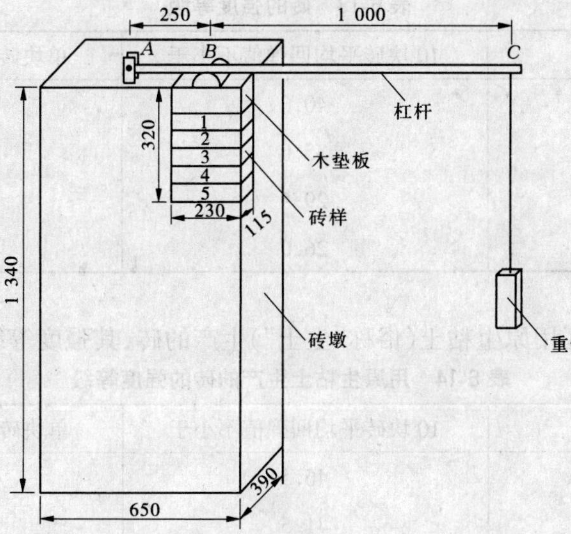

图 6-13　回弹值测试装置　（单位：mm）

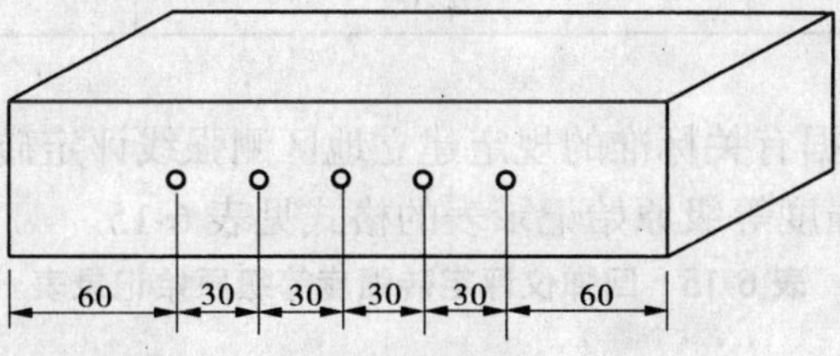

图 6-14　回弹值测量位置　（单位：mm）

(3)当5块砖样外露的条面测试完毕后，再测试另一条面。

(4)测试完毕后取下砖样，按(2)、(3)的测试顺序，测试6～10号砖样。

四、数据分析及强度评定

1. 回弹值的计算

(1)单块砖样的平均回弹值按式(6-36)计算

$$N_j = 1/10 \sum N_{ij} \tag{6-36}$$

式中　N_j——第 j 块砖样的平均回弹值($j = 1,2,\cdots,10$)，精确至0.1；

N_{ij}——第 j 块砖样第 i 个测点的回弹值。

(2)10块砖样平均回弹值按式(6-37)计算

$$N = 1/10 \sum N_j \tag{6-37}$$

式中　N——10块砖样平均回弹值，精确至0.1；

N_j——第 j 块砖样平均回弹值。

(3)计算结果以10块砖样的平均回弹值和单块砖样的最小回弹值表示。

2. 砖强度等级的评定

(1)砖的强度等级由表6-13确定。

表 6-13 砖的强度等级

强度等级	10 块砖平均回弹值不小于	单块砖最小回弹值不小于
MU20	40.0	36.0
MU15	35.0	31.5
MU10	29.5	26.5
MU7.5	26.0	23.0

(2)某些丘陵地区用原生粘土(俗称“生土”)生产的砖,其强度等级按表 6-14 确定。

表 6-14 用原生粘土生产的砖的强度等级

强度等级	10 块砖平均回弹值不小于	单块砖最小回弹值不小于
MU20	46.5	42.5
MU15	41.5	38.5
MU10	35.5	33.0
MU7.5	32.0	30.0

(3)有必要时,可根据有关标准的规定建立地区测强线评定砖强度等级。

(4)回弹仪评定砖强度等级原始记录表的格式见表 6-15。

表 6-15 回弹仪评定砖强度等级原始记录表

委托单位　　　　　　　　　　年　月　日

砖样编号	回弹值										
1											
2											
3											
4											
5											
6											
7											
8											
9											
10											
仪器编号		率定值		$N=$		$N_{\min}=$		标号:			

复核:　　计算:　　记录:　　测试:

第十五节　砌体抗压强度、通缝抗剪强度标准值的确定

按检测结果确定砌体抗压强度、通缝抗剪强度标准值时，可依据下列方法进行：

(1)当测区数不足 5 个时，取测区强度最低值作为标准值。

(2)当测区数不少于 5 个时，强度标准值可按下式确定

$$f_k = m_f - K \times S \tag{6-38}$$

式中　f_k——n 个测区的强度标准值；

m_f——n 个测区的强度平均值；

S——n 个测区的强度标准差；

K——与 a、C 和 n 有关的标准强度计算系数，可由表 6-16 查得；

a——确定强度标准值所取的概率分布下分位数，一般取 $a = 0.05$；

C——检测所取的置信水平，可取 $C = 0.6$。

表 6-16　计算系数 K 值

n	K 值	n	K 值	n	K 值	n	K 值
	$C=0.06$		$C=0.06$		$C=0.06$		$C=0.06$
5	2.005	9	1.858	18	1.773	35	1.728
6	1.947	10	1.841	20	1.764	40	1.721
7	1.908	12	1.816	25	1.748	45	1.716
8	1.880	15	1.790	30	1.736	50	1.712

当按 n 个测区的强度标准差算得的变异系数大于 0.20 时，不宜直接按式(6-38)计算强度标准值，而应先检查导致离散性增大的原因。若查明系混入不同批次的砌体样本所致，宜分别进行统计，并分别按式(6-38)计算其强度标准值。

检测单元的砌筑砂浆抗压强度等级，按现行标准《砌体工程现场检测技术标准》14.0.4 条的方法确定。

第十六节　饰面砖粘结强度检测

一、检测原理

JGJ110—1997《建筑工程饰面砖粘结强度检验标准》由建设部批准发布，为强制性标准，检验方法选用机电一体化的智能测试仪器 ZQS-10 数显式粘结强度检测仪，该仪器根据液压拉拔、传感器传导受力，微处理器显示工作原理，可直接、准确地测试出饰面砖在基层上的粘结强度。其测试原理如图 6-15、图 6-16 所示。

二、检测规定

(1)现场镶贴的外墙面砖工程每 300 m^2 同类墙体取一组试样，每组 3 个，每一楼层不

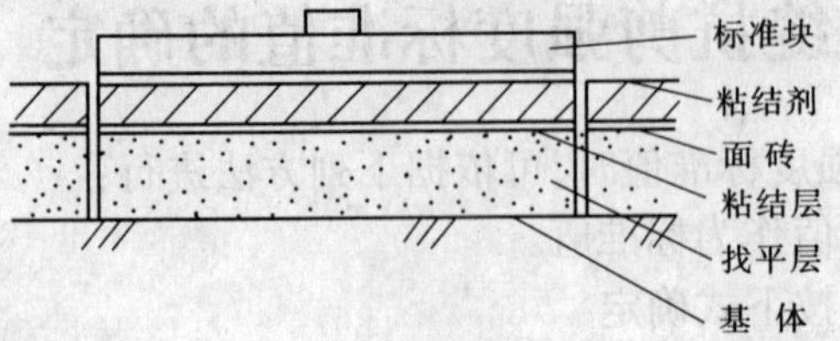

图 6-15　标准块粘结

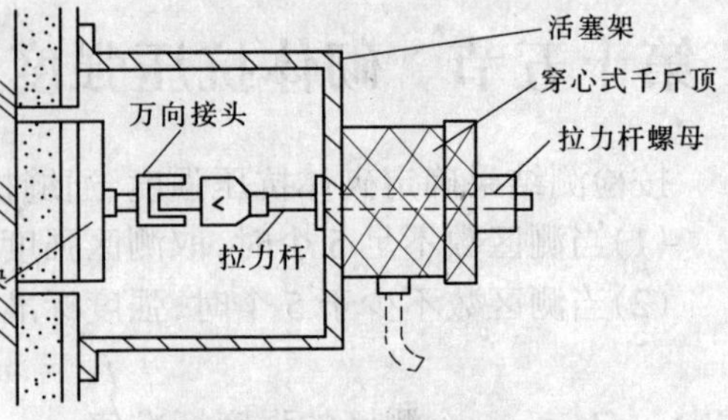

图 6-16　千斤顶安装

得少于 1 组；不足 300 m^2 同类墙体，每 2 层取 1 组试样，每组 3 个，其每组试样平均粘结强度不应小于 0.40 MPa。

(2)带饰面砖的预制墙板，每生产 100 块预制墙板取 1 组试样，每组在 3 块板中各取 1 个试样。预制墙板不足 100 块按 100 块计，其每组试样平均粘结强度不应小于 0.60 MPa。

(3)试件规格应为 95 mm×45 mm 或 40 mm×40 mm。

三、检测步骤

(一)切割断缝

在选定的检测部位按照标准块尺寸画出试件框线，用手持切割锯沿试件框线切割断缝，断缝宜在粘结强度检测前 2～3 d 进行切割。断缝应从饰面砖表面切割至基体表面，深度应一致。饰面砖切割尺寸应与标准块相同，其中两道相邻切割线应沿饰面砖灰缝切割。

(二)粘贴标准块

采用环氧树脂类粘结剂将标准块粘贴至试件表面上(见图 6-15)。粘贴标准块时，粘结剂不应沾污相邻面砖，标准块粘贴后应及时用胶带十字形固定，根据所选用粘结剂品种，保持足够的硬化时间(一般在 1 d 以上)。

(三)安装检测仪

在已完全粘结牢固的标准块上安装检测仪，安装时应使拉力杆通过穿心千斤顶并与标准块垂直。

(四)加载及测读

安装完毕后，匀速摇转千斤顶手柄升压，直至饰面砖剥离，及时记录检测仪数字显示器上的峰值，即为该试件的粘结力值。

第七章　预制构件检测

第一节　概　述

预制构件是指预制混凝土构件。常用的预制构件主要有：薄腹梁、桁架、梁、柱、预应力空心板和墙板等。

预制构件作为产品，进入装配式结构的施工现场时，应按检验批检查其合格证件，以保证其外观质量、尺寸偏差和结构性能符合要求。

一般情况下，预制构件厂生产的中、小型预制构件应按规定划分检验批，并按规定抽样数量进行结构性能试验，以检验其承载力、挠度和裂缝控制性能(抗裂或裂缝宽度)。

对于设计成熟、生产数量较少的大型构件，可以不做破坏性承载力检验，甚至可以不做结构性能检验，可仅做挠度、抗裂或裂缝宽度检验，但应采取加强材料和制作质量检验的措施代替结构性能检验，以保证预制构件的质量。

随着国民经济的发展和建筑技术的进步，将会采用大跨度、薄壁预制构件及预应力构件，对其结构性能检验提出更高的要求。新型预制构件的采用，将会有新的结构性能检验方法的产生，要在实践中学习新的检验方法，以满足生产的需要。

在这里要指出的是，结构性能检验不合格的预制构件不得用于装配式结构。

本章主要介绍目前使用较多的中、小型预制构件的结构性能检验规则和方法。

第二节　技术要求

(1)预制构件应在明显部位标明生产单位、构件型号、生产日期和质量验收标志。

(2)构件上的预埋件、插筋和预留孔洞的规格、位置和数量应符合标准图或设计要求。

(3)预制构件的外观质量不应有严重缺陷。对已经出现的严重缺陷应按技术处理方案进行处理，并重新检查验收。

(4)预制构件不应有影响结构性能和安装、使用功能的尺寸偏差。对超过尺寸允许偏差且影响结构性能和安装、使用功能的部位，应按技术处理方案进行处理，并重新检查验收。

(5)预制构件的外观质量不宜有一般缺陷。对已经出现的一般缺陷，应按技术处理方案进行处理，并重新检查验收。

(6)预制构件的尺寸偏差应符合表 7-1 的规定。

表 7-1　预制构件尺寸的偏差

项　目		允许偏差(mm)	检验方法
长度	板、梁	+10，-5	钢尺检查
	薄腹梁、桁架	+15，-10	
宽度、高(厚)度	板、梁、墙板、薄腹梁、桁架	±5	钢尺量一端及中端，取其中较大值
侧向弯曲	梁、板	L/750 且≤20	拉线、钢尺量最大侧向弯曲处
	墙板、薄腹梁、桁架	L/1 000 且≤20	
主筋保护层厚度	板	+5，-3	钢尺或保护层厚度测定仪测量
	梁、墙板、薄腹梁、桁架	+10，-5	
对角线差	板	10	钢尺量两个对角线
表面平整度	板、墙板、梁	5	2 m 靠尺和塞尺检查
翘曲	板	L/750	调平尺在两端量测
	墙板	L/1 000	

注：L 为构件长度，mm。

第三节　检验规则

一、预制混凝土构件结构性能检验

预制构件应按标准图或设计要求的试验参数及检验指标进行结构性能检验。

(1)钢筋混凝土构件和允许出现裂缝的预应力混凝土构件进行承载力、挠度和裂缝宽度检验。

(2)要求不允许出现裂缝的预应力混凝土构件承载力、挠度和抗裂检验。

(3)预应力混凝土构件中的非预应力杆件按钢筋混凝土构件的要求进行检验。

二、检验批的确定和抽检数量

对于成批生产的构件，按同一工艺正常生产的不超过 1 000 件且不超过 3 个月的同类型产品为一批，当连续检验 10 批且每批的结构性能均符合《混凝土结构工程施工质量验收规范》(GB50204—2002)规定的要求时，对同一工艺正常生产的构件，可改为不超过 2 000件且不超过 3 个月的同类型产品为一批，在每批中应随机抽取一个构件作为试件进行检验。

三、构件结构性能检验要求

(一)预制构件承载力

(1)当按《混凝土结构设计规范》(GB50010—2002)的规定进行检验时，应符合式(7-1)的要求

$$r_U^0 \geqslant r_0[r_U] \tag{7-1}$$

式中　r_U^0——构件的承载力检验系数实测值,即试件的荷载实测值与荷载设计值(均包括自重)的比值;

r_0——结构重要性系数,按设计要求确定,当无专门要求时取1.0;

$[r_U]$——构件的承载力检验系数允许值,按表7-2取用。

表7-2　构件的承载力检验系数允许值

受力情况	达到承载力极限状态的检验标志		$[r_U]$
轴心受拉、偏心受拉、受弯、大偏心受压	受拉主筋处的最大裂缝宽度达到1.5 mm,或挠度达到跨度的1/50	热轧钢筋	1.20
		钢丝、钢绞线、热处理钢筋	1.35
	受压区混凝土破坏	热轧钢筋	1.30
		钢丝、钢绞线、热处理钢筋	1.45
	受拉主筋拉断		1.50
受弯构件的受剪	腹部斜裂缝达到1.5 mm,或斜裂缝末端受压混凝土剪压破坏		1.40
	沿斜截面混凝土斜压破坏,受拉主筋在端部滑脱或其他锚固破坏		1.55
轴心受压、偏心受压	混凝土受压破坏		1.50

注:热轧钢筋系指HPB235级、HRB335级、HRB400级和RRB400级钢筋。

(2)当按构件实际配筋进行承载力检验时,应符合式(7-2)的要求

$$r_U^0 \geqslant r_0 \eta [r_U] \tag{7-2}$$

式中　η——构件承载力检验修正系数,根据GB50010—2002的规定,按实配钢筋的承载力计算确定。

承载力检验的荷载设计值是指承载能力极限状态下,根据构件设计控制截面上的内力设计值与构件检验的加载方式,经换算后确定的荷载值(包括自重)。

(二)预制构件的挠度检验

(1)当按GB50010—2002规定的挠度允许值进行检验时,应符合下列公式的要求

$$a_s^0 \leqslant [a_s] \tag{7-3}$$

$$[a_s] = \frac{M_K}{M_q(\theta - 1) + M_K}[a_f] \tag{7-4}$$

式中　a_s^0——在荷载标准值下的构件挠度实测值;

$[a_s]$——挠度检验允许值;

$[a_f]$——受弯构件的挠度限值,按GB50010—2002确定;

M_K——按荷载标准组合计算的弯矩值;

M_q——按荷载准永久组合计算的弯矩值;

θ——考虑荷载长期作用对挠度增大的影响系数,按GB50010—2002确定。

(2)当按构件实配钢筋进行挠度检验或仅检验构件的挠度、抗裂或裂缝宽度时,应符合式(7-5)的要求

$$a_s^0 \leqslant 1.2a_s^c \tag{7-5}$$

式中　a_s^c——在荷载标准值下按实配钢筋确定的构件挠度计算值，按 GB50010—2002 确定。

同时，还应符合式(7-3)的要求。

正常使用极限状态检验的荷载标准值是指正常使用极限状态下，根据构件设计控制截面上的荷载标准组合效应与构件检验的加载方式，经换算后确定的荷载值。

直接承受重复荷载的混凝土受弯构件，当进行短期静力加荷试验时，a_s^c 值应按正常使用极限状态下静力荷载标准组合相应的刚度值确定。

(三)预制构件的抗裂检验

抗裂检验应符合下列公式要求

$$r_{cr}^0 \geqslant [r_{cr}] \tag{7-6}$$

$$[r_{cr}] = 0.95\frac{\sigma_{pc} + rf_{tk}}{\sigma_{ck}} \tag{7-7}$$

式中　r_{cr}^0——构件的抗裂检验系数实测值，即试件的开裂荷载实测值与荷载标准值(均包括自重)的比值；

$[r_{cr}]$——构件的抗裂检验系数允许值；

σ_{pc}——由预加力产生的构件抗拉边缘混凝土法向应力值，按 GB50010—2002 确定；

r——混凝土构件截面抵抗矩塑性影响系数，按 GB50010—2002 计算确定；

f_{tk}——混凝土抗拉强度标准值；

σ_{ck}——由荷载标准值产生的构件抗拉边缘混凝土法向应力值，按 GB50010—2002 确定。

(四)预制构件的裂缝宽度检验

裂缝宽度检验应符合下列公式的要求

$$\omega_{s,max}^0 \leqslant [\omega_{max}] \tag{7-8}$$

式中　$\omega_{s,max}^0$——在荷载标准值下，受拉主筋处的最大裂缝宽度实测值，mm；

$[\omega_{max}]$——构件检验的最大裂缝宽度允许值，按表 7-3 取用。

表 7-3　构件检验的最大裂缝宽度允许值　　(单位：mm)

设计要求的最大裂缝宽度限值	0.2	0.3	0.4
$[\omega_{max}]$	0.15	0.20	0.25

四、构件结构性能的检验结果评定

(1)当试件结构性能的全部检验结果均符合式(7-1)～式(7-8)的检验时，该批构件的结构性能应通过验收。

(2)当第一个试件的检验结果不能全部符合上述要求，但能符合第二次检验的要求时,可再抽两个试件检验。第二次检验指标,对承载力及抗裂检验系数的允许值应取表 7-2规定的允许值减去 0.05;对挠度的允许值应取规定允许值的 1.10 倍。

当第二次抽取的两个试件的全部检验结果均已符合第二次检验的要求时,该批构件的结构性能可通过验收。

(3)当第二次抽取的第一个试件的全部检验结果均已符合式(7-1)~式(7-8) 的要求时,该批构件的结构性能可通过验收。

应该指出的是,抽检的每一个试件,必须完整地取得三项检验指标的结果,严禁因某一检验项目达到二次抽样检验指标就终止试验而不再对其余项目进行检验。

第四节　试验方法

一、试验准备

构件应在 0 ℃以上的温度中进行试验。蒸汽养护后的构件应在冷却至常温后进行试验。构件在试验前应测量其实际尺寸,并仔细检查构件的表面,所有的缺陷和裂缝应在构件上标出。

试验用的加荷设备及仪表应预先进行标定或校准。

二、支撑方式

板、梁和桁架等简支构件试验时,一端用角钢构成铰支撑,另一端可用圆钢构成滚动支撑(见图 7-1)。

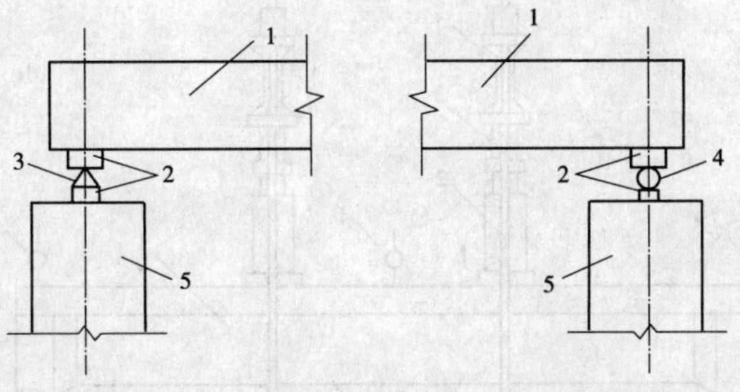

(a)铰支撑　　(b)滚动支撑

1—构件;2—钢垫板;3—角钢;4—圆钢;5—支墩

图 7-1　板、梁支撑

为保证支撑面紧密接触,钢垫板与构件、钢垫板与支墩间,宜铺砂浆或砂垫平。

构件支撑中心线位置应符合标准图或设计要求。

三、荷载布置

构件的试验荷载布置应符合标准图或设计要求。

当试验荷载的布置不能完全与标准图或设计要求相符时,应按荷载效应等效的原则换算，即使构件试验的内力图形与设计的内力图形相似，并使控制截面上的内力值相等，但应考虑荷载布置改变后对构件其他部位的不利影响。

四、加荷方法

加荷方法应根据标准图或设计的加荷要求、构件类型及设备件等进行选择。

(1)荷重块加荷宜用于均布加荷试验。荷重块应按区格成垛堆放(见图 7-2)，垛与垛之间间隙不宜小于 50 mm，以免形成拱作用。

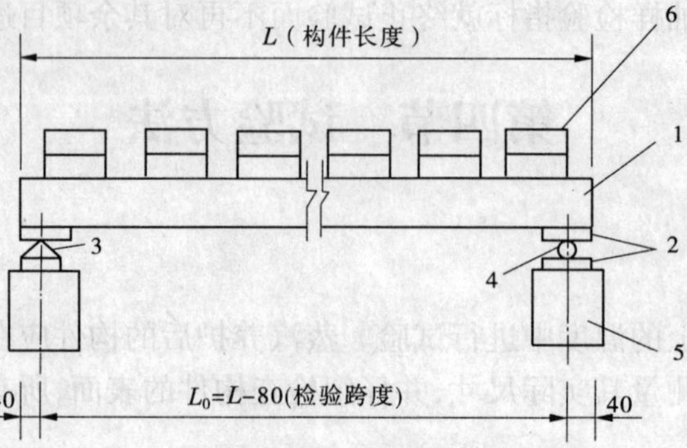

1—构件;2—钢垫板;3—角钢;4—圆钢;5—支墩;6—荷重块

图 7-2 均布加荷 (单位:mm)

(2)千斤顶加荷宜用于集中加荷试验(见图 7-3)，有时可用分配梁系统实现多点集中加荷(见图 7-4)。千斤顶的加荷值宜采用荷载传感器测量，亦可采用油压表测量。

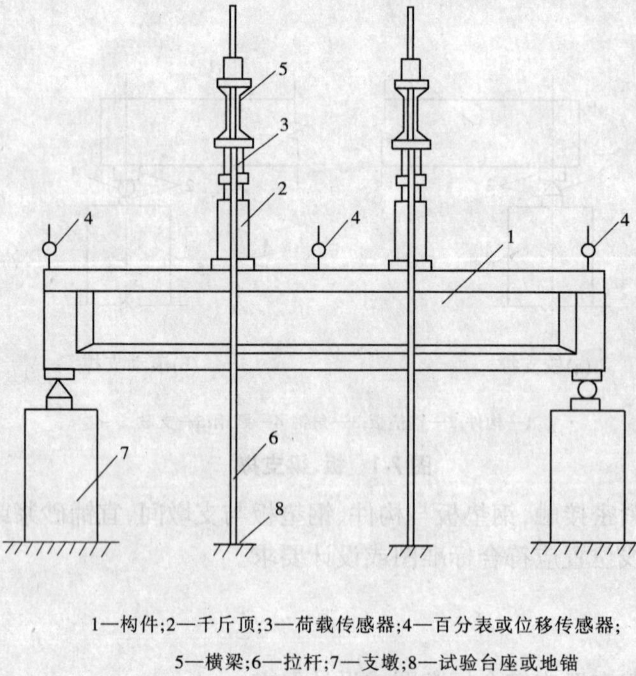

1—构件;2—千斤顶;3—荷载传感器;4—百分表或位移传感器;

5—横梁;6—拉杆;7—支墩;8—试验台座或地锚

图 7-3 千斤顶加荷

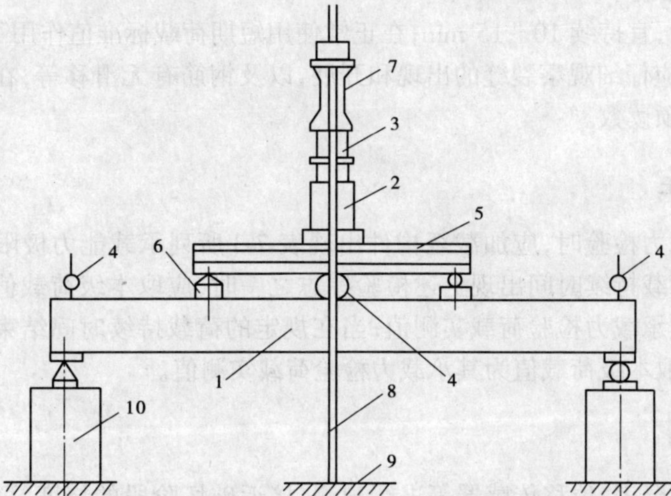

1—构件;2—千斤顶;3—荷载传感器;4—百分表或位移传感器;
5—分配梁;6—加载垫板或垫梁;7—横梁;8—拉杆;9—试验台座或地锚;10—支墩

图 7-4　千斤顶分配梁系统加荷

(3)梁或桁架采用水平对顶加荷方法,此时构件应垫平且不应妨碍构件在水平方向的位移。

(4)当屋架仅作挠度、抗裂或裂缝宽度检验时,可将两榀屋架并列,安放屋面板后进行加载试验。

五、荷载分级和持续时间

(一)荷载分级

《混凝土结构工程施工质量验收规范》(GB50204—2002)规定,结构性能检验是按"正常使用极限状态"和"承载力极限状态"进行的,故有正常使用标准荷载检验值 Q_s 和承载力检验荷载设计值 Q_d,就有挠度、抗裂检验系列(K_1)和承载力检验系列(K_2)。一般挠度检验在前,抗裂检验次之,承载力检验在后。试验荷载分级时,必须使各项检验指标与各自的极限状态协调一致。

构件应分级加荷。当荷载小于标准荷载值时,每级荷载不宜大于荷载标准值的20%;当荷载大于荷载标准值时,每级荷载不宜大于荷载标准值的10%;当荷载接近抗裂荷载检验值时,每级荷载不宜大于荷载标准值的5%;当荷载接近承载力荷载检验值时,每级荷载不宜大于承载力检验荷载设计值的5%。

作用在构件上的试验设备质量及构件自重应作为第一次加载的一部分。

说明:构件在试验前,宜进行预压,以检验试验装置的工作是否正常,同时应防止构件因预压而产生裂缝。

(二)荷载的持续时间

每级加荷完成后,宜持续 10～15 min;在正常使用短期荷载标准值作用下,宜持续 30 min;在持续时间内,应仔细观察裂缝的出现和开展,以及钢筋有无滑移等;在持续时间结束时,观察并记录各项读数。

六、承载力测定

对构件进行承载力检验时,应加载至构件出现表 7-3 所列承载能力极限状态的检验标志。当在规定的荷载持续时间出现上述检验标志之一时,应取本级荷载值与前一级荷载值的平均值作为其承载力检验荷载实测值;当在规定的荷载持续时间结束后出现上述检验标志之一时,应取本级荷载值为其承载力检验荷载实测值。

七、挠度测定

构件挠度可用百分表、位移传感器等进行观测,接近破坏阶段的挠度,可用水平仪或拉线、钢尺等测量。

试验时,应测量构件跨中位移和支座沉陷。

当试验荷载竖直向下作用时,对水平放置的构件,在各级荷载下的跨中短期挠度实测值按下列公式计算

$$a_t^0 = a_q^0 + a_g^0 \tag{7-9}$$

$$a_q^0 = \nu_m^0 - (\nu_l^0 + \nu_r^0) \tag{7-10}$$

$$a_g^0 = \frac{M_g}{M_b} a_b^0 \tag{7-11}$$

式中 a_t^0——全部荷载作用下构件跨中的挠度实测值,mm;

a_q^0——外加试验荷载作用下构件跨中的挠度实测值,mm;

a_g^0——构件自重与加荷设备重产生的跨中挠度值,mm;

ν_m^0——外加试验荷载作用下构件跨中的位移实测值,mm;

ν_l^0、ν_r^0——外加试验荷载作用下构件左、右支端沉降位移的实测值,mm;

M_g——构件自重与加荷设备重产生的跨中弯矩值,kN·m;

M_b——从外加试验荷载开始至构件出现裂缝的前一级荷载为止的外加荷载的跨中弯矩值,kN·m;

a_b^0——从外加试验荷载开始至构件出现裂缝的前一级荷载为止的外加荷载产生的跨中挠度实测值,mm。

若试验加至 $K_2 = 1.55$ 并在规定的持荷时间后试件未出现裂缝,也不再继续加载,此时可取 $K_2 = 1.55$ 时的荷载值 $M_{1.55}$ 作为“开裂”荷载实测值(其引起的构件跨中挠度值为 $a_{1.55}^0$),计算 a_g^0 时只须将 M_b、a_b^0 用 $M_{1.55}$、$a_{1.55}^0$ 替换,即

$$a_g^0 = \frac{M_g}{M_{1.55}} \cdot a_{1.55}^0 \tag{7-12}$$

对均布加载

$$a_{g}^{0}=\frac{G_{k1}}{Q_{1.55}^{0}}\cdot a_{1.55}^{0} \tag{7-13}$$

八、裂缝出现的观测

在构件进行抗裂检验中，当在规定的荷载持续时间内出现裂缝时，应取本级荷载值与前一级荷载值的平均值作为其开裂荷载实测值；当在规定的荷载持续时间结束后出现裂缝时，应取本级荷载值作为其开裂荷载实测值。

若试验中未能及时观察到正截面裂缝的出现，可取荷载—挠度曲线上的转折点或取曲线第一弯转段两端点切线的交点的荷载值作为构件的开裂荷载实测值（见图 7-5）。

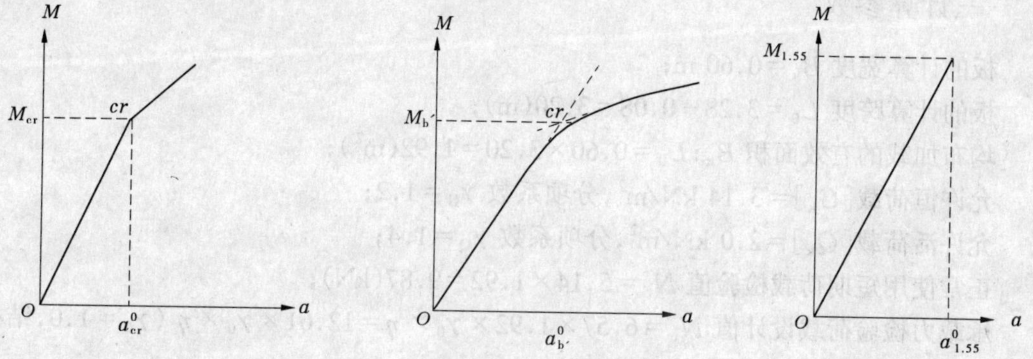

图 7-5　构件试验荷载与挠度曲线

九、裂缝宽度的观测

构件检验的最大裂缝宽度允许值，见表 7-3。

对正截面裂缝，应测量受拉主筋处的最大裂缝宽度；对斜截面裂缝，应测量腹部裂缝的最大裂缝宽度。

裂缝宽度可采用精度 0.05 mm 的刻度放大镜等仪器进行观测。

十、安全措施

(1)试验的加荷设备、支架、支墩等，应有足够的安全储备。

(2)在试验构件下面设置防护支撑，防止构件破坏时，伤及人身及观测仪表等。

十一、构件试验报告要求

(1)试验报告应包含试验背景、试验方案、试验记录和检验结论等内容。

(2)试验报告中的原始数据和观察记录必须真实、准确，不得任意涂抹篡改。

(3)试验报告宜在试验现场完成，及时审核、签字、盖章并登记归档。

第五节 实 例

板型号：YKBa3360-2，设计几何尺寸 3 280 mm×580 mm×120 mm，两端支撑距离为板长减 80 mm，板自重 3.74 kN，短期检验荷载 $Q_S=5.14\ kN/m^2$，承载力检验荷载设计值$Q_d=6.57\ kN/m^2$，承载力检验修正系数 $\eta=1.16$，短期挠度允许值$[a_s]=9.05$ mm，抗裂检验系数$[\gamma_{cr}]=1.43$，采用均布加载法进行加载检验。

检验执行的标准和图集：执行标准《预制混凝土构件质量检验评定标准》(GBJ321—90)，执行图集《预应力混凝土多孔板》(皖 97G408)。

一、计算参数

板的计算宽度 $B_k=0.60$ m；

板的计算跨度 $L_0=3.28-0.08=3.20$(m)；

均布加载的有效面积 $B_k\cdot L_0=0.60\times3.20=1.92(m^2)$；

允许恒荷载$[G_k]=3.14\ kN/m^2$，分项系数 $\gamma_G=1.2$；

允许活荷载$[Q_k]=2.0\ kN/m^2$，分项系数 $\gamma_Q=1.4$；

正常使用短期荷载检验值 $N_S=5.14\times1.92=9.87$(kN)；

承载力检验荷载设计值 $N_u=6.57\times1.92\times\gamma_0\times\eta=12.61\times\gamma_0\times\eta$ ($\gamma_0=1.0$，结构重要性系数；$\eta=1.16$，查图集皖 97G408)。

二、计算检验荷载

正常使用极限状态外加荷载累计值

$$N_{Si}=K_1\cdot N_S-G_{k0}=K_1\times9.87-G_{k0}$$

承载力极限状态外加荷载累计值

$$N_{Ui}=K_2\times12.61\times1.0\times1.16-G_{k0}=K_2\times14.63-G_{k0}$$

式中，$G_{k0}=\dfrac{3.74}{3.28\times0.58}\times(3.2\times0.58)=3.65$(kN)。

采用红砖，每级经秤称量后，均匀成垛堆放，垛与垛之间的间隙为 50 mm，各级外加荷载值见表 7-4。

三、检验结果的评定

(一)挠度检验

在正常使用短期荷载检验值下($K_1=1.0$)，测得跨中位移值 $u_m^0=3.32$ mm，两端支座沉陷值 $u_c^0=0.64$ mm，$u_r^0=0.87$ mm，实测挠度值为 $a_q^0=2.56$ mm。

当 $K_1=1.63$ 时，持荷时间未到，即出现裂缝，实测挠度值为 $a_q^0=5.24$ mm，板开裂荷载实测值为

$$N_{scr}^0=\frac{11.45+12.44}{2}=11.94(kN)$$

$$a_t^0 = 2.56 + \frac{3.56}{11.94} \times 5.24 = 4.16(\text{mm}) < [a_s] = 9.05\ \text{mm}$$

挠度检验合格。

表 7-4　加荷检验程序

加载序号	加荷时间(min)	加载系数 K	加载计算公式 $N_{Si} = K_1 \times 9.87 - G_{k0}$ $N_{Ui} = K_2 \times 14.63 - G_{k0}$	累计加载值 $N_{S(u)}$(kN)	分级加载值 $\Delta N_{S(u)}$(kN)	检验内容
0	0	$K_1 = 0.20$	$N_{S0} = 0.2 \times 9.87 - 3.65$	-1.68	—	挠度检验
1	12	0.40	$N_{S1} = 0.4 \times 9.87 - 3.65$	0.30	0.30	
2	12	0.60	$N_{S2} = 0.6 \times 9.87 - 3.65$	2.27	1.97	
3	12	0.80	$N_{S3} = 0.8 \times 9.87 - 3.65$	4.25	1.98	
4	30	1.00	$N_{S4} = 1.0 \times 9.87 - 3.65$	6.22	1.97	
5	12	1.10	$N_{S5} = 1.1 \times 9.87 - 3.65$	7.21	0.99	抗裂检验
6	12	1.20	$N_{S6} = 1.2 \times 9.87 - 3.65$	8.19	0.98	
7	12	1.30	$N_{S7} = 1.3 \times 9.87 - 3.65$	9.18	0.99	
8	12	1.38	$N_{S8} = 1.38 \times 9.87 - 3.65$	9.97	0.79	
9	12	1.43	$N_{S9} = 1.43 \times 9.87 - 3.65$	10.46	0.49	
10	12	1.53	$N_{S10} = 1.53 \times 9.87 - 3.65$	11.45	0.99	
11	12	1.63	$N_{S11} = 1.63 \times 9.87 - 3.65$	12.44	0.99	
12	12	1.73	$N_{S12} = 1.73 \times 9.87 - 3.65$	13.43	0.99	
13	12	1.83	$N_{S13} = 1.83 \times 9.87 - 3.65$	14.41	0.98	
14	12	$K_2 = 1.3$	$N_{U14} = 1.3 \times 14.63 - 3.65$	15.37	0.96	进入承载力检验
15	12	1.35	$N_{U15} = 1.35 \times 14.63 - 3.65$	16.10	0.73	检验标志①
16	12	1.40	$N_{U16} = 1.40 \times 14.63 - 3.65$	16.83	0.73	检验标志②
17	12	1.45	$N_{U17} = 1.45 \times 14.63 - 3.65$	17.56	0.73	检验标志③
18	12	1.50	$N_{U18} = 1.50 \times 14.63 - 3.65$	18.30	0.74	检验标志④
19	12	1.55	$N_{U19} = 1.55 \times 14.63 - 3.65$	19.03	0.73	检验标志⑤

注:①进行加载检验时间,是 2000 年春季,使用标准为《预制混凝土构件质量检验评定标准》(GBJ321—90),最后加载等级为 18 级,$N_{U18} = 18.30$ kN。②《混凝土结构工程施工质量验收规范》(GB50204—2002)已经发布实施,最终加载等级为 19 级,$N_{S19} = 19.03$ kN。③第 14 级加载增量 $\Delta N_{U14} = 0.96$ kN,小于第 13 级加载增量 $\Delta N_{U13} = 0.98$ kN,荷载分级合理。

(二)抗裂检验

当施加第 11 级荷载时,持荷时间未到,板出现裂缝,抗裂检验系数为

$$\gamma_{cr}^{0}=\frac{(11.45+3.65)+(12.44+3.65)}{2\times(6.22+3.65)}=1.58>[r_{cr}^{0}]=1.43$$

或取　$\gamma_{cr}^{0}=\frac{1.53+1.63}{2}=1.58$(简单实用,在第 14 级以后出现裂缝,该式不适用)

抗裂检验合格。

(三)承载力检验

在最后一级($K_2=1.50$)持荷时间结束后,并未出现任何承载力极限破坏状态检验标志。该板承载力检验合格。按《混凝土结构工程施工质量验收规范》(GB50204—2002)规定,最后一级应为 $K_2=1.55$。

(四)评定

挠度、抗裂和承载力三项结构性能指标均满足图集皖 97G408 的设计要求,该板结构性能检验合格。

附表:常用仪器与设备

附表 5-1 回弹仪主要技术参数

项目	型号		
	HT225	HT175	HT25
冲击动能(J)	2.207	0.735	0.28
弹击拉簧刚度(N/cm)	7.85	2.65	0.98
冲击锤质量(g)	370	140	100
弹击杆前端球径(mm)	50	50	50
冲击锤和杆的冲击面硬度	HRC59~63	HRC59~63	HRC59~63
指针系统最大静摩擦力(N)	0.59	0.59	0.59
外形尺寸(mm)	$\phi60\times280$	$\phi60\times270$	$\phi60\times300$
质量(kg)	≈1	≈0.7	≈0.7
要要用途	混凝土板、梁、柱、桁架等	粘土砖、轻混凝土、低强混凝土等	砖缝砂浆

附表 5-2 HT225W(MTC850)型回弹仪

部件名称	项目	指标
回弹仪部分	冲击动能(J)	2.207
	弹击锤下落距离(mm)	75.7
	弹击锤质量(g)	370
	弹击杆和弹击锤的冲击面硬度	HRC60~62
	指针摩擦力(N)	0.49~0.78
	钢砧上的标定值	80±2 以内
微控仪部分	使用温度(℃)	0~50
	使用湿度(1%)	20~80
	充电电压 220V 一次充电可连续使用的次数	11 700 次
	热感式打印机印字寿命	5×10^5 行
	数字显示精度	R 在 0.5 以内
	自动显示记录功能	应与打印结果相符合

注:配有微型电脑,可把弹击次数、回弹值、修正值、弹击角度、回弹平均值、异常值剔除、推算混凝土强度等自动记录和显示出来。

附表 5-3　瑞士回弹仪系列型号

型号	冲击能量(J)	弹击方式	适用范围
N	2.207	直射式	一般混凝土构件
NR	2.207	直射式	同 N 型,示值自动记录
L	0.735	直射式	小型及刚度较低的混凝土与胶凝材料制品
LR	0.735	直射式	同 L 型,示值自动记录
LB	0.735	直射式	烧土制品和陶管的连续性质量控制
M	30	直射式	大体积、飞机跑道和路面混凝土
P	0.9	摆式	轻质材料、砂浆、饰面及 5~25 MPa 的混凝土
PT	0.9	摆式	0.5~5 MPa 低强度胶凝制品

附表 5-4　日本 N 型回弹仪

型号	功能
ND-740	回弹值最小读数 0.10°,数显式
ND-750	同 ND-740 型,能对回弹值进行记录和处理
MTC-850	能自动记录和按程序处理回弹值及其平均值、回弹修正值、打击角度及指示强度
WS-200N	数显式、能将水平和角度测试的回弹值进行记录和打印、测试和记录部分分开,信息由无线电传输

附表 5-5　国产数字式非金属超声仪

序号	型号	主要技术特点	体积(mm^3),质量(kg)	厂家
1	SCY-2	数码显示,双线示波,游标手动读数,接收机、发射机分体	接收机:375×360×160,9.5;发射机:310×235×130,6.5	湘潭市无线电厂
2	DS-1	数码显示,波形显示,游标手动读数	100×280×280,5	湘潭市无线电厂
3	SC-2	数码显示,波形显示,游标手动读数,自动整形读数	365×320×130,10	天津建筑仪器厂
4	HCS-4	数码显示,波形显示,游标手动读数,交、直流电源两用	350×440×145,10	天津建筑仪器厂研究所
5	CTS-25	数码显示,波形显示,游标手动读数,自动整形读数	352×388×172,10	汕头超声电子仪器厂

续附表 5-5

序号	型号	主要技术特点	体积(mm^3),质量(kg)	厂家
6	CHZ-lA	数码显示,波形显示,游标手动读数,自动整形读数	质量:10	北京房山交道乡超声仪器厂
7	CYC-4	数码显示,电源 DC9V,加计算机后改型为 CYC-5A	250×250×100,5	地质技术方法研究所
8	HQY-901	数码显示	体积:250×220×80	北京市计量科研所
9	HTY-B	数码显示,手动判读		扬州广陵专用超声设备厂
10	JC-2	数码显示,整形自动读数		北京无线电三厂

注: 以上所列超声仪为多种型号的晶体管、集成电路混合的超声仪,代表了我国 20 世纪 70～80 年代非金属超声仪的发展水平,其中以 SYC-2 和 CIS-25 型的市场占有量为最大。这些仪器基本上都可以显示波形,并用游标手动判读声时参量,一般由数码管数字显示。少数便携式超声仪,体积小、重量轻(如 JC-2 型),但无波形显示设备,只能进行声时参量的测量,测量方法为整形自动读数,即将接收信号整形为方波,微分成尖脉冲后使计数器自动关门,这种整形关门需要一定的关门电平,因此要求接收信号首波有足够高的幅度,否则首波不能关门,而是后续波关门,造成“丢波”;而当噪声电平过大会造成“误判”。因此,在长距离弱信号测量时,可能出现判读错误。以上仪器均为模拟式超声仪,不具有对接收信号数字自动采集功能,需人工记录数据,然后进行后期的数据分析处理,在 20 世纪 80 年代后期,一些超声仪配有微处理器、机内预置程序,可以对测量数据作一定的自动分析处理,如 CHZ-1A、HQY-901、HTY-B 型。

附表 5-6 国产智能式非金属超声仪

序号	型号	主要技术特点	体积(mm^3),质量(kg)	厂家
1	CTS-35	带有微处理器,模拟波形显示,波形样品步进采样,可与 PC-1500 计算机连接,对测试数据进行处理	320×160×450,10	汕头超声仪器研究所
2	CTS-45	Z80CPU,STD 控制总线自动检测,数字波形显示,强度测试分析软件	372×183×310,10	北京市市政工程研究院、汕头超声电子仪器公司
3	2000A	数码、波形显示,带有单片微处理器,游标手动读数	360×300×160,7.5	煤炭科学研究院
4	XY-A			扬州专用超声设备厂

续表 5-6

序号	型号	主要技术特点	体积(mm^3),质量(kg)	厂家
5	NM 系列	以 PC/AT386 以上计算机为核心,具有数字采集、声参数自动检测、数据分析与处理、结果存储与输出等功能,其中,NM-2B 型对 NM-2A 型的电路、结构、软件及工艺作全面优化,NM-3A 型采用笔记本式计算机,进一步提高了功能和小型化	400×470×245,15	北京市市政工程研究院

注:20 世纪 80 年代末至 90 年代初,非金属超声检测仪由数字式向智能式发展,初期产品一般采用单片微处理器作为控制和处理单元,具有一定的数据处理功能,但由于受数据采集与传输速度、存储容量以及编程语言等方面的限制,无法实时动态地显示波形,难以承担需要大容量处理单元和高速运算能力支持的信息处理工作。近年来,由北京市市政工程研究院研制和生产的 NM 系列仪器以 386 以上计算机为核心,解决了初期智能型产品存在的问题,NM-3A 型超声仪在当前国内外智能型非金属超声仪器中具有领先水平。

附表 5-7　国外非金属超声检测仪

序号	型号	数字式/智能式	主要技术特点	体积(mm^3),质量(kg)	厂商
1	PUNDIT	数字式	数码显示,整形自动判读,外接示波器	185×130×185,3	英国 C.N.S
2	V-meter	数字式	仿 PUNDIT,交、直流两用电源,液晶显示器显示波形,数据可输入计算机 R-232 端口	190×100×220,2.7	美国 JAMES
3	58-E46/C	数字式	数码显示,外接示波器,带 RS232 接口,12V 可充电电池	仪器箱:500×500×350,30;电缆箱:600×600×500,30	意大利 CONTROLS
4	TCP3	智能式	信号数字采集与处理,液晶显示,内装打印机,交、直流两用电源,带有两个升降测桩探头的滑轮装置及深度显示,用于超声波跨孔法桩基完整性测试	440×170×310,7	芬兰 FUGRO

注:1971 年英国首先发明了便携式数字声速测定装置 PUNDIT,发展至今,基本原理没有大的变化,声时测量仍采用整形自动判读、数码显示。若需要看波形时外接示波器,增加了测量数据与计算机的传输接口。美国 JAMES 的 V-meter 超声仪系仿制英国的 PUNDIT,58-E46/C 和 TCP3 主要是用于超声跨孔法测桩基完整性。

参考文献

[1] 侯伟生.建筑工程质量检测技术手册.北京:中国建筑工业出版社,2003

[2] 汪黎明.常用建筑材料与结构工程检测.郑州:黄河水利出版社,2002